まちの町医者備忘録

尾関利勝
Toshikatsu Ozeki

風媒社

はじめに

二度と戻らない覚悟で名古屋を出たのは一八歳、浪人と藝大・留年の六年間を東京で学び、生ゴミを美とするアート潮流の狂気にあきれはてて東京に嫌気が差し、日本の心と美のルーツ京都に就職して足掛け一四年、都合二〇年で名古屋に戻ったことを、普通はUターンという所をOターンということにした。

今、名古屋に戻って四〇年の後期高齢者、仕事は社会貢献を除いて第一線からほぼ離れた。経験は豊富だが発想が乏しく、時代遅れでは仕事にならない。

されどこの四〇年、何をしてきたか振り返ったのが「まちの町医者　備忘録」をしたためる動機である。

「まちの町医者」とは、人間の心と体を診る医者がいるように、暮らしの環境をめぐる地域計画とは、まち〜むらの医者の仕事と言っておかしくない、ということからきている。私の職能はそういう仕事だと、勝手ながら思い込んできた。

名古屋の四〇年、興にのって自分探しの記憶の糸を手繰り、想い出すことから手あたり次第書き始めたから、時系列の記録ではない。話は時空を飛躍するから、読んでわかりにくいこと、この上ないと予想できる。

想い出の糸からは、事象よりも出会った人とのかかわりが次から次へと手繰りよせられ、お世話になった多くの方のお名前を想い出したが、悲しいかな、お顔が浮かびながら、お名前を想い出すきっかけがない方が多くあった。歳のせいで失礼をご容赦願いたい。

備忘録を書いていて、あたりまえのことに気づいた。何を隠そう、私が今あるのは、出会った皆様のおかげ。おかげ様というと異論がありそうだが、浄土宗では他力本願。キリスト教ではレット・イット・ビー、イスラム教ならインシ・アラー。究極は唄の世界で納得。

想い出すままの備忘録だが、記憶の正確さと時空の整合は定かではない。記憶の糸のもつれもある。

備忘録はドキュメントとして事実に従って書いているつもりだが、関係者、当事者からみれば、また異なる見方で言うべきことが多々あるに違いない。いかがであろうか、この備忘録。

皆様に人生の備忘録を記されることをお勧めしたい。想い出は恐ろしいほど、限りなく手繰られてくる。

間違いなくボケ防止にはなる。

まちの町医者　備忘録【目次】

第1章 始まりは0ターン

景観マスタープランに挑戦

名古屋都心から東を望む　碁盤割上空 300 mより

一　きっかけは都市景観調査

名古屋市都市景観基礎調査および策定調査（昭五四〜五七年・一九七九〜八二年）を完了し（数次の景観調査のため、この期を一次調査とする）。納品かたがた、ご挨拶に名古屋市都市計画課を訪ねた。

帰り際、都市計画課の景観担当だった酒井正孝さんから「名古屋に事務所を出さないか」との声かけを契機に、名古屋に事務所を出すことになった（昭五七・一九八二年一二月、三七歳）。

補足　アルパックとは（私の所属する事務所）

本文で度々アルパックを記述しているから、備忘録の始まりに、アルパックとは何かを簡単にご紹介する。

私の所属する会社「株式会社地域計画建築研究所」の表記が舌を噛みそうに長いため、英訳 Architects Regional Planners & Associates Kyoto の頭文字を採り、会社略称としてＡＲＰＡＫ＝アルパックと称している。

事務所は一級建築士事務所と建設コンサルタント登録のもとに、国・自治体・民間企業・団体を対象に、建築〜地域空間のデザイン〜都市・地域・コミュニティの開発・再生・環境管理・マネージメント等の業務を受託する建築系の総合コンサルタント〜シンクタンクである。

昭和四二（一九六七）年、高度経済成長のさなか、千里の大阪万博会場計画に携わった京都大学関係の三人が集まり、京都で設立（詳細後述）、大阪（昭四六・一九七二年）・福岡（昭五一・一九七六年）・名古屋（昭五七・一九八二年）・東京（昭六三・一九八八年）に事務所を設置、全国各地から集まった八〇名前後のスタッフが各地で業務を展開する会社である。本社設立以来五七年、人事が一回りした程度の比較的若い部類の会社といってよい。

この備忘録は、アルパックの歴史（五七年）の中で、名古屋開設以来四〇年を中心に、開設者の尾関が体験した印象的なことを思いつくままに記述したものである。

補足　Ｏターンとは

名古屋に事務所を出し、住まいを戻したことをＯターンということにした。通常、故郷に帰還することをＵターンという。私の場合、一八歳で勉学のため東京に出て六年後、就職のため京都に行き、足掛け一四年、合計およそ二〇年で名古屋に戻った。これをＵターンではなくＯターンと称した。

伏見〜名古屋駅から濃尾平野の西・養老山系を見る

・事務所設置の動き

名古屋の社団法人地域問題研究所（地問研、故 清水清三所長、現 青山公三理事長）と交流があった金井萬造さん（後 社長）から、名古屋に事務所設立の相談があったが、当時はその気がなく、お断りしていた。

名古屋市の景観調査プロポーザルは地問研移籍直前の松村久美秋さん（故人・名工大服部研、服部千之先生は京大院西山研、三輪泰司アルパック創業者の三年後輩）が、アルパック担当を尾関、斎藤侑男で提案書を書き、当選した。

今思えば、松村様々の結果である。昨春（令四・二〇二二年三月末）突然ご不幸の知らせ。ご冥福をお祈りする。私の周囲の仲間はそういう年代にきている。

事務所ではいつからか景観は尾関・斎藤の藝大組（東京藝大建築同窓）と認知され、三都市（後述）の景観計画を担当した。京都駅八条口再開発計画以来のコンビである。

斎藤さんは藝大卒業後アルパック入社を希望していたが、実務経験のない私の苦労話の助言もあって、実績のあるレーモンド建築事務所に三年勤務の後、アルパックに転社した。

・都市・建築行政専門職との協働

名古屋市景観調査（一次）で、都市計画課岡田年弘さん（後 住宅都市局長）が「プロポ担当者が藝大だから、絵ばかり描くと思ったが、意外に理屈っぽかったな」という笑い話があった。
当時の計画局と建築局共同調査の担当者は岡田さんの他、都市計画課杉山正大さん（旧姓大野、都市計画史編纂）、建築局は石井昭彦さん、尾崎好計さん（後 住宅都市局長）はじめ、以後には名古屋市の建築・都市計画行政の中枢を担う職員が担当された。

補足　二局共同調査の理由

この調査時点では、名古屋市における景観行政の所管が未確定だったことによる。調査の目的の一つは景観行政の所管を決めることにあった。

振り返れば、建築・都市計画行政の専門職の方々とご一緒に協働できたことは、名古屋で都市景観について初めて本格的に考察する機会を得たアルパック景観組にとって大変心強い経験となった。

二　景観計画三都物語

アルパック尾関・斎藤の景観組は名古屋、小樽（昭五五～五七・一九八〇～一九八二年）、京都（昭五六～五八・一九八一～一九八三年）とほぼ同時期に三都市の景観調査・計画を体験した（三五～三八歳）。都市プランナーにとり、またとない冥利に尽きる機会だった。

アルパックが各地から景観調査を受託した背景には「景観」の言葉のイメージと「京都」の都市文化イメージが重なったのではないだろうか。まさに心象性である。地の利を得た。運がよかったと言うほかない。

幸運にも地形・環境・歴史・産業・文化が異なる三都市の景観を調査・計画する機会を得て、都市の景観の比較分類的考察をすることができた。

調査で体験した名古屋・小樽・京都の都市景観施策について気がついたことを備忘録に記す。

ア　名古屋市：景観行政を先駆

名古屋市計画局・建築局共同で、都市景観にかかわる調査（多年次調査のため初期調査を第一次、都市景観基本計画関連調査を第二次とする）に取り組んだ（昭五四〜五七年・一九七九〜八二年、三四〜三七歳）。

・昭和後期　町並み保存が時代の課題だった

日本の都市計画には美観地区・風致地区（大八・一九一九年）が位置づけられ、京都府、東京府に続き各地に広がった。

戦後の高度経済成長期になると、鎌倉や京都双岡などで生じた開発行為と景観保全の課題をきっかけに古都保存法（昭四一・一九六六年）を制定。金沢、倉敷、高山、京都などで町並み保存条例が制定され、小京都といわれる町並みを持つ市町や街道筋の集落で町並み保存運動が始まり、愛知県足助町と名古屋市有松で全国町並み保存連盟（昭四九・一九七四年）が発足、第一回町並みゼミが開催された。初期には私も会員で、各地で活躍する町並み運動家と情報交換した。

同じ頃、藝大建築科や建築家で故 宮脇檀先輩（旭丘・藝大OB、法政大建築教授）を中心に集落景観のデザインサーベイ運動があったが、残念ながら中断していた。学生の頃はその裾野の一人だったが、反省多々である。

昭和五〇年代半ば、名古屋市が取り組んだ都市景観行政は、各地で景観行政が始まる直前、初動期の景観行政先駆者で、同じ頃、横浜市や神戸市では都市デザイン行政の先駆的取り組みが見られた頃である。

・都市景観計画を位置づけた名古屋の基礎調査

調査は総合計画の位置づけに沿った名古屋市基本構想（昭五二・一九七七年）、基本計画（昭五五・一九八〇年）を踏まえて、「都市景観行政の位置づけ、都市景観施策の進め方、所管（都市計画か建築か）等、都市景観行政の取り組み方」が求められていた。

補足　新しい施策と首長の影響

革新市政といわれた本山政雄市長（昭四八〜六〇・一九七三〜八五年、元名大教授）が、欧米視察帰国後「名古屋の都心が西欧のように美しくならないのか」と提起。これが都市景観行政のきっかけだったと職員から聞いた。首長の一言は大きい。

・景観とは何か、どう施策化するか

調査（一次）（昭五四〜五七・一九七九〜八二年）は、都市景観整備計画基礎調査、策定調査として進められた。町並み保存や修景計画の例（建築的視点）はあったが、都市全域のランドスケープとしての景観調査はあまり例を見ない新施策だった。行政では新施策立案に際し、国のマニュアルに依るか、先進事例に倣う事例主義が基本だが、マニュアルも先進例もなかった。

名古屋市の「景観整備基礎調査」は、以下の四章構成で、意義（理念）→現状（実態）→ケーススタディ（検証）→課題（整備の必要性）の計画手順を踏まえ、景観行政の考え方を固めることに努力した。

一章　都市景観整備の意義
二章　名古屋市の都市景観の現状
三章　都市景観整備のケーススタディ
四章　都市景観整備の課題

一章の三節で、景観の定義（なにか）、都市景観整備の意義（役割）、景観整備の動向（実証事例）を挙げた。

・文献調査

文献調査はまたとない景観計画思想の糧となった。

景観論　樋口忠彦『景観の構造』は当時の最新著作、古典的ランドスケープ論のガレット・エクボ『景観論』、ゴードン・カレン『都市の景観』が参考になった。

法律論　雑誌『ジュリスト』紛争事例を参照。

観光論　『環境文化』（廃刊）町並み事例を検索。

大御所　稲垣栄三、西山卯三、芦原義信先生の論文検索。

空間論　ケヴィン・リンチ『都市のイメージ』計画技術論の教科書のように役立った。

補足　景観の語源

「景観」は地理学会でのドイツ語「ランドシャフト」の訳語がはじめと知った。日本語としては新しい言葉になる。名古屋伏見のバーでの英国人都市研究者との対話で「英語のランドスケープにもドイツ語のランドシャフトと同じ意味を持つ」と反論を受け、言語力不足を恥じた。

・調査の方法はどうしたか

①有識者へのヒアリング

亀山巌さん（元名古屋タイムズ社長・多彩な文化人）、塩野谷格さん（中部開発センター専務理事）から、名古屋文化について貴重なお話をうかがった。ともに故人。

②景観要素情報収集（自然・史跡・古地図・絵図など）

泰文堂の服部鉦太郎・吉田富夫先生による『名古屋に街が伸びるまで』、『明治名古屋の事物談』、『生きている名古屋の坂道』他が、名古屋の理解に役立った。

③景観要素を記号化（地形・自然・ランドマークなど）

文献調査で得た情報と地図読解を駆使、景観資源を現地踏査で検証確認、要素を記号化して地図に記録した。

④要素記号を地図情報化

地図上の景観要素を「点・線・面、そのノード」に区分した記号をマークし、これをもとにケヴィン・リンチ式の都市解析を試行、後の都市景観基本計画（二次調査と仮定）では、調査精度を上げ、発展的に活用した。

・地図情報化は計画の見える化

地図情報化は『ＧＬＣ（グレーター・ロンドン・カウンシル）開発計画レポート』の地形・自然・環境・歴史・土地利用・人口集積・交通のカラー表現を模倣し、都市景観解析に試行した。その結果、都市の景観構造を、多くの人が視覚的に共有する手法の一つとして確認できた。報告書にはこのことは書いていない。

・地図は地域情報の宝庫

地域計画における空間的ワーキングの原点は地図である。伊能忠敬の時代を筆頭に、わが国では国土地理院（当初陸軍陸地測量部）地形図が明治二〇年代初頭以来継続して測図され、その年代比較が土地利用計画など都市解析に役立っている。これを利用した。

名古屋では私たちがこの手法を最初に持ち込んだようで、他社にも紹介した。個別に国土地理院の年代別地図を使用する手続きが大変だったから朝倉書店の日本図誌体系を活用している。同業他社にもお貸しした。

イ　小樽市：最盛期の小樽を伝える景観

名古屋の都市景観調査（一次）の一年後、北海道地域計画建築研究所（北海道地域計画）藤本哲哉先輩（道家駿太郎さん藝大建築同級）の紹介で「小樽市の歴史的建造物及び景観地区に関する調査」（昭五五～五七・一九八〇～八二年）を道家さんと尾関、斎藤、山口直人さん（在米）が分担。調査は小樽に残る近代化遺産を景観～観光行政に反映させようとするものであった。

・古典的実測による町並み調査

寒い冬のさなかに近代建築と町並み実測調査をおこなうため、短期で多数の調査員を確保する必要があった。

北海道工業大学（道工大・現 北海道科学大学）建築学科大垣直明先生（京大ＯＢ）に相談、快くご理解を得て、道工大建築学科の学生さんによる小樽市内に遺る近代建築、およそ百軒以上の実測調査ができた。実測→野帳書き込み→図化・清書の工程である。

調査指導で小樽に滞在。同僚山口直人さん（大阪芸大、退社後米国在住）と二人、鰊御殿、洋風住宅、倉庫、銀行建築などを巡り、坂の多い凍った道を、足を滑らせながら危なっかしく歩き回った。

内地に似た坂の多い町・小樽の路地裏居酒屋で、調査後、藤本さんと一献交わし、熱く小樽を語り合った。

・調査成果を図集として出版

実測図は今では珍しい古典的墨入れ図面で、成果品を納入する際、いつか役所の倉庫行きで忘れられてしまうことを危惧、教育委員会に図面集として出版することを提案、著名写真家である藤本さんの父上、藤本四八氏の写真を加えて発刊（昭五七・一九八二年）された。私の手許に一冊ある。廃棄されかねない学生さんによる調査過程の作業資料が、部分でもハードカバーの本になり、提案が受け入れられてよかった。

調査の一員だった学生の高橋章弘さんが北海道地域計画経由でアルパック入社、京都で武者修行の後、寒冷地の建築を研究する北海道の研究所に移籍した。

・小樽観光振興に貢献

調査の後、北海道地域計画の藤本さんが小樽運河遊歩道の修景デザインを担当、その整備により小樽運河は見違えるように再生され、小樽観光のメッカといってもよい観光名所になった。私たちも調査に参加した甲斐があった。

初めて訪ねた小樽運河は、小林多喜二の『蟹工船』を思い起こさせる、どんよりとした重い冬の曇り空を背景に、煉瓦壁の缶詰工場、対岸の札幌軟石の灰色にくすんだ倉庫群の妻壁が運河のさざ波に揺らめき、失恋した男の影が似合う、寂しい風景だった。

景観調査をする頃、札幌・小樽を結ぶ高速道路が運河に接続する計画の賛否で小樽市民を二分する大騒動になっていた。それは町並み保存運動にも大きく影響し、小樽での調査に協力が得にくく困惑した。そうした時、調査が学生の教育機会になるとして大垣先生の協力が得られ、幸運だった。

その後、高速道路計画は変更となり、運河は従来のまま保全され、賛否の大騒動の影響はなくなった。

小樽運河遊歩道は、背後の札幌軟石造の倉庫群が工芸や名産品の観光ショップとなり、これと一体になって見違えるほど賑わう小樽の観光拠点として活性化している。この様子は計画者冥利に尽きる。

ウ　京都市：時代が織りなす三条通・烏丸通

名古屋、小樽とほとんど時差なく京都の「市街地景観整備調査」をした（昭五六〜八・一九八一〜三年）。

京都市は町並み保存で知られる計画局風致課大西国太郎課長（故人、後 京都造形大客員教授）はじめ立入係長、苅谷勇雅さん（京大西川研・後 文化庁）他の職員が景観行政を担当していた。

京都発祥のアルパックとしては京都の町並み保存・整備に貢献したい思いが強く、京都市風致課を訪ね、「風致」「古都保存」「伝統的建造物群保存地区（伝建地区）」の課題とともに、風致・古都保存・伝建に該当しない「市街地の町並み、都市デザイン」をどうするか、名古屋や小樽で見聞きした例、横浜市などの情報を交えて意見交換していた。

アルパックは近世＋近代＋現代が重なる全国でも希有な東海道西の起点「三条通」の町並みキャンペーンを提案し、新世紀御大典通の可能性を持つ「烏丸通」の景観誘導を検討したいとの京都市風致課苅谷氏の意向が重なって、二つの沿道景観を併せて検討する「市街地景観整備調査」が始まった。

・風致を基礎とする京都の景観行政

京都市の景観行政は東山の山並み景観保全のための鴨東地区（鴨川の東）建物高さ制限、双ヶ岡開発をきっかけとする古都保存法を中心とした風致行政が基礎となっていた。

その後、文化財保護法・都市計画法・建築基準法改正による伝統的建造物群保存地区（昭五〇・一九七五年）として位置づけられる祇園新橋・二年坂・三年坂地区の町並み保存で全国を先駆し、他に上賀茂社家町、鳥居本、上七軒などの町並みが保存された地区があった。

国の伝建地区制度は京都市の施策が下敷きとなって制定されている。

・東京藝大 大学院 建築科の調査

二年坂・三年坂・祇園新橋の町並み実測調査（古典的調査手法）は、京都市大西課長が伊藤貞二先生の助言で東京藝大建築科（実測を学部カリキュラムに持つ）に依頼（故 大西氏に聞く）し、大学院の道家先輩が参加した。学生だった私は参加していない。

・市街地景観保全へのチャレンジ

古都保存、伝建地区の景観保全が主軸の中で高層建築への対応、町家が群で残る一般市街地景観への対応が京都市景観行政で遺されたテーマの一つであった。

・重なる時代が織りなす町並み（三条通）

三条通（河原町通～烏丸通の間）は歩車区分のない昔からの幅員の道で、沿道の近世以来の商家、近代煉瓦建築の銀行・店舗、現代のＲＣと鉄とガラスのファッションビルが混在する独特の景観を持っている。それが他ではあまり見られない三条通の魅力でもある。

時代と様式、素材とデザインが異なる建物が併存して、なぜか上手く融合している。新しい建物は、決して既存の建物にへつらわず、しかし、それぞれのデザインで建てられているが、古い建物と対立感はない。それは大きな建物がなく、ヒューマンスケールの建物が多いからなのだろう。

烏丸通は京都を代表する近代のメインストリートで、京都駅から東本願寺前を経由、五条通～御池通間には室町商社が多く、京都商工会議所、日本銀行はじめ金融機関が集積、京都の主たるビジネス街であり、丸太町通りから今出川通りにかけては京都御所を経由する文字通り京都の顔となるメインストリートである。

この道について、景観保全というより都市デザインをどうまとめるか、その知恵と発想力が求められた。

この時の成果がA４折り込みリーフレット、元はA２版両面印刷ポスターである。景観を古臭い保存イメージにとらわれず、おしゃれなまちづくりに活かすイメージ戦略を持ちたい、その思いが成果につながった。

一面の三条通をこのリーフレットの主題とし、中央に沿道立面図、両横に歴史と写真、見開きに隅切りを活かした街角広場など誘導スケッチを描き、配置した。

二面は烏丸通。中央に沿道建物の立面シルエット、サイドに立面図、見所を配置した。

このリーフレットと課長のお願い文を沿道に配布、直接の整備事業や規制行為は何もなく、イメージマップとお願い文で三条・烏丸通の景観を誘導した。三条通ではこの作戦が見事に当たった。こういうお金をかけないイメージ戦略手法があることがわかった。担当は景観組の私と斎藤さんだった。

三　名古屋市都市景観基本計画

ア　都市景観調査の幕開け

・条例による都市景観行政の始まり

景観調査（一次、昭五四～五七・一九七九～八二年）の結果、景観行政の所管を計画局（都市計画）とし、景観条例を制定、施策の合意機関となる景観審議会の設置、景観行政の推進体制として都市景観室を新設、景観行政を推進する都市景観のマスタープランとなる都市景観基本計画策定等を位置づけた。

当初の名古屋市都市景観計画は、国の法に景観の位置づけがない中で、自治体の条例による都市景観行政の制度提案の一つであったが、後に国の法に反映されることになった先駆的計画であった。

・後に役立つ都市景観資源調査

事務所開設後、都市景観基本計画作成の基礎データになった文献や心象要素、ランドマークや視覚要素、交流拠点などによる都市景観資源調査（昭五八・一九八三年）を都市景観室酒井さんの企画で受託した。この調査が後に都市景観基本計画に実証性を持たせる大きな役割を果たした。酒井さんの貢献である。

・久屋大通都市景観整備実施計画

都市景観基本計画に取り掛かる直前、並行して地区レベルの景観修景計画（昭五八〜五九・一九八三〜八四年）を体験し、その結果、これが都市景観基本計画の検討内容に反映する検証となる有意義な調査だった。

地元の浅野彰さんはじめ小島さん、鬼頭さん、鰐部さん、半田さんなど久屋大通連合発展会役員の皆さんと整備計画案を熱く議論した。

名古屋市担当の一見昌幸さん（後 住都局長）から「何としても地元連合発展会との合意形成の成立を」と懇願を受け、合意形成を図るために、誰もがわかりやすい次の三点「除く、改良する、新しく加える」をシンプルな久屋大通デザインの基本コンセプトとした。

①風景や歩行を阻害する要素を除く（除く）

②デザインをおしゃれに変える（改良する）

③足りない要素を付け加える（新しく加える）

この視点から、久屋大通に即応して、以下に示す具体的事項について修景案を提案した。

修景デザインをスケッチ（紙芝居）で提案することにより、発展会との合意形成を経て計画とした。以下の事項は、可能な範囲でほぼ実現している。ボラード（車止め用小柱）の提案は名古屋では久屋大通が最初、その後、市内全域でまちの修景にボラード設置が継承されていった。

△広すぎる車道を一車線減で歩道拡幅

△まちと公園を視線で結ぶ中低木の植栽改良

△歩道拡幅部を街路樹複列植栽でおしゃれにデザイン

△ガードパイプをきれいなボラードに替える

△公共サインを集合柱で見やすく、美しくする

△駐車場出入り口の整序・共同化で安全に

△建物1階ファサードの店舗化など賑わいの形成

△屋上の整ったスカイラインの美しいデザイン

△まちの演出を高めるおしゃれな広告物

・久屋大通　短期実現の反省

ストリート・ファニチュアはシャンゼリゼ大通との提携から、アールヌーボー風を意識したが、久屋大通りは定規で描くシンプルなデザインで提案した。

多くの場合、意匠登録がない行政の計画は、即、他に伝搬する。地域やプランナーの利得を保護するためには、本来は意匠登録などが必要だと思う。意匠登録が地域ブランド戦略にもなる。行政で考えてほしい。

久屋大通のボラードは、思いのほか早く他に伝搬したが、

なぜか地区ごとに個性を主張してデザインが異なる。

デザイン博に関係し、地区景観整備の助成があったからかもしれない。ボラードのような基礎的インフラの公共財は共通デザインでよいと思っている。

イ　都市景観基本計画の志

・全国に波及した名古屋の都市景観計画

名古屋市都市景観基本計画は、都市の景観マスタープランとして、条例による自治体の都市景観基本計画の先駆となり、藤沢市、北九州市などの自治体が名古屋市をモデルに都市景観計画を策定、後に国の景観法（平一六・二〇〇四年）にも、名古屋の都市景観基本計画が反映された。全国的に波及効果の大きかった名古屋の都市景観基本計画に携わったことは、地域計画プランナー冥利に尽きる。

歴史的町並み（建築）に留まらない風土全体による景観計画にかかわり、地形・自然・歴史・文化・産業を背景とする地域・都市・まち・むらにあって、建築・工作物を舞台に展開する人々の暮らしと生業が、時の移ろいの変化と共に表す場の姿、これを「地域文化を表す風景、すなわち景観」（ランドシャフト）と定義～解釈することができた。

・まちの町医者としての職能自覚

景観の解釈～定義の過程で、建築科出身の地域・都市計画家のいささかあいまいだった職能の立場を、ようやく「まちの町医者」と自認することができた。

・景観基本計画の準備

景観調査（一次）から二年後（昭五九・一九八四年八月）、都市の景観マスタープランを目指す都市景観基本計画策定調査（二次）が始まった。

名古屋市では景観一次調査を受けて、都市景観条例制定、都市景観審議会発足、計画局に都市景観室を設置、都市景観基本計画策定に向けた体制が整えられた。

・理想的な三位一体の計画体制

都市景観調査（二次）は、都市景観室所管、都市景観審議会・基本計画部会長黒川紀章先生のもと、「基本計画部会専門部員、北原理雄（三重大助教授）、瀬口哲夫（豊橋技科大助教授）、西山康雄（名工大助教授）の研究者三名」、「市職員一五名による研究班」、「業務受託者アルパック」が参加した。研究者・市職員・受託者が立場を越えて納得がいくまで議論し合う、三位一体の計画体制がこの計画を成立させた最大の要因だった。いつでもできることではないが、他の計画もそうありたいと願う。

・都市景観審議会基本計画部会研究班

辞令を受け、都市景観基本計画に熱い思いを持って参加した職員の方々は次の通り。

班長　石川桂一、分会長　岡田年弘、研究員　青山嵩、英比勝正、杉山正大（旧姓大野）、加藤正嗣、川村聖治、酒井正孝、羽根田英樹、松本恵一の方々

事務局　橋本辰生さん、阿部良三さん、田宮正道さん（報告書担当、後　住都局長）、古居匠子さん（転職）、今瀬満利子さん（転職）など優秀な職員で構成された。

エピソード　本当の都市計画をしようよ

この時の研究班の最大のモチベーションは、検討班会議での岡田さんの一言「この計画は［本当の都市計画］をしようよ」に尽きる。

都市計画行政にかかわる方にはこのことを理解いただけるが、通常「都市計画」は「都市計画法に定められた行為」を進めることをいい、社会通念として理解される都市計画＝都市を新たに構想・計画することではない、という認識が背景にある。

白紙の名古屋市の地図に都市景観で新ストーリーを描くことは、まさに「新しい都市計画としての都市景観計画」に他ならない。

研究班の心意気は審議会にも、他部局職員にも伝搬したと思う。この熱いモチベーションが計画成立につながったと当事者として確信する。

この「審議会（研究者）＋研究班（市職員）＋受託者（プランナー）による三位一体の取組」が計画成立の最大要因だった。重要な計画はこうありたい。

補足　青都会のネットワークに驚く

第一次景観調査では市民意向調査機会がなく、市民意識の把握に代わる方法として、市の職員との意見交換を杉山さんにお願いした。

杉山さんが駆け回り、総務・都市計画・建築・街路・経済・緑化など多部門の職員を招集した。職員の連携のよさに驚き、理由を問うと、「青都会」との返事だった。行政職員の「せいとかい」とはなんぞやと聞くと、職員の行政研究組織で「青年都市研究会」という。市政に革新意識を持った職員勉強会らしい。青都会は今はない。

・愛知芸大デザイン学生のインターン参加

調査は「本当の都市計画をしようよ」という岡田さんの声で、景観の構成単位（後に審議会黒川紀章専門部会長が「景観自立地区」と命名）の現状を全市悉皆把握、写真記録をおこなうことを検討班で決めたが、契約・仕様書にはない。時間

内で調査を完結させるには、人手がまったく足りない。ここで、小樽の学生インターン参加を思い出し、県芸スペース・デザイン出身小島篤さんに相談、野田理吉助教授の引き合いにより調査に興味を持ったスペース・デザイン（SD）三年の学生さんがバイトで自主参加することになった。服部高好さんはじめ竹下さん、松岡さんなどが中心になり、独自の作業計画を立て、進級期には次の学年に引き継ぎした。

学生さんにお願いした内容は、

①尾関の試行モデルを全ゾーン〜自立地区踏査による写真撮影と特記記録のフィールドワークをおこなうこと。

②尾関が試行したゾーン景観資源調査データの地図情報化を継承しておこなうこと。

③大学日程と調査工程を調整、学生が自主的に調査の時間管理をおこなうこと。

この学生インターン参加は、優れた感性と技量を併せ持つ超優秀な学生との感動的出会いだった。

おかげで大津通のアパート事務所は学生たちで連日不夜城。確認の市職員が夜中になっても帰らない。このことが都市景観室上部に伝わり、委託費追加増額の申し出を受けて驚いた。あるはずのないことが起きた。

過去の仕事の経験で契約額の上積みとは、この時が初めてだった。努力が報われてうれしかった。

この時撮影した写真と野帳、撮影地点の地図一式は、資料散逸を恐れて、名古屋都市センター調査課長藤井由佳（当時）さんの計らいで二〇二〇年名古屋都市センターに寄贈した。

写真撮影は仕様書にはなかったから成果品として提出する必要はないと、ある職員から助言を得た。

ウ　都市景観基本計画　挑戦の物語

名古屋市都市景観基本計画は印刷製本されて、名古屋市で市販しており、詳細はこれを参照されたい。

この備忘録では報告書との重複を避けて、報告書の基本的な構成を紹介する。報告書は六章で構成、末尾は「参考資料」としている。

1　計画の意義

景観調査（一次）結果による景観計画の認識、定義に関して以下の三点で説明している（詳細は報告書）。

①都市景観についての基本的考え方

②都市景観整備の特質

③計画の性格

2　計画の基本的考え方

行政の計画が持つ構成として「基本理念」「基本目標」「計画の策定方法」を示している（詳細は報告書）。

3　計画の策定方法

この章で名古屋市都市景観基本計画の計画方法がまとめてある。名古屋市独自の計画方法で、後に北九州市はじめ多くの自治体で類似の計画方法が試みられた。

調査精度を高め、計画論理を明確にしたのは、景観自立地区として都市景観の現状（構成単位）を把握する考え方と方法が検討班で位置づけられたことによる。

景観自立地区の呼び方は景観審議会委員で専門部会長だった黒川紀章先生が、この作業の位置づけと方法に賛同して命名された。この論点は後日取り組んだ建築学会論文で明確にすべきだったが、できていない。

・景観自立地区　空撮と地図から探索

景観基礎単位（景観自立地区）の特定は地図上で理解でき、市民の生活圏の認識と一致する必要がある。

この単位を探索する方法として中日新聞社発行の空撮写真集を三冊購入、原本を一冊遺し、二冊をバラして一枚の名古屋市全域の巨大写真マップに編集した。

巨大写真により空から見た景観単位のまとまりを視覚的に把握した。今の電子写真ならこの作業はしやすい。

巨大航空写真の解析から地区のまとまりを判読し（集落地、住宅団地、工業地、商業地、文教施設、社寺・鎮守の森、農地、樹林、原野、水面）、景観の基礎単位とする妥当性を検証するため都市計画関係図、国土地理院地形図を対比して検証し、景観自立地区案とした。

この手法に同意した検討班の作業に対する意見は「実際の景観は連続しており、景観の境界線はない。そこで自立地区の境界設定は、細く強い線ではなく、幅広の薄い線で表現することが望ましい」ということで一致し、自立地区の境界を設定した。

当初自立地区数は五〇〇を超えた。これが実際の景観構成の基礎単位に近いものだと思うが「それぞれが同じ現状・課題・施策の方向を持つ地区があり、同一の現状と課題を持つ地区が隣接する場合は一地区としてくること」と政策的に位置づけ、その結果一八六地区として設定した。小学校区より大きいから景観の基礎単位としては大きい。地区整備の場合は実情に即して個々に範囲を対応することとした。

・景観基本ゾーン　地形から導く

名古屋の地形を基礎に景観基本ゾーンを位置づけた。

古絵図で象の鼻といわれた名古屋台地を軸に、沖積平野、三河山地に続く洪積台地、丘陵地からなる地形を持つ。この地形区分に河川の分断を加味して景観基本ゾーンとした。

沖積平野：A六ゾーン、洪積台地：B三ゾーン、丘陵地：C三ゾーン、計一二ゾーン

参考　手描きレイヤーの地図情報化

景観自立地区を統合する基本ゾーンと基本軸の地図情報化は、調査の進捗で書き込みの修正（データの新旧入れ替え）が発生し、過去の膨大な作業がその都度無駄になる。

悩んだ末、繰り返し修正の少ない作業方法を考案した。データ（景観資源）の種類ごとに透明シートを仕分けし、景観資源を区分したカラー画材を張り、修正にはその部分だけ張り替えで対応した。

この方式はPCのレイヤーに匹敵する方法だった。カナダで始まった地図情報化（一九七七年）のようなPCを活用する技法があれば作業は早かったが、IT化に遅れた私たちには対応できなかった。

・景観基本軸　ゾーンを結び、区分する

景観ゾーンをつなぎ、区分する要素として、海岸線・河川、道路、旧街道、傾斜地緑地を景観基本軸とした。

参考　海岸・道・川・斜面地に添う基本軸

景観基本軸は景観を誘導する物語を共有する線的要素、ゾーンや地区景観の表情を際立って表す。

ここでは海岸線、骨格的街路、旧街道、市内を囲み、縦断する河川、丘陵の線的マークとなる斜面地緑地を取り上げた。例えば、市街地の三方を山で囲まれる盆地の京都では、市街地を囲む山並み・稜線が際立つ景観を持つ。

沖積平野・洪積台地・丘陵で構成される名古屋の地形からは稜線が際立ちにくい。反面、地形の変曲点にあたる斜面地緑地が目立つ。これを景観基本軸としたのが名古屋の景観基本計画の特徴である。後の都市緑化、環境計画と関連して、斜面地緑地を景観基本軸としたのは先見性があった。

・景観基本軸設定の反省を北九州で活かす

ケヴィン・リンチの都市解析には五つのエレメント「パス、エッジ、ディストリクト、ノード、ランドマーク」がある。北九州市では市街地の性格や機能が異なる工業地帯と住宅地が接するような場合が顕著で、その景観の区分や位置づけが課題となったため、北九州市の計画における景観構造では名古屋の計画を踏襲しながら、際《きわ》の概念を追加し、景観構造要素を補強した。

エ　余韻　つながる調査

・北九州市から直々の依頼

「北九州市都市景観形成基本計画」（平三～五・一九九一～九三年）は「多くの市の景観計画のモデルになった名古屋市の計画を担当した事務所に依頼したい」と、北九州市都市美デザイン室主査岡田孝博さん（愛知県岡崎市出身）が依頼に来られて受注することになった（詳細は後述）。

北九州市に最適の都市景観調査・計画方法は名古屋市と同じ方法ではなく北九州市の景観計画の目的、景観行政の政策的な考え方による調査方法・技術が必要である。

・事例主義は本当だった

北九州市からの計画依頼の理由は、当時の「自治体から出される景観計画報告書の大半は、先行する名古屋市と目次が同じで、内容も似ている。それなら最初に名古屋の計画を担当したコンサルの同じ人に、名古屋と同じ方法でやってほしい」と、その依頼のためにわざわざ事務所に訪ねてこられた（前述）。このことは、行政の事例主義の顕著な例に他ならない。

言い換えれば、私たちが都市景観計画の事例開拓者と認められたと解釈できる。著作権がないのは寂しいが、事例として引用されることは有難いことだ。

・緊張した首都圏総合計画のヒアリング

東京都の景観基本計画を受託した株式会社首都圏総合計画研究所所長の濱田甚三郎さん（現 相談役）、倉田直道さんなど数名の都市計画家が、早稲田U研（吉坂研究室）同窓の霜田さんの紹介で、名古屋の景観計画作成について訪ねてこられた時は、東京で活躍する全国的に著名な都市計画家の方々ばかりで、すっかり緊張した。緊張のせいで何をお話ししたか、まったく覚えていない。

第2章 赤煉瓦工場再生

トヨタ産業技術記念館

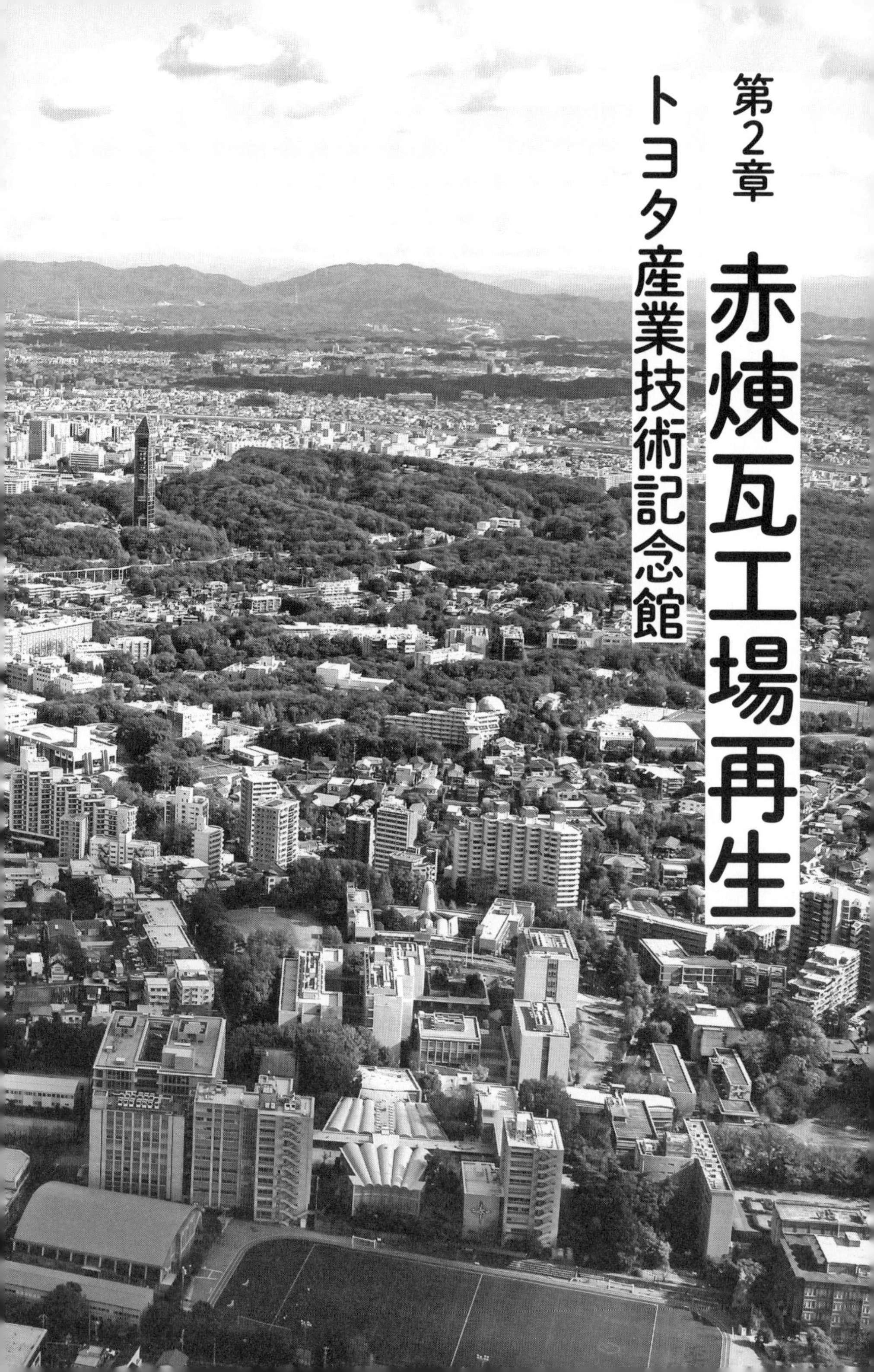

名古屋東部丘陵　緑の研究学園都市

一　大津通から出発した事務所

名古屋の事務所探しは亡父のボーイスカウト（ＢＳ）仲間の不動産屋さんから大須や東新町付近などの空き室を紹介され、逐一見て回ったが、満足できる物件に出会わず、歩いて探すことにした。

愛知県・名古屋市を主たるクライアントに歩いて役所に行くことができる場所に絞って事務所を探した。

大津通桜通交差点北、丸の内三丁目で坪内ビル（現アパホテル）を発見、家主の坪内さん（故人）と交渉、アパート一室に事務所兼社宅（当初）を借りた。

後でわかったことだが、坪内さんの母上が私の叔母、長谷川幸子（母の妹）の詩吟のお弟子さんで、叔母から坪内さんの評判をお聞きしたことがある。どこで人のつながりがあるのかわからない。注意するに越したことはない。

開設後、しばらくは単身。事務所兼アパートで仕事と生活を続けたが、二四時間同じ場所で一人では仕事にならず、本格的な業務展開のために社員の配属を本社にお願いし、最初の所員として京都に在籍した内村雄二さん（京都工織大、兄上が名工大建築）が三年の時限で名古屋に来てくれることになり、ほっとした。

・竹馬の友に癒された

事務所を開設したものの受注見通しが立たず、焦りに駆り立てられ、目を血走らせてまちを歩き回った。

そんなある時、八事興正寺近くで「どうした尾関」と背中を叩かれた。振り向くと中高同期、曙町の浄土宗碩善寺次男、青木雅男君が笑いながら立っていた。

九歳の時、京都知恩院で得度した青木君は温厚、何かにつけて法然や親鸞の言葉を投げかけてくる宗教心の熱い人である。次男の彼は長男とともに寺を継がず、三男の弟に寺を任せた。

オフィスが大須の青木君とは閑があれば誘い誘われ、よく飲んだ。この時期、精神的に苦しかったと思う。

青木君は私の仕事を多少とも知っていたから私のストレスを察知し、大須を振り出しに名古屋名所といわれるディープな飲屋街に誘ってくれた。それが後々に間違いなく名古屋を知る貴重な貯金になった。

・U研（吉坂研）ＯＢ・シモさんとの縁

アルパックに入社したのは道家先輩の誘いだが、道家先輩にアルパックを紹介したのは私が建築三年の時、藝大に赴任した早大（吉坂研）出の坪井善昭さんだった。

坪井さんは「同級生が京都で面白い事務所をやっている、行ってみないか」と私にも声をかけてくださった。その同級生というのがアルパック先輩の霜田稔さん（シモさん）と倉本恒一さん（クラさん）である。

シモさんは天性のボヘミアン。早大時代「建築学生会議」（黒川紀章氏がメタボリズムを主唱、多くの学生を組織したが一九七〇年頃活動停止）の国際建築学生交流活動に参加、ヨーロッパに遊学、スイスの設計事務所に逗留した時には、映画「エマニュエル夫人」の如き誘いを受けたと笑い話で語っていた。危なっかしい。

帰国後、研究生で京大上田研に在籍、上田篤先生の仲人で大阪万博会場計画に一緒に携わった西山研出の三輪さん、浅田恵弘さん（名工大〜ハーバード〜京大）の三人でアルパックを始めた。

・私をアルパックに誘った道家先輩

アルパックに私を呼んだ道家先輩（駿ちゃん）は藝大建築科坪井先生の紹介で入社した。吉村順三先生、奥村昭雄先生の設計思想を強く受けつぐ藝大建築本流の駿ちゃんがアルパックに入社したのは、京都にある事務所であること、当時の建築界で住宅問題の専門家、社会正義思想の建築研究者として信望を集めた西山卯三先生直系の事務所だったことによる。

道家さんは道教に由来する由緒ある家系で、お父上はドイツ語研究者で有名な東大教授である。学究的環境で育った道家さんは、都立戸山高校から藝大建築一筋、私の二年上級である。大学院生駿ちゃんは、平生は吉村・奥村研究室で製図板に向かっていた。

駿ちゃんは学内で自動車部をつくり、デザイン科の仲間や彫刻の後藤元一さん（元ちゃん）と、小型スポーツカーを乗り回すモダンボーイだった。そのためＩＤ（工業デザイン）の先駆者、小池岩太郎先生と親交が深く、この縁が後に京都で新設芸術系大学認可の役に立つことになる。

学部の私は奥村先生の環境リアリズム（パッシブソーラー）設計に感銘を受け、始終、奥村研に出入りし、設計の発想を盗んでいた。卒業後も、奥村研に出向き、先生開発の最新ディテール（青焼き）を先生の了解を得て、無償で頂戴したが、仕事で使ったことはなかった。

端から見れば、私は吉村事務所あるいは奥村研に行くべきだったといわれることがあったし、自分でもそう思うこともあったが、この時点では遅きに失した。

・卒制提出、京都から電話

「おい、そろそろ卒制終わっただろう、京都にバイトに来いよ」。それが駿ちゃんの呼びかけだった。

キャンパス計画に興味のあった私は京都市立芸術大学（京芸）移転計画に関わりたくて、京芸教官の稲田藝大建築先輩の事務所に就職することを奥村先生の紹介でお願いし、同意を得ていたが、その約束を勝手に反故にして、アルパックに勤めた。後日、謝罪したことはいうまでもない。

・霜田さんと浄土宗

京都在籍の頃、京都事務所の運営で、シモさん、金井さん、私の三人で、しばしば寺町三条上る東、天正寺の座敷をお借りし、営業会議をした。

霜田夫人故信子さん（私と同年）の実家が天正寺。浄土宗の格の高いお寺である。住職夫人（信子さん母上）は愛知の寺がご実家とお聞きした（寺の名を失念）。

浄土宗スーパースターだった林霊法先生（名古屋養林寺・反戦で獄中終戦、東海高校元校長）が百万遍知恩寺七二世法主で、我が高校の校長だったこと、その校長が仏門にも関わらず、『資本論』を必読と薦めたこと、話題には尽きなかった。想い出の一コマである。

二　トヨタ財団の記念施設調査

・トヨタ財団山岡さんとの出会い

シモさんからトヨタ財団山岡義典さんを紹介され、調査を依頼された。仕事がない時だけに幸運だった。

「記念施設の設立に関する調査」（後 産業技術記念館、昭六一～六三・一九八六～八八年）を提供くださったトヨタ財団（財団）山岡さんは、企業メセナや市民活動プロジェクトを支援し、研究助成を企画するプログラム・オフィサーで、財団が日本建築学会を支援する全国の近代建築調査や、中国の上海で、稼働中の豊田佐吉翁（佐吉翁）の手になると聞く自動織機工場の調査も支援していた。

佐吉翁は静岡県湖西市から名古屋に出て、自動織機の発明と開発の努力を重ね、豊田紡織を創業した。

栄生には明治四四年会社設立、大正三年操業の、今は使われていない豊田自動織布の煉瓦工場が遺されていた。工場に入ると、中は無数のハトの巣、織機のない工場の床は羽毛、糞が、映画「鳥」（ヒッチコック）さながらの恐怖を感じる荒廃した状況だった。この状況に再生への闘志がわいてきた。

山岡さんによると財団依頼の主旨は、この場を「佐吉翁の発明・発見を中心に、豊田式自動織機の発展を記念する施設」とすること、さらに「豊田のモノづくりの歴史を哲学する国際研究交流の場とする構想」の検討を手伝ってほしいという依頼だった。

歴史的建築物の保存・活用が個人的モチーフだったから即座にお受けすると返事を差し上げた。

・赤煉瓦工場再生と企業記念施設の企画

依頼された調査内容を思い出しながら書き留める。

一、栄生工場を日本建築学会協力で調査と評価をおこない、記念施設の素案づくりに活用すること。

一、トヨタ財団が提供する佐吉翁の特許と業績、自動織機〜自動車の発展を示す記念施設の構想作成に協力すること。

一、そのため、以下の調査をおこなうこと。

・トヨタグループ会社幹部のヒアリング。

・豊田式自動織機を一号機から収集・管理している豊田自動織機担当の意見を聞くこと。

・愛知製鋼に遺る豊田喜一郎さんが自動車を開発した研究施設を確認すること。

・名古屋近郊の産業遺産研究状況を把握すること。

一、海外のサイエンスミュージアム、なかでも個人の業績を伝える博物館を現地視察すること。

これらが、この時、山岡さんから指示された調査の概要だった。随分前のこと、調査経過記録を残していなかったから、多少の記憶違いはありそうだ。

アルパック名古屋にとっては大型委託料を頂戴し、名古屋に着任間もない内村雄二さんが「初めて大台を超えましたね」と、その額に驚いたことを覚えている。

・日本建築学会による建築物調査

栄生工場建物調査委員会が以下のように構成された。

委員長	飯田　喜四郎	名古屋大学工学部教授
委員	伊藤　三千雄	名城大学理工学部教授
同	坂本　順	名古屋大学工学部教授
同	小寺　武久	名古屋大学工学部助教授
同	小浜　芳朗	名古屋大学工学部助教授
同	鈴木　逞	名城大学理工学部助教授
事務局	尾関　利勝	株式会社地域計画建築研究所

調査期間　昭和六二年四月〜一二月

調査体制は建築学会東海支部の歴史分野に関わる中心的な先生方で、名古屋での活動歴の浅い私には、事務局とはいえ敷居の高い先生方ばかりで緊張した。

飯田先生には名古屋城本丸御殿再建、白壁アカデミアでの町並み保存活動など、何度もご指導を頂戴した。腰の低い人当たりの良い先生で、博物館明治村館長を務め、退職後もお元気にご活躍されている。

伊藤三千雄先生は藝大建築史の恩師・伊藤要太郎（平左衛門）先生の従兄弟とお聞きし驚いた。建築史の研究は家系のようである。

小寺武久先生は中公新書から『尾張藩江戸下屋敷の謎 虚構の町をもつ大名庭園』を出版。さすが、東大・名古屋大学建築史研究者である。

戸山園（尾張藩江戸下屋敷）は、虚構の町・小田原宿を再現し、多くの小説家が謎の庭園として取り上げている。庭園は今の早大・戸山高校・戸山住宅・戸山公園〜花園神社一帯に広がる。早大改築の際、地下から出土した滝の石組みを名古屋市が譲り受け、徳川園の池の滝に移設した（他の石より黒ずんでいる）。名古屋城下深井御庭は二之丸から船で島伝いに大池を渡り、深井焼窯場や旅籠街、茶席を園路に添って巡らす希有な庭園だった。二つの庭園とも尾張徳川独特の新しい庭園様式で、その後競って築庭された大名庭園築造のモデルになったといわれる。知られざる尾張藩の名園を紹介する画期的な書物である。

建築学会の調査は、設立当時の会社に関わる文献、工場設計図書、佐吉翁の業績、工場の展開などを整理、建物については実測・図化、当初からの変遷などの考証がおこなわれ、報告書にまとめられた（昭六二・一九八七年）金文字の報告書として私の手許に遺している。

この調査がきっかけで、後に名古屋市や中部産業活性化センターの調査を通してキャンペーンに努めた産業遺産の保全、産業観光に話題が広がっていく。私とアルパック名古屋に大きな影響を遺す調査になった。

・トヨタグループ会社　幹部ヒアリング

グループ会社幹部のヒアリングはグループ会社が三河一帯に分散しており、短時日での個別訪問調査が困難なため、財団の配慮で名古屋駅前にあった旧豊田・毎日ビルの社員クラブ一室で、トヨタ関連会社の幹部にお集まりいただいた。白井富次郎湖西市長（トヨタOB）までお越しいただき、大変恐縮した。

皆様の懐かしい昔話をお聞きする中で、佐吉翁から受けつぐ企業精神、発明・発見・工夫の伝統、会社の気風などをうかがうことができた。

つくづく「豊田」とはアットホームな会社だと思った。ヒアリングは結論が問題なのではなく、ヒアリングを通して記念施設構想をトヨタグループ幹部に浸透する財団の機運醸成の狙いがあったのではないかと、今になって思う。

豊田・毎日ビルの社員クラブにはバーがあり、そこに社員の顔写真とプロフィールを収録したファイルがあった。社員やOBに何かある時は、すぐファイルを検索する。クラブのマダムは覚えの良いマネージャーだった。この社内コミュニケーション・システムにいたく感心した。

そこでトヨタグループにとっての名古屋駅前の意味に気づいた。本社～関連会社が豊田～刈谷方面に分散する中、関連会社の幹部が情報交換するためには集まりやすい場が必要。いわば本社の本社といった役割が、名古屋駅前にあることの意味が理解できた。このバーで幹部の方々に若造ながらごちそうになった。二度と体験できないことだった。そのビルは建て替わり、今はない。

環状織機（産業技術記念館入り口に展示）

・豊田自動織機のストック

豊田自動織機（後に社名の呼称を変更）には、佐吉翁の発明で開発・製造された自動織機が一号機からストックされていた。販売して本社には遺っていなかった織機があり、担当社員の方が海外にまで出かけて買い戻し、手を入れて、いつでも稼働できる状態で管理されている。これを一人の社員が専任で担当されていた。

すごい、これがあればミュージアムの基礎になる。

考えてみると、その可能性を財団が確信した上で、この調査を企画したのに違いないと思った。この一群の自動織機は、産業技術記念館で日本初、世界でも数少ない動態展示（機械を稼働させて展示）している。

・「とよだ」か「トヨタ」か

調査打ち合せの時、豊田自動織機幹部の方から、豊田自動織機の社名「豊田」をどう読むか?と問われ、経緯を知らずにトヨタと答えた。その方は寂しそうに「そうだろうね」と頷かれた。実はその時点ではまだ社名の読み方は「とよだ」だった。近いうちに社名の読み方を「トヨタ」に変えるとお

自動織機の動態展示

聞きした。「とよだ」は豊田家の家名で「トヨタ」は自動車にはじまる社名、世界に広く浸透している。豊田自動織機の幹部の方には本家の名前が残る社名に強いこだわりと名残があったものと思われた。微妙な空気を感じる一時だった。

・奇遇　高校同期生が織機の社長に

トヨタは名古屋に身近な位置にあるから、就職した中高同窓生は多い。同期の故佐藤則夫さんはトヨタ自動車副社長を退任後、豊田自動織機社長（同社ラグビー創設）を務めた。佐藤さんと同期の横山さん（東海高ラグビーOB）と連れだって立ち寄った酒場で同席することがあった。飲みながら産業技術記念館の企画をお手伝いしたことを伝えたが、この備忘録に書いたことまでは話さなかった。同じく中高同期の故木下光男さんが佐藤さんと同時期、トヨタ自動車の副社長を務めた。中部財界各方面から評判が高かったが、早くに難病で亡くなった。

・喜一郎さん使用の自動車開発実験室

愛知製鋼に木造平屋の古い建物があると聞き、観察調査した。喜一郎さんが自動車開発の研究をされた実験室である。内燃機関などの機械・部品の実験道具が、いつでも使用できる状態で保管されていた。

高齢の技術者が毎日、実験器具をメンテナンスしている。

目から鱗が落ちるとはこういう状況のことだ。

この施設視察を指示された時、財団にはすでに企業博物館をつくる心づもりができていたのだと確信する。

この建物は保存・公開されていたが、実験・研究器具の一切は産業技術記念館に移設・展示された。

この体験と感動以来、製造業の方とお話しする際に、「創業時の製品、製造機材は遺っていますか。あれば大事に保存しましょう、企業創業の歴史を伝える大切な記念物です」と声をかけている。

・愛知の産業遺産研究の把握

山岡さんの紹介で、中部産業遺跡・遺物調査保存研究会（中部産業遺産研究会に改称、中部産遺研）を知った。その中心人物が工業高校夜間部で教鞭を執った石田正治先生である。昼間、フィールドの調査時間を確保するため、わざわざ夜間高校に勤めた。

工業高校での技術メカニズムの授業が、教科書よりも機械や道具の成り立ちを実物に触れて教えることの方が生徒に伝わりやすいことを発見し、産業遺産調査の路に入ったといわれる。この生き方に感動した。

三　海外ミュージアム調査

山岡さんから、二つの視点で欧米のミュージアム視察調査を指示された。備忘録の重要事項として特筆する。博物館に関心のある方、ぜひご覧ください。

視点一、企業博物館～科学博物館
　ドイツ博物館、BMW博物館、シーメンス博物館、スミソニアン博物館、グランパレ、ラビレット、メリマックバレー・ヘリテージ・パーク

視点二、個人業績を展示する博物館
　ヘンリー・フォード博物館、レオナルド・ダ・ビンチ博物館

調査対象博物館の所在する国は、ドイツ、イタリア、フランス、アメリカに分かれる。短時間にすべてを調査するのは日程的にも体力的にも厳しそうだったので、アルパック景観組の斎藤さんにアメリカ・ミュージアムの調査をお願いし、私はヨーロッパの博物館調査に回るよう分担した。

海外視察は名古屋市青都会青山嵩・入倉憲二・鈴木直歩さん、地問研井澤知旦さん（スペーシア、名古屋学院大学名誉教授）たちとシカゴ～北米を回って以来、二度目だった。

私の博物館調査はドイツ・フランス・イタリアを回る旅程で、格安航空路線がなかったから、旅費節約のため航空路線とホテルは団体ツアーに紛れ込み、昼の見学工程を独自プログラムで、一人で回った。

・調査のための文献学習

調査に先駆けて、科学博物館に関わる文献を探した。博物館に関しては学術書の他、観光ガイドが多く、斎藤さんが紹介してくれた佐貫亦男先生（東大航空教授他）の講談社ブルーバックス『科学博物館からの発想』を読んで感動した。名著である。

サブタイトルは「学ぶ楽しさと見る喜び」。科学博物館の意味がよくわかる著作で、科学者からの評価が高い。『科学博物館からの発想』は絶版のため、知りたい方は大きな公共図書館か、アマゾンで検索されたい。

結論は「博物館は見る人の感動のためにある」のだとわかった。

（一）ドイツの博物館と感動

♪　筆頭はミュンヘン

バイエルン州の首都ミュンヘンはビールで有名。ワーグナー音楽祭のバイロイトが近い。

都市中心の歩行者道路軸、ミュンヘンを象徴する歩行者モール「カウフィンガー・ノイハウザー通」は、世界の歩行者専用路の先進例として紹介され、まちづくり屋には一度は行ってみたい通りだった。

通りの東端には定時に人形が演ずる旧市役所があり、広場（マリエンプラッツ）には人形のダンスを一目見ようと観光客が溢れる。

土地勘のない私は当たり障りのない市役所地下レストランで食事。言葉が通じないのにメニュー選択は大当たり、薄皮パリパリの豚料理、シュバイネハクセ。ミュンヘンの名物料理だと聞く。事後、ドイツで食事に困ったら市役所地下に行くと良いと教えられた。

日本とドイツは世界の自販機先進国。レストランのトイレには二つの自販機があった。煙草とコンドームである。冗談のような絵柄のコンドームが面白く、話題に一つ買った。今もあるかはわからない。

ミュンヘンはドイツ有数の産業都市で、ＢＭＷ本社、ドイツを代表する多角的重工業シーメンス本社（ともにミュージアム併設）がある。この都市を象徴するように、市街地東南、川の中州に今回の調査目的の一つ、お城のようにドイツ博物館がそびえていた。

♪　ドイツ博物館

世界の科学博物館を代表する博物館、コンセプトは「時代を代表するドイツの最高の製品を収蔵する」である。所狭しと置かれた収蔵・展示品のボリュームに圧倒される。ボリュームは博物館の原理の一つだ。

航空機の歴史を体系的に見せる展示の中に、戦前のV２レプリカがある。反戦思想を超える何かがある。

ここでヨーロッパ共同開発のロケット「アーリアン」が展示され、子供たちに大人気だった。

自動車はクラシックカーファンが泣いて喜びそうな、おびただしい数の車が密集して床に並べられ、鑑賞者はその隙間を縫うように見て歩く。

ドイツらしいのは楽器の展示。ピアノ展示の中に、ベートーベンが旅に持ち歩いた小型携帯ピアノがある。

演奏できる説明員がいて、楽器を指定して申し込むと有料で演奏してくれる。まさに動態展示だ。

土木技術の展示で感激した。縮尺を縮めたレプリカではあるが、橋梁・トンネル・ダム・鉄道線路などを展示。これには驚いた。三五年前である。日本では土木博物館は見聞きしたことがなかったから、土木関係者に紹介しようと思った。日本にもほしい。ミュンヘンには都合三度訪ね、その度に博物館に出かけた。

♪　ＢＭＷミュージアム

ミュンヘンオリンピックのためにフライ・オットーが設計した斬新なテント建築が立つオリンピック公園は、戦災復興の残土を埋め立てた再利用公園である。

すぐ近くに、車のシリンダーを模したＢＭＷ本社ビルとその足下に博物館として紹介される企業展示パビリオンがある。オリンピック公園からよく見える。観光施設としても紹介され、見物客は多い。

ＢＭＷ（正式名所：バイエルン・モーター・ワークス、エンブレムの青白色は州の色彩）は、第二次世界大戦までは航空機をはじめオートバイなどを製造していたが、戦後の産業統制で自動車・バイクの生産に制限された。展示を見てその歴史がよくわかった。

♪　シーメンス・ミュージアム

ミュンヘンの町なか、狭い道路に面してドイツを代表する多角的重化学工業シーメンス本社建物がある。

古い町並みにとけ込んだ建物。東芝、日立とよく似た業態の会社だ。ここは博物館で紹介され、施設は私が行った当時よりも充実しているかもしれない。本社の一角、低層階に展示がある。博物館は一見《いちげん》で入場できた。総合的な製造分野で会社の製品を紹介する企業ショールームだった。他に見物客は見あたらなかった。
　鉄道車両や発電などの重工業製品が展示され、ＭＲＩなどの医療機器の展示もあり、さすがにドイツ筆頭の多角的工業製品製造会社である。展示は複数棟にわたるかもしれない。まちの通りに面して展示されていることが印象的だった。
♪　ミュンヘンの夜はビール
　ミュンヘンといえば地酒のビール。一人旅だが躊躇せずライオン模様のビアホールに飛び込んだ。
　店内は三ゾーンに分かれ、①テーブルで食事とビール、②カウンター立ち飲みで食事とビール、③カウンター立ち飲みだけに分けてある。至極合理的だ。
　ドイツ語ができないのに店員に尋ね、カウンターの一人立ち飲み席へ。恐る恐る大型ジョッキを傾けた。一杯では終わらない。アコーディオンの民謡が雰囲気を盛り上げる。帰り道、土産の蓋付き陶器大型ジョッキを買った。未使用のまま、断捨離になりそうだ。
♪　フランクフルト
　ドイツ中部のビジネス都市。ビジネス関係の日本人が多い都市である。町並みは他のドイツの都市に比べて鉄とガラスの高層建築が多く、アメリカナイズされた風景の都市である。マイン川南には博物館ゾーンがあり、世界にも稀なミュージアム集積が特色で、都市の文化ゾーン構成に大変参考になる。文化施策担当者にはぜひ、フランクフルト視察をお勧めする。
♪　建築ミュージアムと映画ミュージアム
　マイン川南、見たいと思っていた建築ミュージアムと映画ミュージアムに行く。共に住宅規模で隣り合わせ、地下が両棟を繋ぐ共通スペースのバーで、おしゃれな客が昼から静かに語らっていた。ミュージアムは小さくても、思索したり会話するスペースが必要だ。
　建築ミュージアムは小規模な現代建築の模型と図面展示がおこなわれていた。最上階の三階はミニチュアのロケット常設展示で、海外とヨーロッパの開発ロケットが展示されていて、ここでも「アーリアン」という子供たちの声を耳にした。ここが日本との違いだ。
♪　ドイツ語を知らないのに意が通じる
　東洋と西洋の文化融合がコンセプトで、日本の工芸品が多数、展示されている国際文化博物館がある。
　ロビーでフランクフルトの建築図書を購入した。直後、ドイツ青年が「郵便博物館」への道を尋ねたが売り場の夫人方はご存じない。私は青年を呼び止め、英・日・独混じりの不確かな説明で道案内をした。リュック姿の青年は喜んでその場を立ち去った。

直後、売り場の夫人が笑顔で「あなたの探していた本はこれだろう」と、別の建築の図書を持ってきた。私がほしかった本だった。青年にたどたどしく案内した私を見て、私の来館目的を察したのだろう。

ドイツでは独語でないとバカにされると聞いていたが、言葉は話せなくとも、態度で心が伝わる。大きな収穫だった。

フランクフルトは都合三度訪ねたお気に入りのミュージアム・シティである。

(二) イタリア博物館視察
レオナルド・ダ・ビンチを訪ねて

イタリア訪問目的はミラノのレオナルド・ダ・ビンチ博物館視察である。ミラノはイタリア中北部の産業都市、ゴシック建築のカトリック教会ミラノ大聖堂(ドゥオーモ)が有名、隣接する十字アーケードの交点に天井画が評判のヴィットリオ・エマヌエーレ・ウンガロII世ガレリアがミラノの観光メッカ、観光客が集まる。

ミラノは観光客と同時に、スリ・置き引きが多い犯罪多発都市だ。私も二人組に狙われて危なかった。

ガレリアは高さが建物の四〜五階にあたる高い位置のガラスドーム天井、道幅は記憶の推定で一〇mほどある。日本の商店街アーケードよりもスケールが大きいが、ドーム型のモデルとして日本からの視察が多く、よく知られている。

補足　ガレリアとアーケード

日本の商店街アーケードはヨーロッパ式なら本来は「ガレリア」という方が妥当。「アーケード」は欧米では建物の低層部をセットバックした歩行者空間をいう。圧倒的にこれが多い。

♪ レオナルド・ダ・ビンチ博物館

正式には「レオナルド・ダ・ビンチ国立科学技術博物館」と言う。レオナルド生誕五〇〇年を記念して一九五三年に開館したイタリア随一の科学技術博物館。

一九〇六年ミラノ万博で構想が提唱され、一九四二年財団設立、放置されていた元修道院を改修、開館した。ドゥオーモの西、近くにこの博物館がある。

すぐ北に最後の晩餐の壁画があるサンタマリア・デッレ・グラッツィエ教会、ドメニコ会修道院。

レオナルド・ダ・ビンチ博物館は修道院を改修、展示空間として活用した親しみやすいスケール。収蔵品は科学博物館として航空機、自動車、列車、潜水艦、重工業製品、家電製品など、所狭しと置かれている。

レオナルド・ダ・ビンチの発明・工夫は、回廊式建物の一角に約一三〇点、自筆スケッチ・模型・図面で展示され、レオナルド・ダ・ビンチの世界をしばし楽しむことができる。昔の直筆スケッチのコピーとともに、新たに再現された図面、模型がわかりやすく、身近に感じることができた。ここにしかないレオナルド・ダ・ビンチの世界を手に取るように親しむことができる。

補足　略称はレオナルド

時折「ダ・ビンチ」と略称を聞く。全文日本語表現にすると「ビンチ村のレオナルド」となるから、ダ・ビンチは地名を言っているに過ぎない。略称なら「レオナルド」が正解。要注意。

♪　修復中の「最後の晩餐」を見る

レオナルド・ダ・ビンチ博物館から北、さほど遠くないドメニコ会修道院を訪ねた。歩いて行ける。

最後の晩餐の壁画がある部屋は食堂だった場所らしく、さほど広くはない。他の壁面が何の装飾もない壁だけの薄暗い部屋に鑑賞者が一〇人ほどいた。この日、修復作業は見られなかったが、修復途中ながら最後の晩餐の全体をしっかり見た（現在、修復は完成）。

絵の端の狭い五センチ角のコーナーに修復前の状態が遺してある。修復後に比較するため、従前状況をのこす西洋式の修復ルールだそうだ。

♪　ローマの休日は夜のスペイン階段

博物館・美術館は世界的に月曜休館が多い。その調整で月曜のローマの休日。

この日は大晦日、ローマの風習で、上からゴミが落ちてくることを警戒しながら、夜の街へ。家内があつらえたマクレガーの赤ジャンとコーデュロイの黒パンツで粋がって街を歩き、ほどなくスペイン階段へ着いた。

階段のあちこちでグループがたむろ。大晦日のローマの階段は若者がヨーロッパ中から集う。国は違っても互いに言語が通じるのだ。

ギターで唄う多国籍の若者集団に遭遇した。

黒ジャンくわえ煙草の兄ちゃんがちょっかいを出したが、ギターはろくに弾けず、早々に退散。

若者たち、ワインの二リットル瓶と煙草の回し飲み。私にも回ってきたワインを恐る恐る一口頂戴し、お返しにポケットの日本煙草（当時へビースモーカー、今禁煙）。

年の差も国籍もなく、一気に仲間。ギターを借りて英語の弾き語りを披露すると、やんやの喝采でアンコール、思わず受けたスペイン階段の夜。

そんなこともあったな。一人旅だからできた。

ホテルは団体泊まり、明日の予定のことを考えて夜中過ぎに慌ててホテルに帰った。おかげでアバンチュールなし。上からゴミを被ることもなかった。

（三）フランス　万博会場グランパレ

パリは世界筆頭の博物館都市。その中で、一九〇〇年パリ万博で建設されたガラスの宮殿、グランパレにある科学技術博物館、ポンピドー・センター、鉄道駅を改修したそのものが産業遺産のオルセー美術館。開館間もないラ・ビレット公園の科学技術博物館があった。

ポンピドー・センターもラ・ビレットもその後に複数回視察に行っているが、視察後半で疲れが出て、記憶が曖昧である（いつの視察でも後半は必ず疲れ、眠気が強くなった）。三五年前のこと、ご容赦願う。

♪　一九〇〇年パリ万博と名古屋

日本の近代産業・デザイン史と万博の関係に関心のあった私には、グランパレを訪問することがちょっとした興奮だった。一九〇〇年パリ万博の日本館は法隆寺に似た建物で、名古屋の別格棟梁、伊藤平左衛門の設計監修だったことを最近知った。この時、名古屋清水口に居を構えた川上貞奴が川上音二郎一座でパリ万博に参加、高い人気を得ている。佐吉翁が住んだことのある名古屋白壁界隈は、アールヌーボーやアールデコに飾られた和洋折衷住宅の花盛りだった。

♪　グランパレでアーリアン

グランパレ科学技術博物館にロケット展示スペースがある。そこでアーリアンと呼ぶ子供の声を聞いた。

この視察のカルチャーショックである。ヨーロッパの子供がアーリアンと親しく呼ぶのに、日本では国産ロケット名を語るのを聞くことがない。その差がいつかロケット開発の差になると危惧、博物館の必要性と役割を痛感した。

♪　オルセー美術館は産業遺産

オルセー美術館は一九〇〇（明三三）年、パリ万博の年に建てられ、その後パリ周辺の鉄道体系が変わり、一次取り壊しの話もあったが、仏政府により保存活用が検討され（一九七〇年代）、一九世紀を扱う美術館として開館（一九八六年）した。

この頃のパリは横浜市飛鳥田市政に影響を与えたパリ改造八大事業がおこなわれ、アラブ世界研究センター、ラ・ビレット公園都市、ルーブル美術館ガラスピラミッド、デファンス新都心計画、新大蔵省、新図書館などを次々と建設、日本から多くの都市計画、行政関係者がパリ視察に訪れた時期であった。

(四) アメリカの博物館

♪ スミソニアン博物館

全米を代表する科学・産業・技術・芸術・自然史の博物館群と教育研究機関の複合体で、スミソニアン学術協会が運営。英国貴族の流れを継ぐ科学者ジェームズ・スミソンの遺産を知識の普及と向上のためアメリカ合衆国に寄贈するとの遺言で、ワシントン特別区に一八四六年、スミソニアン協会が設立された。

博物館はワシントンDCナショナルモールにあり、スミソニアン協会本部など多くのスミソニアン博物館の他、国会議事堂やワシントン記念塔、リンカーン記念堂、第二次世界大戦記念碑、朝鮮戦争やベトナム戦没者記念碑がある公園区域である。

博物館は最も有名な国立航空宇宙博物館はじめ、国立自然史博物館、国立アメリカ歴史博物館、国立アメリカ・インディアン博物館、国立郵便博物館、国立アフリカ美術館、国立動物園など一九の博物館群と研究センターからなり、ニューヨークはじめ四州とパナマにも研究施設がある。運営はアメリカ連邦政府の資金、寄付金、ショップ・出版物売上げなどで賄われ、入場料は無料である。スミソニアン博物館は世界最大級の博物館群として、一度は行ってみたい博物館だ。

♪ ヘンリー・フォード博物館

アメリカ自動車産業の中心地であるデトロイト郊外にあり、視察当時はアメリカ自動車産業の競争力が低下しはじめ、街全体が暗く、殺伐とした雰囲気を醸し出していた。

自動車王ヘンリー・フォードが開館した施設だが、エジソン・インスティテュートと呼ばれ、トーマス・エジソンはじめ、アメリカの技術革新、技術的創意工夫の成果を一堂に集め、広く啓蒙する意図を持った産業技術史博物館である。

♪ メリマックバレー・ナショナルヘリテージパーク

ボストン郊外の小都市ローウェル市にある産業遺産群とそれらを核とした地域おこしや観光案内など、地域全体として産業史を感じさせる。

ローウェルはアメリカ産業革命の地で、メリマック川の高低差を活かした運河の整備と、運河沿線での水力利用による繊維産業振興とその隆盛にはじまる。

後に産業構造の変化に伴う工場閉鎖を受け、地域おこしの努力と国立歴史公園化など多様な経験を積み重ねている地域である。

ボストンからローウェルに至る沿道は、農場の広がる住宅市街地が断続するのどかな景観であった。

集落の中心にカフェを併設したビジターセンターがあり、簡単な案内資料を展示していた。ボストンと共に、ゆったりした時間の流れを感じさせる地域であった。心のゆとりを感じる歴史地域が日本では余り見られない。地域おこしが先走りすぎるのかもしれない。欧米のおおらかな取り組みから学ぶべきことが多い。

日本では古都保存に位置づけられる地域保全の施策は見られるが、産業振興史の視点から地域を保全する法的施策はない。緑と文化と重文を一体に保全しようとする歴史まちづくり法が面的保全に最も近い。

アメリカのナショナルヘリテージパークは、地域ぐるみの歴史環境を保全する仕組みとして、日本より先んじている。近年、各地で近代産業化資産の保全・活用が話題である。京都・奈良・鎌倉だけでなく産業近代化地域保存の法的位置づけがあると望ましい。

四　調査こぼれ話

・山岡さんの考察に基づく構想案

栄生工場活用のスキームを山岡さんの指示に従ってまとめた。山岡さんを通して財団の意向、豊田佐吉翁と自動織機の歴史を理解する位置に立ったが、記念施設の構想を発案するには、まったく知識も力も不足であった。

山岡さんのアシスタントとして働いた実感である。構想に佐吉翁の特許を公開する特許館があったが実現していない。博物館の格として、佐吉翁の特許の世界が展示・公開されることを期待している。

構想では、豊田式自動織機が織りなす世界の綿布のデザインやファッションを集め、手に取ることのできるコットン・ワールドをつくることをイメージした。

ヨーロッパの博物館にあるような交流スペースとして、地下ディスコ・クラブなどを検討した。

これらは実現されなかったが、いつかゆとりの文化ゾーンとして遊び空間があることを期待している。

構想案には栄生工場を活かしながら博物館として活用するイメージスケッチを加えた。大久手計画工房佐々木敏彦さん

（名工大）に知恵と手を借りた。

・構想案を豊田英二会長に説明

構想案がまとまり、トヨタグループの了解を得るため、グループ会社の社長さんが集まって情報交換する「朝の会」に諮る必要があった。そのため豊田英二トヨタ自動車会長にご説明しなければならない。

トヨタ自動車本社を訪問し、豊田英二会長に構想をご説明した時は、柄にもなく手に汗を握る思いだった。

後刻、グループ事業として「朝の会」に諮ることになったと結果をお聞きし、一安心した。

・山岡・霜田、お二人とも浅田学校仲間

シモさんは東京時代、「浅田学校生」とお聞きした。霜田さん（早大吉阪研）と山岡義典さん（東大建築）とは、浅田学校の仲間だったようだ。浅田孝先生は前任の林雄二郎先生に次ぐ二代目トヨタ財団専務理事として構想調査の統括・指導をされ、併せて、たびたび貴重な昔話をうかがうことがあった。

・浅田孝先生と丹下健三先生

ある時、岸田日出刀教授から「丹下を男にしろ」といわれたことから、一連のコンペに浅田先生が先兵として現地に入り、計画条件をつぶさに調査した。

広島平和会館（現 平和記念資料館）コンペの出来事である。コンペ制作中、突然、丹下が居なくなり、八方手を尽くして探し、恋人宅にいることがわかった。やむなくスタッフが製図板と設計道具を持って恋人宅に押しかけ、コンペ案を完成させたとお聞きした。

ご存じのかたが多いと思うエピソードである。

学生時代、自転車旅行で広島を訪問、水平のバランスが美しく、量感があるものの決して重くない丹下先生設計の平和会館に感動したことを想い出した。平和会館の下書きは浅田先生だったことを知らなかった。

・坪井さんとのこと

私が藝大三年の時、早大U研出身の坪井善昭さんが赴任され、学生の設計課題などの面倒を見てもらった。

学部三年プログラムの古美術研究で京都〜奈良を巡った折、京の宿のコンパで、新幹線で京都に着いたばかりの坪井さんが、突然、あいさつ代わりに踊りをはじめた。学生一同、涙が出るほど喜んだ。坪井さん、藝大生に気を遣ったのだな。気遣いがうれしかった。駿ちゃんともども、アルパックへの紹介、有難く感謝しています。

栄から見たテレビ塔と東北市街地

第3章 水の名古屋をさかのぼる

都市と運河の再生

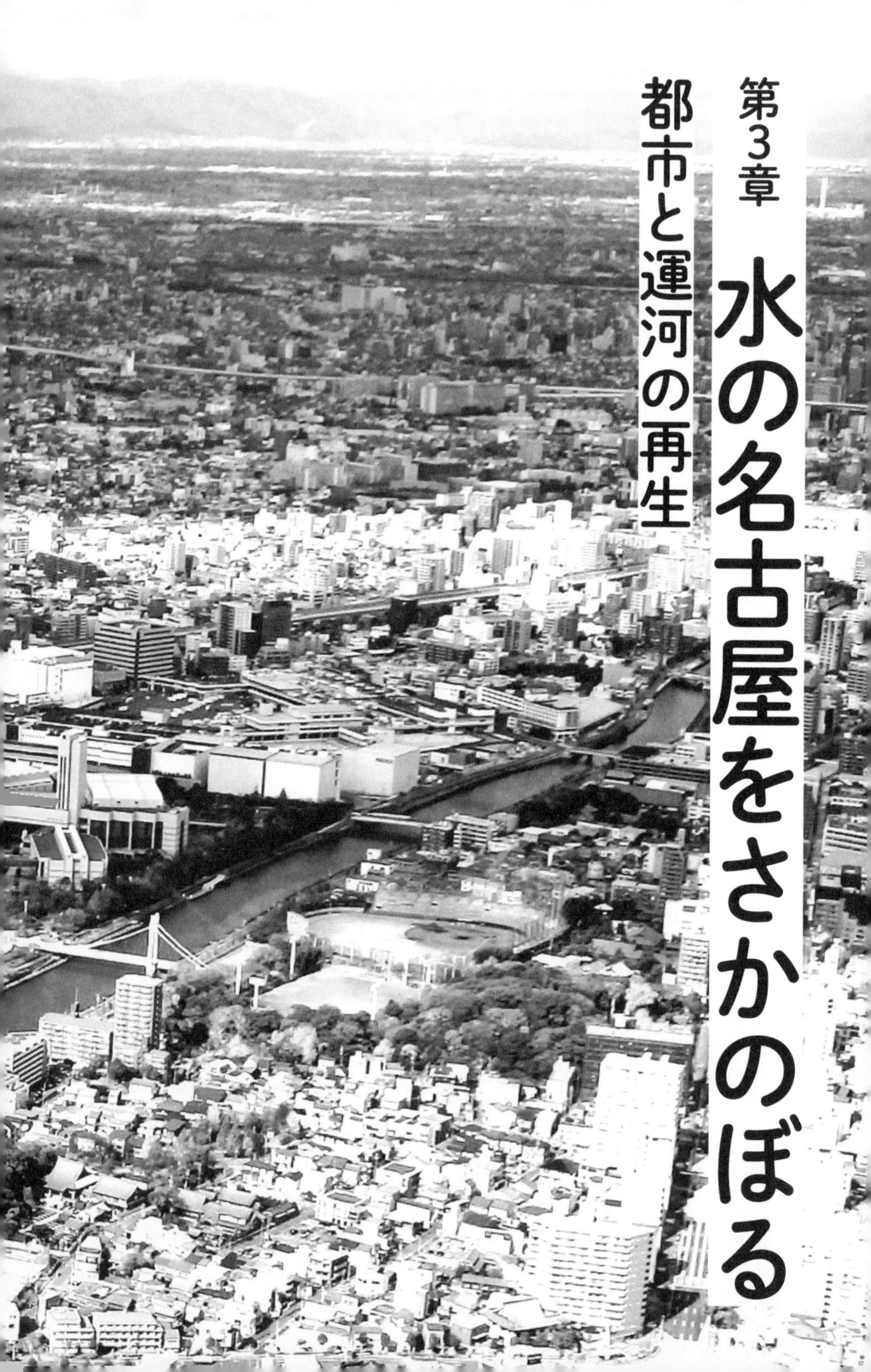

堀川沿いの白鳥庭園、名古屋学院大学、国際会議場　熱田上空から西北を望む

一　水の環境テーマ開拓　近江八幡

（一）入札に依存しない模索

名古屋市都市景観基本計画が一段落した。同業他社が鎬《しのぎ》を削る中、名古屋後発の地域計画事務所として、受注方法の選択に迫られた。

・気が重かった入札、普通ならクビ

指名入札が告示されると、どこかから声が掛かる。声の主が当方の応札意志を確認し、先方受注の優位を主張する、そういう調整がおこなわれていた。受注を全指名業者と調整するには手間と時間が掛かり、調整が成立不確定だから、いつからか指名業者が一堂に集まり、発注者の意志とは関係なく、受注希望社が勝手に受注調整することが常態化していた。談合の一種である。

補足　入札とは（概略）

行政に指名願いを届け、指名または公募に参加、仕様書に従い、応募希望社が予定金額を値入し、価格の低さを競って受注者を決める方式。

自治体運営にはさまざまな物品やサービス需要があり、ことにより金額の競争は不思議ではない。しかし地域計画に関する業務は、調査や計画の方法により受注金額の大小だけでは受注者選定の評価ができない。

だからこそ調査・計画方法を含む審査で受注会社を選定するプロポーザル方式が妥当だと主張していた。

入札には応札者の調整を仕切るボス的な幹事役がいた。こうした受注調整＝談合が業界では営業担当者の仕事として、当たり前のようにおこなわれていた。

コンサルタント業務では談合に流派が発生、本社地元系と地元以外の二つの流派による談合がおこなわれたから、公正取引委員会の調査が入り、関係者が摘発される、そんなことが稀にあった。今はもうない。

補足　プロポーザル方式とは（概略）

発注者の公募条件に従い、受注希望者が提示された仕様書で求められる業務課題に対応する調査企画と所用の費用を提案し、審査によって金額だけではなく優れた内容の提案者を選定する。

・戦略的営業のコンセプト

名古屋都市圏で地域・都市・村・まちの計画にかかわる仕事をしていくため、次の基本方針としてコンセプト（私たちが仕事をしていく基本となる考え方＝キャッチフレーズではない）を立てた。

第一　範囲　公共交通で概ね三〇分～一時間の地域

まちの町医者として地域事情が理解できる範囲で仕事をするため、名古屋から公共交通で概ね三〇分～一時間の地域を対象とする。ただし、調査計画機関のない中山間地域などから随意契約で指名された場合は、積極的に受注することにした。後に、これを発展させ、行動しながら地域の課題に取り組む「シンク&ドゥータンク」であることを業務の基本姿勢に加えた。

第二　実績を優先、景観や再開発などを主とする

第三　水～川下から名古屋をさかのぼる

岡の上だけではなく、建築～土木では競合が少ない（と思う勝手解釈の大誤解）水～川下からさかのぼる戦略案を思いつき、運河や港に着目した。

（二）近江八幡　水緑都市モデル事業の体験

名古屋事務所設立と並行する京都在籍最終期に、後に環境庁の補助事業でアメニティ・タウン事業となる近江八幡市「水緑都市モデル地区整備計画」（昭五七・一九八二年、三七歳）を受託した。

武村正義知事時代、滋賀県のシンクタンク滋賀総合研究所の委託で、西川幸治先生（京大教授・地元出身）を委員長とする計画策定委員会の監修で琵琶湖東岸、近江八幡市と八幡堀を対象に環境整備計画（内容後述）を受け持った。この体験が私にとって水にかかわる地域の循環を概念的に考える先駆例となった。

計画策定委員には、全国町並みゼミ（町並み保存連盟主催）で出会い、後に近江八幡市長になった川端五兵衛さんが近江八幡青年会議所理事長として委員に参加、地域の将来を担う若手リーダーの参加で計画に一層の確信を持つことができた。

・近江八幡と八幡堀

近江八幡市は、豊臣秀次による城下町築造（天正一三・一五八五年）と安土城下の住人移住により、水上交通と陸路の交差する流通の要衝として発達した。

琵琶湖を結ぶ運河の八幡堀を外堀として開削、八幡堀界隈は琵琶湖流通につながる湊町として発展、近江八幡が近江商人発祥地と言われるほど商業が隆盛した。

八幡堀周辺は重要伝統的建造物群保存地区（重伝建地区）に選定（平三・一九九一年）され、後に水郷地域が全国初の景観計画区域に選定（平一七・二〇〇五年）された。次いで全国初の重要文化的景観（平一八・二〇〇六年）として水郷

集落を含む約三五四haが選定されている。

・ヴォーリズと近江兄弟社

二四歳で県立第一商業学校の英語教師に赴任した（明四一・一九〇八年）アメリカ人ウィリアム・メレル・ヴォーリズは、全国に数多くの建物を遺した建築家として活躍し、キリスト教宣教のかたわら、メンソレータム輸入から製造販売を手がける近江兄弟社を創設、病院、図書館、幼稚園から高校まで学校法人を設立し、多岐にわたり近江八幡に貢献した。

・今も人気のヴォーリズ建築

ヴォーリズ建築は戦前で一五〇〇棟以上、近江八幡はじめ関西に多い。大丸心斎橋本店、四条鴨川西東華菜館、同志社大学アーモスト館、関西学院校舎、神戸女学院校舎、軽井沢教会、軽井沢集会場などがある。

（三）水辺のランドスケープ再生

・近江八幡　三つの環境再生コンセプト

第一　地球上の水の循環システムを活かす

第二　自然と暮らしの水循環環境を整える

第三　八幡堀の景観を再生する環境を整備する

以上を基本コンセプトとする計画を立てた。

・八幡堀　近江八幡観光の拠点に

八幡堀には小さな木造川舟の観光船が地元漁師により運行され、八幡堀から葦の生い茂る水郷を案内する。まさに八幡堀の環境が近江八幡観光の拠点である。

今から一〇年ほど前、白壁アカデミア会員の現地交流で年配の受講生を引率して近江八幡を訪問した。計画当時と比べ、堀と町並みが整えられ、茶店・土産など、観光サービスが繁盛していることが嬉しかった。

時折見かけるテレビの時代劇に八幡堀が取り上げられる。映画の撮影場所になるような環境再生を体験し、悔いのない仕事ができたと実感する。

・モチベーションの高揚

計画の担当は私の他、山田克雄さん（京都工繊大、地域計画を希望して富家建築事務所から転職）、内村雄二さん（京都工繊大・大分出身・三輪さん教え子、京都工繊大社会人博士、福井工大教官に転出）で、計画に取り組んだ。山田さんは引き続き八幡堀石垣の修景設計を担当した。

京都工繊大ヨット部OB山田さんにとって琵琶湖は日常のトレーニング場、その当時も琵琶湖でセーリングを続けていた。

琵琶湖は周囲を山に囲まれた盆地状の地形で、特殊な風が吹くためセーリングが難しいという。

水の循環への思いは私たちの経験の糧となり、都市~建築プランナーの私たちが、水辺にかかわるモチベーションとして持続する出発点になった意味ある仕事だった。

(四) 琵琶湖就航の唄

・西山先生も唄った三高漕艇部の歌

琵琶湖と聞くと「琵琶湖就航の唄」を思い浮かべる。よく聴くのは加藤登紀子(京都出身・シャンソン)の唄。ハモリやすいAm(エーマイナー)で、カラオケでよく唄う。

ある時、西山先生に学生時代に唄われていたに違いない「琵琶湖就航の歌」についておたずねすると「流行りの琵琶湖就航の歌は漕艇部で唄った歌とは似ているが少し違う」といわれた。その時先生に一小節だけでも唄ってもらえばよかった。残念だった。

洗練された音楽作品のメロディーと、口唱で受け継がれる唄とは違って当たり前、琵琶湖就航の唄は作詞作曲不詳と言われていたが、最近、有志により唄の生い立ちが解明されつつある。

蛇足　飲み仲間・唄仲間

詩吟部で体育会並みに鍛えた声に張りのある馬場正哲さんの「王維作、元二の安西に使いするを送る」の吟詠は見事だ。

これを聴いた縁で馬場さんとは、流行り歌を覚えるのが早いジャラ(藤原宜昭)さんとともに、カラオケ仲間となり、馬場さんの張りのある声とのハモリにハマり、よく飲み、よく唄った。

馬場さんは芦屋在住、関大建築出、ルーツは島根の石州津和野藩、学生時代、関西の主要計画事務所でインターンを体験し、他社のプランナーとの強いネットワークを持つ。これが功を奏した。

新卒の採用時、千里中央の大阪府企業局の好意で入居していた企業局施設の地下にあったアルパック最初の大阪事務所で、採用か否かの決断に迷う糸乘さんに馬場さんの積極的採用を進言した。

馬場さんは今も大阪で信頼され、再開発コーディネーター、プランナーとして後進を指導している。

筋書きのない備忘録で話が飛ぶ。ご容赦願う。

二　近代工業都市化の魁　中川運河

（一）中川運河への挑戦

以前、名古屋市は総計に沿って、三年単位の行政計画テーマの予算書を公表。これから水にかかわる調査テーマを検索し、未執行の中川運河の調査事項を見つけ、所管の都市計画課へヒアリングにうかがった。

幸いに都市景観基本計画で御世話になった岡田さんがおられ、運河調査についておたずねした。

中川運河はまだ発注準備に着手しておらず、担当の立松さんと調査の進め方について協議を重ねて受注することになった。調査は「運河水域の環境調査」、報告書名は「中川運河環境整備計画」、内容はアメニティ・タウン計画（略称アメタン）だった（昭五九～六一・一九八四～八六年・三八～四〇歳）。

・川のない名古屋って本当？

「名古屋には川がないね」といわれることがある。

台地の名古屋は庄内川、天白川が市外縁を囲み、京都、大阪、東京、福岡のように都心に大きな川がない。

しかし、城下町と同時に築造された堀川、昭和初期築造の中川運河が都心近くを流れる。高度経済成長期をピークに物流と都市排水により堀川、中川運河が汚染、沈殿した汚泥の腐敗による悪臭が堀川や中川運河を水辺と認識させなかった原因だったと推定できる。

県内に集積する自動車産業と穀物・雑貨の移出入による物流量では世界有数の名古屋港は、運河と同様に物流・工業港として高度利用されているが、水辺を楽しむ水際がないため、長年「親しまれる港づくり」を提唱し続けてきた。

参考　三大都市で最も橋が多い名古屋

川がない名古屋といわれるが、そうではない。川の多さを表す代名詞「橋」を見ると、名古屋市管理の橋は令和元年で一三四〇橋ある。令和二年で東京都建設局管理の橋一二二一橋、かつて八百八橋・水の都と言われた大阪市管理の橋七五八橋。

なんと三大都市で名古屋の橋の数が最大。言い換えればそれだけ川が多いことを意味している。知らぬとはいえ、びっくりした。

参考　水の環境が重視される時代

名古屋では運河も港も「市民が楽しむ水辺の魅力づくり」が行政課題として取り上げられてきた。

中川運河〜名古屋港の夜景。笹島ライブの上空から南方向を見る

大気汚染対策が進み、水質浄化など水の環境対策が水緑都市モデル地区など国の施策として重視される時代に来た。この時期に「水」を戦略的営業のテーマに着目したのは、名古屋の水辺の現状と、環境重視の社会情勢が重なったからである。

・中川運河って何

中川運河は名古屋港中川口閘門から旧笹島貨物駅（現ささしまライブ）船溜、及び松重閘門を結ぶ延長八・二km、幅員三六〜九一m、水深約二・六m、日本でも有数の開削式閘門運河で、工業都市としての発展を図るため、名古屋市が土地区画整理事業で開削した。

昭和初年に中川運河は概成、昭和三九年には七万五〇〇〇を超える船舶の往来、出入り貨物量は四〇〇万トンを越え、名古屋の経済発展に貢献したが、海上輸送のコンテナ化や陸送が発展した現在は運河利用が通船数・貨物出入り量ともに激減、運河の再生・活用が議論され、試行されている。

（二）名古屋の工業都市化と中川運河

中川運河は荒子川運河、山崎川運河、大江運河、堀川と併せて名古屋の五大運河として都市計画決定（大一三・一九二四年）し、土地区画整理事業を着工（大一五・一九二六年）、幹線と北支線が完成（昭五・一九三〇年）、その後、運河全線が供用開始した（昭七・一九三二年）。

エピソード　有島一郎の涙

かつて名古屋出身の俳優、有島一郎（大五～昭六二・一九一六～八七年）が、名古屋の舞台に出演した折、中川運河の橋からまちを眺め、涙を流したという。区画整理で移転、後に運河となった生家の鉄工所跡を眺め、懐かしんだのだろう。ドラマだ。

参考　伊勢湾台風（昭三四・一九五九年九月）

台風一五号襲来で高潮と満潮が重なり、名古屋市臨海市街地が高潮による浸水、貯木場の流木による家屋倒壊などで、多数の人命が失われた。貯木場は飛島港区に移転。当時中学二年、学校からボランティア参加を制限されたが、被災地のボーイスカウト指導者宅を仲間と慰問、水没地帯をボートに乗り、被災者宅には二階で出入りした。

・石川栄耀《ひであき》説　運河土地式の区画整理

名古屋市西南部地域は木曽三川や庄内川による干潟を江戸～明治に干拓で造成した低湿地で、地名に干拓事業の名前が残る。海抜以下のところもあり、運河開削土を両岸の地盤かさ上げに利用して土地造成をおこなう合理的手法が採用された。名古屋で最初の都市計画を立案した石川栄耀（明二六～昭三〇・一八九三～一九五五年、名古屋市、東京市、満州の都市計画を担う）によれば「運河土地式に分類される土地区画整理の一手法」である（名古屋市住宅都市局資料）。

運河両岸は名古屋市が市有地を名古屋港管理組合（名管）に無償提供、名管が民間に物流・工業用地で有償貸与し、地代を運河と港の維持財源とした。公有財産を活用した公共資産運用の先進例である。

名古屋港～中川運河周辺への工業立地が促進されることにより名古屋西南部地域は都市計画用途地域がほぼ工業系地域となる用途純化した土地利用が誘導された。

(三)　中京デトロイト化構想

名古屋都市圏は輸送機器産業を軸とする日本有数の工業地域である。その動きは今から百年ほどさかのぼる頃に始まっていた。西南部地域に工業誘致が諮られる頃（昭和初年）と時を同じくして官民をあげて、中京デトロイト化構想として名古屋の自動車産業開発を目指す動きがあったと伝わっている。

大岩勇夫市長（明二九～昭三三・一八六七～一九五五年、東京法学院＝中央大　弁護士、市会・県会・衆議院議員、昭二～一三・一九二七～三八年三期一一年市長〔官選〕、汎太平洋平和博開催）が構想を提唱した先見性のある名市長と聞いていたが市長の提唱だけではなかった。

民間の自動車開発は日本車輌、大熊鉄工所、岡本自転車による乗用車「アツタ号」共同開発、同時に豊田式織機によるバス「キソコーチ号」の開発が進められたが、両者とも試験車段階から販売に至る本格的生産には至らず、軍事産業の中に組み込まれていく。この動きは「中京デトロイト化計画」と呼ばれている（牧幸輝「中京デトロイト化計画とその帰結」、「オイコノミカ」二〇一一、第一号）。

・中川運河築造と輸送機器産業の発展

名古屋圏で自動車開発がはじまってほぼ百年、後に軍事産業として戦争体験、戦後復興期に朝鮮戦争特需を経て地域をリード、名古屋圏の基幹産業になった。

その初動期の動きが中川運河の築造時期と重なる。その結果、中京デトロイト構想は県・市と民間企業による官民のコンセンサスと企業努力の積み重ねにより、今、実現している。すごいことだと思う。

三　目標はアメニティタウン　中川運河への挑戦

（一）中川運河環境整備計画のあらまし

・中川運河快適環境づくり懇談会

調査期間（昭五九～六一・一九八四～八六年）前半の初動期は現況と課題を現地踏査と文献資料から集約し、計画の方向を仮説設定した。

年度が替わり計画のオーソライズのために「中川運河快適環境づくり懇談会」を名古屋市が設置した。

新田伸三名城大教授（造園）を会長、林薫一愛知学院大教授（法制史）を副会長、他に学識委員で川上省吾名大教授（都市計画）、長尾正志名工大学教授（水環境）、柳沢忠名大教授（建築学）、官公署から運輸省第五港湾建設局、名古屋港管理組合、名古屋商工会議所、他に地元中川・港区の団体役員から男女六名の委員を委嘱、懇談会五回、行政職員検討会四回を経て（昭六〇～六一・一九八五～八六年まで）、「中川運河快適環境づくり構想」をまとめた。

新田、林、柳沢、川上、長尾の先生方は名古屋市各種計画

の委員会、審議会に名を連ね、会長の新田先生はランドスケープ、副会長林先生は法制史の名古屋での権威であった。以後、先生方には名古屋市の各種計画の委員として度々お世話になった。

・アルパックの取り組み体制

社内では近江八幡を担当した内村雄二さんに小島篤さんが加わった。内村さんは大分県日田出身、京都工織大で三輪さんの教え子。名古屋勤務から本社に帰任後、工織社会人博士取得。名古屋では四六時中実質私と二人。さぞ、やりにくかっただろうと同情している。

・市民に理解を得る計画書に挑戦

「中川運河地区快適環境づくり」は、名古屋で最初の「水」にかかわる委託調査だったから景観計画で取り上げた市民参加~目線を継承し、「市民に訴える柔らかい報告書」作成に力を入れた。報告書表紙を絵柄にしたのは名古屋市都市景観基礎調査が最初だが、中川運河地区快適環境づくりも絵柄表紙とし、以後、他の調査にも使った。私たちが名古屋市の受託の報告書で絵柄表紙を提案した最初だった。

参考　環境絵本としての報告書のポイント

一　市民の見やすさ~読みやすさを第一に

一　文章を少なく、大きな文字で

一　章構成を三段階に分節　まとめ

ァ、計画地域、ィ、計画の手がかり

ゥ、方策と構想

一　提案イメージは絵解きで

一　計画根拠を地図、図表・グラフで表示

一　印刷は強調するところをカラーで

一　計画懇談関係者（委員）を公表

一　提案の印象を前面に（表紙をスケッチに）

・提案は絵本を意識して

中川運河地区快適環境づくりの報告書は、「絵本」の報告書である。市の検討会、懇談会の委員さんから同意をいただいた。以下の考えと枠組みで、四つの像ごとに個別テーマ、イメージをスケッチで提案している。

・提案での主張

「構想のねらい」運河機能（物流・治水・防災、環境）、多様なアメニティ軸として運河再生・活用を諮る目に見える「アメニティ像」

1　四季を通じて魚や鳥の見られる運河に

2　多面的に利用できる運河に

3　運河の沿岸にうるおいの場を

4　運河への関心を高めよう

計画は中川運河全体の魅力アップが主題で、笹島ライブの船だまりでは船着き場が整備され港のSCと笹島ライブを結ぶ民間水上交通の定時運行がはじまった。

沿岸では露橋下水処理場上部空間の公園化が進められ、民間によって運河をフィールドにしたアートイベントがはじまっている。光安前住都局長（国交省出向）提言で松重閘門の復活が期待されている。

都心にあって市民のかかわりが多い堀川に比べ、中川運河の再生は目立ちにくいが、着実に進んでいる。これからが期待される。

エピソード　中川運河と映画

映画『泥の河』（原作宮本輝の同名の小説）が中川運河の閘門に近い艀だまりで撮影されている。昭和三〇（一九五五）年頃の大阪の運河が小説の舞台なのだが、運河に艀《はしけ》だまりがあった中川運河がロケ地に選ばれたようだ。今はない。

この調査をきっかけに自主上映で『泥の河』を見た。親子の生活の場であるはしけで春をひさぐ母親役加賀まりこの演技にはすごみがあった。水上生活者の様子がよく描かれていた。

四　現地からはじまる調査の方法

(一) アルパックの地域計画方法論

入社以来、三輪さんから「現地主義・実証主義・総合主義」がアルパックの計画方法のコンセプトだと、口を酸っぱくして教示を受け、以来、三つのコンセプトで対象地域と課題を確認した（西山研流リアリズム計画論）。

・現地主義その一　地図の確認

地図確認はどこの調査でもしている。地図解析は第一章の「景観計画三都物語」でも触れているが、地域計画の必須調査で、現況図だけでなく、名古屋の場合、明治二四年（陸軍陸地測量部）～現代まで比較検証できるから、昔からある道、水路、集落地、樹林地などがわかり、市街地形成の歴史的変遷を読み取ることができる。

とりわけ名古屋市西南部では、例えば「〇〇新田」のような地名から干拓地が読み取れる。特に中川運河周辺は、区画整理施行前と施行後の年代比較ができる。

柳田國男『地名の研究』に名古屋の地名の記述があり、独特の地名が挙げられている。それを読むだけで面白い。

「二女子、四女子、五女子」など他では聞かない地名に、ほのぼのとする地域の生活文化史を感じる。
地図解析で史跡・集落地・干拓線、主要道路・街道の交点、商店街等の接点、学校・文化施設、大規模工場・倉庫などを抽出。ケヴィン・リンチ著『都市のイメージ』の発想で、それらを地図にマーキングし、そこから地域の都市構造を読み取ることができる（西山流リアリズム計画論）。

・現地主義その二　歩いて感じる

現地主義の最大のポイントは運河周辺を「歩いて、目で見て、空気を読んで、感じる」ことである。加えて、運河の中から見るために、名古屋港管理組合のご協力で、都市計画課担当者と一緒に、運河管理用の小型船に乗り、「水上観察」をした。

その結果、中川閘門・松重閘門の産業景観、中川口閘門外の艀だまり、運河に生息するボラなどの海の生態、運河らしさを高める倉庫群、道と交差する橋梁の袂、景観のポイントとなる支線との分岐点、カッター艇庫や練習場などのアメニティ要素の他、燃料基地、荷揚場、船着場、荷揚げクレーンなど物流機能の要素が確認できた。陸上踏査では旧街道・旧集落地付近を踏査、小さな運河神社を発見、後の資料検証で、かつて盛大だった運河祭が参考になった。

運河関係者や水辺の環境観察グループを中心に流行っているSUPは多様性を持つ水上遊び〜探検、祭の復活ツールとしてその活用が期待される。

・現地主義その三　足で聞く現地情報

運河調査の前、東畑建築事務所の星さん（故人）の依頼で「地区総合整備事業築地口」プロポーザルに協力、アルパック流現地踏査をした。

「まちを計画するんだから港まち築地の二四時間を知ろうよ」と東畑名古屋の村上裕嗣さん、佐伯博さん、本社大阪の川上隆さん他と一泊調査をした。

あの頃、築地界隈には港湾関係者が長期滞在する商人宿はあったが、シティホテルやビジネスホテルがなかった。都市機能として港に需要があるホテルが必要だ。

・港町の情緒を築地口で味わう

築地口には船員バーが数軒あり、閉店後、通船バスで港内に係留する船に船員さんが慌てて帰っていく。遅れれば朝の出航に間に合わないか、岡で一泊になってしまう。その船員バーは、今はない。

一方、名古屋港に着岸した外航船の船員が家族と会うために船員会館の宿泊施設を用意する必要性がよくわかった。港湾再開発専門の同僚、金井萬造さんに聞いたが、他港では船員会館がシーメンズクラブとして整備されていた。倉敷市水島港はアルパックが計画している。

・ファッションホテルに断られた宿泊

中川橋東詰にファッションホテルがある。調査員四〜五名泊まる交渉をしたが、窓口のおばちゃんに「ここは、あんたたちの泊まるとこじゃない、他へ行きなさい」と言われた。だが「他にホテルがない」と何度も掛け合った。結局、許しを得られず、付近を探し回り、ようやく一見で商人宿に泊まることができた。

沖合の仕事で、こういう商人宿に長期滞在する客が港湾にはある。宿の朝食で出会った客はそんな人ばかり。宿に泊まる港湾の専門職人と出会ったのは一泊調査の大収穫だった。現地調査にはこんな発見がつきもの。これも現地主義の逸話。

・調査課題検証　ローカル文献調査

ローカル地域が調査対象の時にはデータや文献も全国情報だけでなく、地域情報でなければわからないことが多い。地域の歴史や出来事に関しては、「愛知県郷土資料刊行会による書籍」、当地域の文化書籍を出版する「泰文堂（熱田区）の書籍」、「中日新聞社による出版物」が役立った。紙が黄色くなったこれらの書物を未だに愛用している。

この書籍で出会った郷土史家の服部鉦太郎、吉田富夫、水谷盛光など諸氏の業績に感謝している。水谷さんには講演会で直接お話をうかがった。

「名古屋城天主のRC（鉄筋コンクリート）での再建時、市の建築課長だった。この時、RCの外階段（法定避難階段）に反対して市役所を辞めた心ある部下の技師のこと。町名変更時は中区長を務め、説明会で多くの市民から反対意見が出されたこと」など貴重なお話をうかがった。

横道にそれたが、学校で習う日本史の教科書には地域の歴史の記載がない。国定教科書だから、地域の視点があるはずがない。

歴史だけではないけれど、義務教育課程の教科書は、地域の視点で書かれた教材を使うことが望ましい。

仕事で名古屋の歴史を名古屋の歴史資料から調べることにより、名古屋が、当該地域が、今日までたどり着いたさまざまな地域と人々の足跡を知り、従来の認識以上に重層的、立体的に名古屋を知ることができた。

五　堀川を探る

（一）困難な堀川の環境整備

堀川は都心・城下町の西を流れ、市民の目に触れやすく、関心も高い。都心を外れる中川運河では運河クルーズがはじまり、アートイベントがはじまったが、周囲が物流地帯だけに、市民の目が集まりにくい。

世界デザイン博覧会（平元・一九八九年）が堀川を軸に名古屋城、太夫堀跡、名古屋港二号地で開催され、翌年、国交省の河川環境整備を目的とする「マイタウン・マイリバー事業」第一号に堀川が選定され、従来から関心を持つ桜井大吾さん所属のＲＩＡ名古屋が担当。水質浄化を中心に堀川の整備が重点的に検討されてきた。

・堀川浄化の難しさ

堀川開削（慶長一五・一六一〇年）と同時開設の太夫堀貯木場が稲永埠頭に移転、およそ四〇〇年間たまった汚泥を庄内川導水で排出する構想があったが、汚泥が桑名の沖合に達し、漁協から強く抗議を受けたと聞く。

水源のない堀川、木曽川導水による浄化の発想だけでは、一筋縄にはいかない。汚泥を砂で固めることも検討されたようだが、その効果がわかりにくい。

中川運河は海水の循環で浄化しやすいが、堀川は市内の都市インフラの再構築と合わせた長期作戦でなければ浄化は難しい。堀川浄化は一つの方法だけでなく合わせ技、ハイブリッドの浄化が現実的だろう。

・水辺の賑わいと親水性を取り戻す

堀川は一級河川だが朝日橋以下は港湾区域、中川運河は港湾施設である。「港」が都心に来ていると思うと、ロマンチックで景観の心象が違ってきて面白い。

「市民に親しまれる港づくり」で名管が船着き場を整備、民間が屋形船を運航。遊歩道は市の緑政土木局が整備、納屋橋周辺では堀川に顔を向けた飲食ビルが建てられた。納屋橋東再開発が完成し、納屋橋界隈が水辺の賑わいを高めつつある。納屋橋と錦橋との間、遊歩道に屋台を出し、日本酒を楽しむ「夜市」が定着。納屋橋が夜の拠点になるのは間違いない。

納屋橋百年、「レトロ納屋橋の会」丹坂和弘さん、高山大資さんは、納屋橋と上流をつなぐ努力をしている。

納屋橋から下流は日置橋～松重閘門を経由して白鳥船着き場に結ばれる。熱田では「熱田祭・堀川祭」を支える川口正秀さん、和歌子さんたち堀川まちネットがある。堀川上流から下流まで、人の手がつながれば、堀川が名古屋の輝く川湊に再生されることは間違いない。

・堀川は城下の町民管理「冥加ざらえ」

内田橋〜七里の渡し〜小型船造船所〜名古屋港を望む

堀川開削時は素堀で護岸はなく、管理は「冥加《みょうが》ざらえ」という町民奉仕で実施されていた。

そのコミュニティを取り戻すことができればすばらしい。堀川千人調査隊など人の輪はできている。

江戸時代には、公共空間の管理が民活だった例を見る。

例えば、江戸の河川への架橋、橋のたもとの空間活用は、町民からの要請に、町奉行所と協定し、町民や商人が民活で実施、有料の場合は収入を町民と奉行所が折半する。民活は江戸の昔からあった公共空間の管理手法だったのである。

・運河機能のリノベーション

中川運河の物流は著しく低下したが、倉庫群の物流景観が残り、水面の持つ環境、水上スポーツ、防災空間、祭、イベントの場として水の公共空間活用の期待が増している。

中川運河は閘門で水位調節するため一定の水位を保ち、沿岸と水面の落差が少なく、親水性が高い。

松重閘門復活の暁には、堀川と中川運河との水の循環構造が再生される。次世代の運河としての新しい役割を付加するリノベーションの時期が、遠くない将来、やってくる。

中川運河はスポーツやアートなど昼の景色、堀川は沿岸の灯りが輝く夜の景色が似合う。納屋橋夜市はその例だ。

できることから拡げる、それが一番だ。

第4章 地域主義で選ぶ

行く先限定の仕事

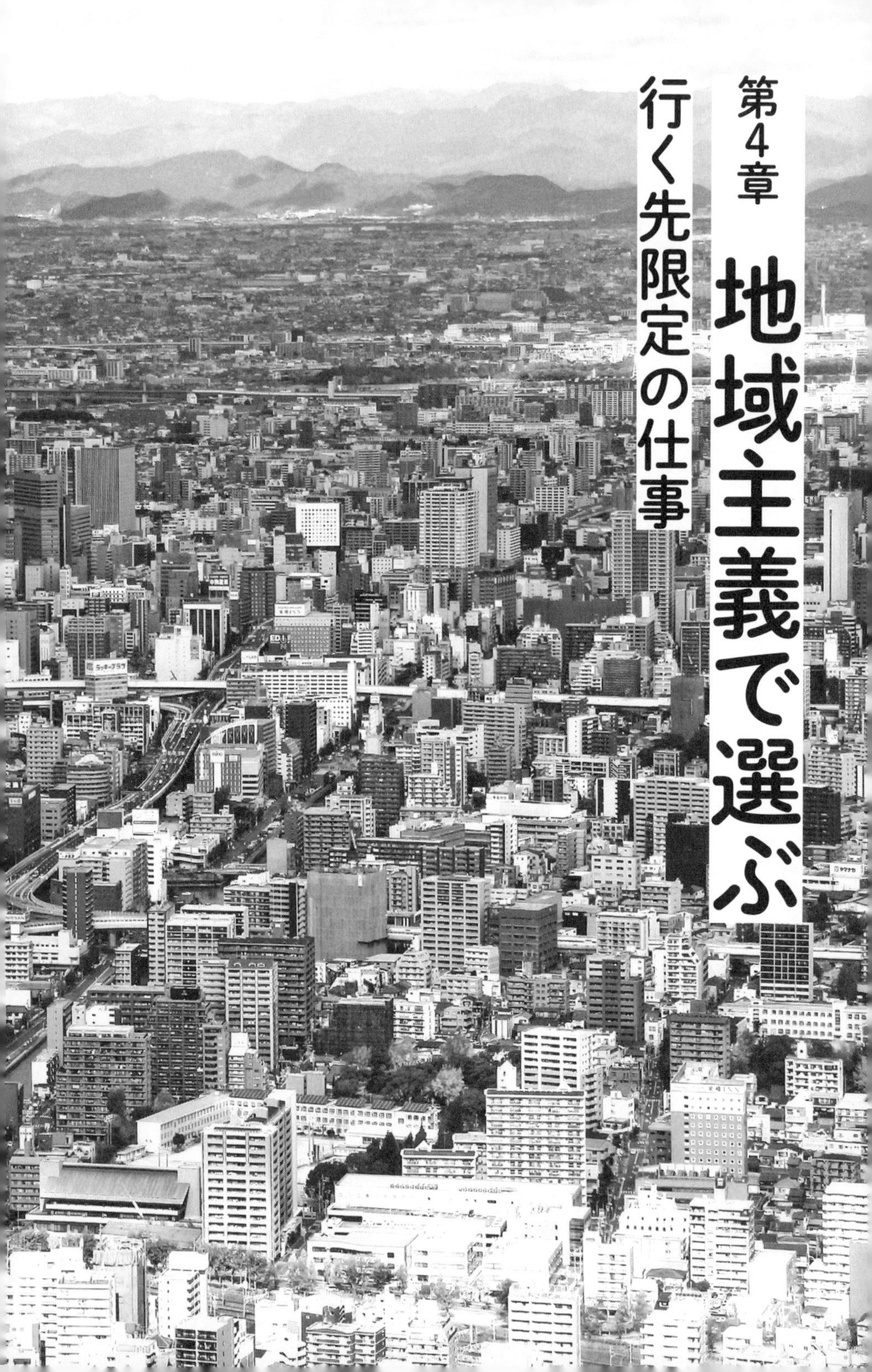

熱田上空から名古屋駅周辺を経て濃尾平野北西部を見る

一　地域主義で仕事先限定

まちの町医者は「地域（患者）を熟知すべし、何かあれば即刻飛んでいくべし、公共交通を利用すべし」を旨とし、仕事の範囲を名古屋から概ね三〇分〜一時間で行ける自治体を基本とすることにした。その裏には広域の市町村営業が苦手だったことがある。

仕事限定の到達時間別自治体　遠隔地等を除く

三〇分　愛知県　名古屋市　知多市　東海市
長久手市　日進市　瀬戸市　小牧市
春日井市　尾張旭市

一時間〜二時間　愛知県　岡崎市　豊田市　足助町（豊田市）
犬山市　知立市　西尾市　高浜市
蒲郡市　豊橋市
半田市　田原市
岐阜県　岐阜市　多治見市　土岐市
中津川市　恵那市　大垣市　笠松町
垂井町
三重県　桑名市大山田　四日市市　鈴鹿市
津市

三時間　岐阜県　高山市　明宝村（郡上市）
長野県　長野市　白馬村

事務所開設初期、「東海環状都市帯構想」を提言した伊藤達雄先生（三重大名誉教授・名古屋産業大学名誉学長）指導の「商業近代化地域計画」で知立市、四日市市近鉄駅前、鈴鹿市神戸、津市大門などを同業他社と分担、修行した。商業近代化地域計画は初動期調査のマニュアルで、コンサルタント新入研修にはもってこいだった。

・無医村（調査機関がない）地帯を応援

名古屋から概ね三〇分〜一時間の方針は、過疎地などが手つかずの地域になってしまう。そうしないために過疎地や中山間地域など、調査機関の手の行き届かない地域の応援をすること、私たちの実績を知ってもらい、特命随契で仕事を依頼される場合、積極的に仕事をお引き受けすることを受注エリア選択の方針とした。

（一）足助で小澤師匠に村おこしを習う

・三河の中山間地域　足助を訪ねる

名古屋事務所開設以来、気がかりだった足助（第一回全国町並みゼミ・有松と同時開催）。名古屋から名鉄本線で知立〜

名鉄三河線梅坪でレールバス～東中金で路線バスに乗り換えて足助へ。今は豊田市から循環おいでんバスを利用する。

マンリン小路

機会があると足助に小澤庄一（後 国の観光カリスマ）師匠のご用聞きに参上。足助交流館、足助参州楼ができた頃である。「田舎にも都会的な暮らしを」と、おしゃれなカウンターバーのあるレストランができた。小澤さんらしい着想である。「西山卯三先生に相談し、建築家の浦部鎮太郎先生を紹介された」とお聞きした。

・足助をフィールドに社内研修会

名古屋事務所開設を記念して、アルパック社内研修を足助屋敷（町営宿泊研修施設）で小澤庄一師匠の「山村講演」と名古屋で市役所名物職員鈴木直歩さんの「名古屋復興都市づくり」を企画した。

足助での社内研修はアルパックが初めてだろう。足助屋敷の夜、小澤さんが一升瓶を三本手に慰労の来訪。一瞬、おしりをさらす洒脱な踊りでアルパック所員を歓迎、藝大ラグビー・コンパ芸で鍛えられた私も一目置く、見事な芸だった。

・足助人学校生徒、村おこしに協力

里山振興ブームの流れを受けて「足助人学校」の生徒になった。生徒は全国から集まった。国の役人も、自治研究者も、各地の村おこし人もいた。

授業はセミナーと懇親会。足助知らずして村おこしを語る資格なし。生徒の気構えは今も残っている。

出会った足助町の方々は、師匠直弟子矢澤長介（後　町長・フォルクス社長）さん、岡田さん、松井さん、観光振興で足助に移住した観光協会縄手雅守さんなどである。

矢澤さんはアグレッシブにとがったおっさん。県費がついた「香嵐渓観光振興計画」（平元・一九八九年、四四歳）「奥香嵐渓河川公園計画」（平五・一九九三年、四八歳）では事業への民間誘導に必死で、町長になり、足助発・住宅ベンチャーの株式会社フォルクス（現代計画研究所の藤本先生協力）社長を務め、先年物故、私と同年だった。

岡田さんは矢澤さんとは対照的におだやかに構えた恰幅のよいおっさん。中馬街道の歴史を川沿いに辿る「塩の道に関する土地利用計画」（平二・一九九〇年）（急な谷筋の荷船を誘導した歩廊、山側民家が街道と川に二面、川に顔を向けた家並が「塩の道」の歴史を語る、柳田國男同名著述あり）をお手伝いした。塩の道は足助川沿いに残されているが、お元気だろうか。その後「香嵐渓観光標識デザイン」（平七・一九九五年、五〇歳）に携わった。

香嵐渓標識デザインは、後藤元一先生（故人・名古屋造形芸術短期大学助教授・藝大彫刻二年上・文化庁ハーバード派遣留学）が調査・検討を指導した。担当は岡崎美穂だった。

松井さんは豊田市足助支所（元役場）支所長だった。合併前は調査費の捻出に苦労されたに違いない。たとえ委託費は少額でも、村おこし日本一足助の仕事を「赤ひげ感覚」でお手伝いするのは、名誉だった。

・足助の困りごとは観光シーズンの渋滞

足助の人口構成が旧来の山村の里人に対して、西三河の輸送機器系企業等に車通勤する都市的居住民が増えていたから、モミジの紅葉とライトアップで有名な香嵐渓の観光シーズンの渋滞は、足助町外へ車通勤の住民にとって迷惑甚だしい生活破壊となる。

国交省中部地方整備局は足助町の中心部を通る国道一五三号（飯田街道）にバイパスを新設、中心部を迂回させて交通渋滞を緩和させるもので、事業には四半世紀（昭五七～平二二・一九八二年～二〇一〇年）を要した。これで飯田街道足助中心部の渋滞緩和が進んだ。国道一五三号バイパス区間は愛知県道四二〇号に移管された（平二七・二〇一五年）。

・持続する山村の暮らしの縁

「山村活性化事業『里山耕』基本計画」（平一九～二〇・二〇〇七～〇八年・六二歳）を事務所ぐるみでお手伝いした。めざすゴール「山村の暮らしの縁を持続する地域づくりと交流施設の提案」が求められていた。

施設の設計と建設は地場の経済活動に還元される地元還元

の補助事業創出が関係していた。

村づくりの相談では農家のおばさんたちから、ことあるごとに「猪対策」が訴えられた。専業農家はない。集落の兼業農家はなぜか教員が多く、しかも年配の教頭さん・校長さん。そのせいか、皆さん協力的で集会所での村づくりの議論は弾んだ。

猪の出没は猪好みの砂遊び場が山になくなったからだと古老が語る。山の手入れの不行き届きが原因だ。

計画委員長は名大院環境学研究科高野雅夫先生。集落環境対策の視点で「小水路発電」を推奨されていた。

この時、足助支所長松井さんに、昔懐かしくご挨拶した。「尾関さん！　仕事が忙しくて田舎にゃ、これんかね」とは松井さんらしい皮肉めいた言葉だが、昔の交流を覚えていてくださったことがうれしかった。

計画委員、観光協会会長小澤庄一師匠に久々にお目にかかった。別の日にお誘いいただき、ご自宅を訪問した。客の応接に利用する離れの納屋の一間で、おしゃれな舶来薪ストーブのある豊かな山村ライフを拝見した。

名古屋で「出前の仕事はしない、片道三〇分圏」と断言したのは地域主義を標榜した営業の苦手意識だが、中山間地の仕事は、地域目線で仕事をする縄手さんのように、東京から移住して仕事する心意気が過疎の中山間地で働く鉄則だと思った。私にはできないな。

足助のアルパック担当チームは私の他、初動期の頃は内村雄二（退職・福井工大教授）、「香嵐渓サイン」は岡崎美穂、「塩の道」は吉田道子、「里山耕」は安藤謙を中心に、間瀬高歩、中川貴美子、木下博貴など、事務所総出で取り組み、藝大先輩後藤元一先生の支援があった。

そういう価値が足助にはある。合併で足助の印象が薄れているが、足助は忘れられないスタッフの学びの学校である。これからも忘れず、学び続けたい。

（二）山村経営優等生の高田三郎明宝村長

飛騨の山村明宝《めいほう》村が合併するしばらく前「明方《みょうがた》村観光開発計画」（調査後、明宝村に改称、現 郡上市）を森脇さん（故 前社長）友人中山先生（京大〜明石高専教官）の紹介で担当した（平三・一九九一年、四六歳）。

計画は旅館経営者である「高田三郎村長の企業的村経営」で改革の象徴たる村名改称、新起業方針、そのバックボーンとなるビジョンとして「観光開発計画」を立案することが求められた。村の一大改革である。

この時、自信過剰の小生意気なコンサルタントで、中山先生と紹介者には大変失礼をした。反省しきりだが、仕事は高田村長の意図を汲み、懸命に汗を流した。

私たちがかかわる経緯は、明石高専中山先生の教え子が工務店を可児市で経営する明方村出身の父上の相談で、村長に先生を推薦し、先生がアルパックを推薦するという構図だったから、先生を委員長にお願いしたものの、調査の主導をアルパックが執るという失礼な状態だった。あってはならない高慢さである。この状態をあえて言い訳するなら、高田村長の決意にお応えしようと気合いを入れすぎた。しかし度量が狭かった。

・高田村長の山村経営戦略

三セク方式で三つの施策を成功させ、失敗したことがないと言われる高田村長。すごい方に出会った。

その一　明宝《めいほう》ハム

村の主要産業は林業、農業、畜産。地場産豚を使い奥明方《おくみょうがた》農協が「明方《みょうがた》ハム」製造を始めた。

村は雇用確保のため村でのハム増産を提案、農協は八幡町（現　郡上市）に生産を集約しようとしたため、村が三セクの「明宝特産物加工株式会社」を設立（昭六三・一九八八年）、奥明方農協時代の職員が転職して新会社に参加、ハム事業を持続した。

その後、「明宝ハム」は手作りブランドの高品質イメージが大都市地域に浸透。カルビー松尾雅彦元社長が著書『スマート・テロワール』（学芸出版社）で提唱する「日本の農村の五穀と畜産振興」と同じ発想の事態が明宝村で進行しており、感動した。

その二　明宝スキー場とジャズ

めいほうスキー場は夏の林業従事者の冬の雇用先、高齢者雇用対策として一石二鳥だった。三セク参加企業は当初、東京の大手不動産会社と協議したが、実施は「名鉄住商グループと八幡町など周辺市町、明方村（現　明宝村）との三セク」となった。

夏場には『メイホー高原ジャズフェスティバル』を開催、日野皓正、ケイコ・リー、寺井尚子他が出演する東海地方では評判の高いジャズイベントとして人気を集めた。

その後、演奏ジャンルはジャズをベースにロック・フォーク・ラップ・ハワイアン・和楽などと多様化し、岐阜県で人気の「めいほう音楽祭」として、今日まで継続している。

その三　道の駅・磨墨の里公園

岐阜県郡上市と富山県射水市を結ぶ国道四七二号、郡上～明宝～清見～高山に至るルートは「せせらぎ街道」（県道）

と呼ぶ岐阜県の重要な観光道路である。

途中に道の駅初年度（平五・一九九三年）登録「道の駅・磨墨の里公園」がある。磨墨の里とは鎌倉時代の武将梶原景季の愛馬磨墨が明宝村気良産の所以である。

はじめはドライブイン（平元・一九八九年）を観光協会で運営、翌年に三セク明宝マスターズ設立、運営に切り替え、道の駅のモデルに取り上げられた。大成功だった。

・調査にかけた高田村長の本音

「大阪からゴルフ場開発業者が来た。受け入れるべきか、断るべきか迷っている、判断の手助けがほしい」

明宝村がハムの本家としての筋を通すため、村名をスキーで実績がある「明宝に明方から替えること。調査の結論として改名の是非がほしい」。

高田村長の難しいテーマに正直困惑した。常々、村政を巡り、リアルな事態に対処してきた高田村長の本心からの問いかけに誠意をもって応えるべく調査・計画に取り組んだ。答えは、「ゴルフ場提案を受け入れず、多様な兼業経営を活かす村で生きること」とし、
①林業従業者兼業のスキー場経営で、山を守り活かす。
②畜産と地場ハム・ソーセージづくりを雇用に活かす。
③地場産品充実で、磨墨の里サービスを高める。
④暮らしの文化を観光する村ぐるみ環境学習の里。
とお応えした。その結果、今はどうなっているだろう。

令和五年、あの時から三二年後、村は平成の大合併で郡上市に変わっている。都市では今も明宝ハムと明方ハムを売っている。村がどうなったのか見てみたい。

・調査費調達も三セク共同の工夫

調査・計画費はしっかりした調査の費用を確保するため、明宝村とゴルフ場三セクの共同負担とした。

村もゴルフ場も生き残る課題を共有していた。

アルパック計画担当チームは、私と吉田道子を中心に村内宝探しの現地調査・ヒアリングをおこない、村職員とのワークショップに私的なネットワーク「ＳＡＳ（システムズ・アナリスト・ソサイエティ、詳細は本書１１１ページ参照）名古屋会員（公務員を含む）のボランティア参加」をお願いし、スキー場の評価や炉端の村民・職員交流などを引き受けていただいた。それなりに、おざなりではないダイナミックな村と都市の人間交流を試みた。

村内フィールド調査で、村の宝の一つ「八百年、消えることなく燃え続ける囲炉裏の火」を、山沿いの段畑の中に建つ古い農家で見せていただいた。持続する山村の暮らしの文化、歴史に、口には表せない重さを感じた。

（三）飛騨高山の顔づくり

ア　さまざまな縁の重なる高山

高山市からＪＲ高山駅周辺を対象とした「ふるさとの顔づくりモデル土地区画整理事業調査」（ふる顔）の打診が、岐阜県都市整備協会（岐阜県内市町の都市計画調査・計画・事業の代行機関）を経由してあった。

地域の様相が一変してしまう区画整理に「ふる顔」を重ねるとは国も粋な制度的計らいをするものだ。

地域の風景になじむ区画整理後の景観のあり方を思い悩んでいた役人がいたのだと思う。

以前、玉野総合コンサルタント（玉野。合併で日本工営都市空間）が岐阜県都市整備協会から受託した加子母村（尾張藩御領林、現在は中津川市、尾張藩代官の内木家が現存）の明治座（地芝居小屋、三河～飛騨に多く残る）から上流、デレーケ（明治、日本の土木港湾整備に貢献したオランダ人技師）設計の「砂防施設を保全活用する公園計画」検討専門委員を玉野の紹介で委嘱された。この時の協会との面識で、高山での手続きはスムーズに進んだ。

国交省中部地方整備局営繕部（中部地整営繕）が所管する中部五県（愛知・岐阜・三重・静岡・長野の一部）を対象に、国・地方行政・民間施設の立地を都市計画に盛り込んで賑わいを形成する「中部地方シビックコア地区調査」（平一一～一二・一九九九～二〇〇〇年）を公共建築協会でお手伝いしていた。

中部では岡崎市に続いて「高山市シビックコア地区整備調査・計画」（平一三～一四・二〇〇一～〇二年）が予定に上がっていた。この時、高山市のヒアリングで高山市と私たちとの面識があった。

高山駅は歴史的町並み「上一之町～上三之町」付近から宮川を越えた西の新市街地にある。沿線は物流利用が多く、景観が粗放的なことから、ふる顔を活用して合同庁舎を誘致し、周辺の景観形成を図ろうとする市の意図があった。合同庁舎誘致を希望する高山市が中部地整営繕のシビックコア調査を担当していたアルパックに着目、ふる顔調査を依頼する筋書きであった。

ふる顔調査前に中部地整営繕と国のシビックコア調査機会があったから、合同庁舎の構想に関する情報共有と調整を高山市担当者と密接におこなうことができた。これが高山とのご縁の始まりだった。

社内の担当は私の他、公共建築協会以来の中部整備局の調査を剣持千歩が担当、ふる顔の町並み景観整備を間瀬高歩が担当した。

イ　ふるさとの顔づくり

高山ふる顔調査（平一五～一六・二〇〇三～二〇〇四年、五七～八歳）は「国の合同庁舎、JR高山駅舎、市街地の町並み景観」の三つが計画のコンテンツだった。

①国の合同庁舎

各省庁出先の要望を中部地整営繕が調整し、建替えの優先順位を付ける。一方、集約移転する施設跡地活用は公共用地不足の高山市の狙いでもある。

両者の裁きが中部地整営繕の腕前。その結果、合同庁舎の候補地について施設・駐車場・緑地の敷地利用と区画整理の道路配置とが新市街地の景観を形成する。

②JR高山駅舎

駅舎設計概要をJR東海が検討委員会に提示、これへの要望が高山市、委員から示され、新駅舎の外観デザインが誘導されていく。

③駅周辺市街地の景観

土地利用・建物用途のベースが都市計画で決まっており、「高山の顔＝玄関らしい町並みづくり」をめざし、鉄道沿い道路緑化、壁面後退、和の色彩（マンセル表と異なる日本古来の色）、屋外広告物のあり方が議論された。

この過程で酒屋建替えのデザイン診断を依頼された。飛騨の酒「天領」を出張の帰路に時折購入した店である。診断結果がどうなっているか、気がかりだ。

計画の検討には地域代表や地元建築家が参加した検討委員会が設置され、景観計画に関する地域意向が集約された。地元建築家の中に日本建築家協会元会員がいて、計画趣旨の理解が得やすく、助かった。

ウ　高山は山間の文化交流都市

・飛騨と越中の文化共有

高山は岐阜側から北アルプス登山の支援起点である。

飛騨高山は越中富山と交流が深い。高山で聞く会話に富山方言が混じる。高山の食にも富山の食文化が混じる。山の高山で新鮮な刺身が食べられるのである。

・国際観光先進都市

高山は外国人旅行者が訪ねる国内有数の国際観光地である。西欧系バックパッカーが多数、高山を訪れた。

まちの公共標識が外国語を採用する国際化先進地で、郵便局の案内看板は外国語八カ国表記で驚いた。

・京と尾張の祭ハイブリッド

高山の山車祭は山王祭（宝暦）、八幡祭（享保年間・一八世紀）が始まりとされる。半世紀ほど尾張山車からくり（一七世紀半ば）の発祥が早い。

高山の山車には京と尾張の様式が混じる（独断）。

高山には都を思わせる御所車様の輪と、尾張風の直径が小さく厚みのある木製覆いをつけた車があるのに気づいた。その理由は未調査である。

京都が祇園祭蟷螂山復元に高山を訪ねた際「高山にはからくり制作の技がない、技は尾張の玉屋」と紹介され、七代玉屋庄兵衛が復元した。山車の違いを見ると高山祭は尾張山車祭と祇園祭とのハイブリッドのようだ。

・市庁舎は現代の城

市役所との打ち合せと現地調査を兼ねて集中できるように宿泊出張した。泊りは市役所の道を挟んだ向かい、客室数の多いシティ・ホテルが便利で利用した。

市役所はJR高山線沿いにあり、中央吹き抜けを囲む執務空間、煉瓦タイルのモダーンな市庁舎である。地方の新市庁舎はあたかも「現代の城」だ。高山市役所の設計は日建設計。力が入っている。

・飛騨山間生活圏の中心

高山出張のナイトライフは宮川に近い「朝日町一番街」。客は私たちのような出張、飲兵衛の高山市民、癒しを求めてまちに来る山間土木作業の出張職人など。

高山の夜はそんな人たちの生活交流拠点だ。こんな街だから演歌になりやすいが、高山の夜は演歌ほど艶っぽくはない。なぜかカラオケ・スナックは思いのほか安く、郷土色の強い居酒屋が割高だった。

飲み歩くうちに「高山の夜は名古屋文化圏」と知った。スナックのママ、お姉さんたちが若い頃は名古屋の百貨店や美容院で働いて高山に帰ってきたという。

彼女たちには「錦三」は憧れのまちと聞いて驚いた。

・高山食文化は富山ハイブリッド

高山には酒の蔵元が上一之町〜三之町に七軒あり、仕込時期には二組に分けて猪口代金の試飲会で観光を盛り立てる。高山はアルプス伏流の良質な水と酒米はなぜか「山田錦」、その他地場産「ひだほまれ」、富山「五百万石」がある。私の好みは本醸造「天領」。下呂に近い萩原産。

山間都市にもかかわらず、高山の刺身が新鮮でうまい。富山湾の氷見から直送される。なるほどと頷けた。

二　地域観光の修行　京都〜日本海

（一）光が違う太平洋と日本海

京都在籍の頃、日本海で観光計画を修行したことが、私の中山間地の地域振興計画の原点になっている。

京都が本社だったため、西日本の仕事が多かったが、私には山陰日本海側をお手伝いする機会があった。

日本海側と太平洋側では、光の風景が異なる。

太平洋岸で海側から見る山は順光で反射がまぶしいほど明るく、日本海で海側から見る山は逆光で見る場合が多いから、その分、山を暗く感じる。

こんな違いに気づくと漱石「草枕」のように詩が生まれ画ができそうだ。

・観光調査は自ら観光から

糸乗さん指導、馬場さんと「温泉町湯周辺観光開発整備計画」（昭五七・一九八二年・二七歳）を担当した。

補足　糸乗貞喜さん、但馬神鍋生まれ

繊研新聞在籍で繊維業界を熟知。建設会社労組代表で倒産処理経験。霜田さんとアルパック経営参加は労組推薦。私の入社直前のこと。言葉が哲学的で難解。谷川俊太郎の言葉遊びのファン。

ＳＡＳ（システムズ・アナリスト・ソサエティ、詳細は本書111ページ参照）関西会員、九州アルパック建直しで博多に。「なるようにする計画論」、「活かす・変える・創る」再開発創造論を提唱、私の再開発の師匠。

温泉町（兵庫県の湯村温泉）はＮＨＫ『夢千代日記』の舞台（ドラマ内で浜坂町と融合したＶＲ（ヴァーチャル・リアリティ）地域）で、年配の方はご存じと思う。

町では温泉観光客が減少、町内に複数あった小さなストリップ小屋を大型劇場に集約するなど観光の基盤再編がおこなわれていた。小屋に実態調査名目で入った。案の定、広い劇場に客は私たちだけ、踊り子さんの人数が多く、無理にはしゃいで声援を送った。

調査は泊まりがけだから気を許して飲み屋を梯子。閉店後の戸を叩き、大阪から出稼ぎという若い中居さんの寝込みを起こしてお酌をしてもらうという狼藉までしたが、しかし夢千代には会えなかった。

・日本海の夏、イカ釣船の漁火が優雅

魚好きの私には日本海行きがうれしかった。

日本海は魚が豊富である。冬は松葉ガニ。サバ・ブリ・ハマチも旨い。秋田はハタハタ。冬はカブ漬。氷柱の垂れる冬の札幌二条市場の夜、客のいない店の中、故後藤元一先生の誘いでお相伴した八角、これは北海道でしか食べられない珍魚だった。

夏はイカ。函館の一夜干スルメが旨い。開いて干した大きさからするとシロイカではないか。

日本海の夜、沖合のイカ釣船の漁火が光の鎖のようにつながって揺れ、美しい。これ見たさに泊まりがけで出張する。日本海出張で毎回イカを買って帰り、祇園「みや」に持ち込みで捌いてもらい、即席の酒の肴、捌き料はサービス。残りを土産で家に持って帰った。

(二) 祇園町で受けた書生の情

・但馬・豊高人脈の人情

「みや」(林美也、みやさん)は三輪紀久夫人(生家城崎ゆとう屋、同志社女子大)と豊岡高校(豊高)同級。高島屋の同郷先輩「ロジェ」ママ(花見小路天松二階〜切通に移転・京大建築教官たまり場)に勧誘、後に白川のビル地下カウンターの店で独立。ひときわ笑い声が大きく、会田雄次はじめ京大「あいうえお」五人衆で店が持つと聞いた。アルパックのたまり場でもあった。

・知を再生する祇園町

西山卯三先生の再婚された奥様は美也さんもよく知る祇園有名店ママで、後に八坂神社南下川原、東先生住宅表間でカウンター酒肆「釉」のゆう子さんが、かつて在籍していたと聞いた。私より年長の伊賀上野の人、茶・お花・陶芸・染織と多彩な才人だった。住宅を改造した囲みカウンターだけの「釉」の静寂さは一人が落ち着いた。

同様に一人で来られるGK京都柴田献一さん(故人・藝大デザイン先輩)や吉村元男さん(京大・造園家・名古屋白鳥庭園設計)とカウンターで相席した。

「酒場・カフェー通いは知の再生産」と粋がるのは飲兵衛の言い訳。どこのまちでも、知の再生産の場がある。飲み屋は知の交換〜知的創造のために、まちに欠かせない都市文化インフラなのだ。

・祇園町七不思議、書生扱い

なぜか書生扱いで飲ませてもらった店が祇園町に多い。だから懐の寂しい若い私たちが飲みに行けた。

出世したら客を連れてこいと言った「みや」はアルパックのたまり場だったが、約束は果たせていない。

四〇年以上前、クラブは一万円以上、スナック五千円、居酒屋二〜三千円程度が標準の祇園町、みやの請求はアルバックスタッフ二千円〜時に千円だったから、間違いなく書生料金だった。

「ロジェ」で藝大コンパ唄・虎のパンツを披露、以来、みやさんは「トラパン」と私を呼ぶ、いくつかの店で愛称になった。

お茶屋から朝帰りの京大生の昔話とは違うが、私たち若造が飲ませてもらっていたのは事実、祇園町の情《なさけ》だった。だから時代を超えて祇園が生き続ける。そういう恩恵は「お前だけだ」という声もある。そうかもしれない。

お世話になった主な店を書き留める。今はない店が多い。書き留められなかったお店、ごめんなさい。
○花見小路四条下ル一力南東入ル　山福の女将
菜っ葉など京のお晩菜が得意、家内も見習った。汗かきかき料理する人気の女将は故人で、子息が継ぐ。繁華街、一力の南東、静かな店だった。新劇役者によく会った。
○木屋町　蓮根屋　女将きみちゃん
ガス灯がある町家造の店。若狭鰈一夜干し半身刺身とホイール焼きが旨い。試食と称し漬物や飲み残し麦酒が出る。私だけらしい。女将のご主人は作家。お嬢さんが店を継ぐ。
○木屋町ボアール　ママ（宝塚OG）
八千草薫と宝塚同級、背が高く男役か。パリの酒場風に黒一色の店内、室町旦那衆の唄をギターで合わせると席の前にグラス。だから飲めた。工繊大の池田有隣先生・藤本康雄先生は常連。藤本先生には縁談の心配も。ママが私の唄を認めた最初の芸能人、ボアールは木屋町シャンソンバーのバーテン坂根光男君の紹介（伊勢小俣出身・在バンコク）。
○先斗町　ますだ　先代女将　おたかさん
京芸ラグビー仲間の紹介。客に日本画巨匠。大型ちろりから飛ぶように酒を徳利に注ぐ。その手で背中を叩かれるのが楽しみでお狸さん・ますだに出かけた。昔11PMで有名。今は先代おたかさんの甥が大将。もう忘れられたかも。
○四条小橋下ル斎藤町　キンコンカン　植西浩子ママ
生家は三井寺塔頭、チャーリー石黒バンド専属歌手、森進一の先輩、ベラミから独立、キンコンカン開店。私の弾き語り「灰色の瞳、異国の人」を自分の唄にしていると評価、ボトル三本無償提供、伴奏の時は飲み代タダ。それを期待する同僚が同行したがった。地下二重扉、大人の秘密の店の扉はもう開かない。
○花見小路新橋上ル新門荘地下　ラポー　上田哲ちゃん
オーナー哲ちゃん、京都外国語大学から続くハワイアンのバンドマスター。以前の店はキャバレーと掛け持ち、出演時に店を空ける間、ステージを一人で引き受けたことも。今、京都一高級ライブクラブとして生きている。
○木屋町　クラブゆうめい　周子ママ
木屋町クラブ「ゆうめい」を閉め、祇園にライブバー。弾き語りをしたら目の前にスコッチ二本。置屋女将と芸妓さんのプレゼントと聞きビックリ。後に名古屋の浜田一馬と行き、ピアノ浜田、唄とパーカッション私。再びスコッチ二本がテーブルに。これ、祇園町の作法？　今、店はない。
○川端二条下ル孫橋町　赤垣屋の大将
縄のれん。店主は同年の硬派。今は子息が表、親父はそろばん。三美祭（現 五芸祭=芸術系大学のスポーツ交流）でラグビー戦後の打ち上げ。京芸彫刻家故三宅先生（三高哲学）御用達。染色家の青山先輩が親しい。今でも大学教官と学生で混む。
○縄手四条上ル上廿一軒　キエフ村上店長
歌舞伎町藝大たまり場「でん八」で、新宿「スンガリー」店長だった村上さん（同志社）と飲み仲間の縁。

加藤登紀子ご両親が開業のキエフ京都店長に戻り再会、労組飲み会でお世話に。藤本敏夫氏を師と仰ぐ村上さん。働く者を安く飲ませ、食べさせ、その上梯子に付き合う。安っさん（安田辰夫・在鹿児島）は酔って泊めてもらった。南小国町に帰ったと聞く。元気でいてほしい。
○みやの後は　アクアマリン　こうちゃん
みやが店をたたむ時、同じビルのカラオケ・スナック「アクアマリン」のこうちゃんを紹介された。店は白川から一筋南、新門前通のビルに移った。

新門前にはおでん屋、うどん屋があり、閉店後、こうちゃんとよく食べに出かけた。コロナ後、所在不明。生きていれば、いつかどこかで会えるに違いない。

祇園町・木屋町界隈では、ここに書いた以上に飲み屋、居酒屋で飲んだくれ、お世話になったが、いまだにどころか生涯恩返しできず、情けない限りである。

（三）観光の診断と実践

・泊まりの朝、漁港の競りを見る（浜坂・城崎津居山）
空が白む頃、小漁港のセリを覗く。これが楽しい。

イカの競りは普通トラ箱だが、アカイカだけは一杯（イカを数える単位・一匹）ごとに競る。料亭や宿の注文を受けた仲買人が、言葉が聞き取れないような独特の早口の符牒で競る。アカイカは一杯が一万円以上していた。

漁港近くの飯屋で朝飯。見慣れない「げんげ」の味噌汁を注文。たまらなくうまい。この魚、但馬海岸（浜坂漁港）で初めて知った。最初はためらったが蓴菜（ジュンサイ）のようなトロミに包まれた柔らかい白身がうまい。

身を包む水分が干上がるから、大都市圏には出荷できない。これぞ観光のネタ、活かさない手はない。

・観光診断　計画の教科書と出会う

温泉町の調査手始めに、過去の観光振興で町が委託した調査・報告書の閲覧を町職員にお願いした。

「こんなもので役立ちますか」と出された中に驚くべき歴史と文化の洞察による地域解析と温泉観光ライフをさりげなく語る報告書を見つけ、感動した。書き手はよほど人生経験豊富な文化人に違いない。

古代但馬にさかのぼる地域の文化認識、これにもとづく蚕小屋など産業建築と町並みの解説は優れた建築＋景観分析、さりげなく語る温泉地のナイトライフ考察は、人の行動を熟知した人間観察報告で、まさしく観光～人間生活のプロだからこそ書ける仕事だった。

この時点では担当した調査機関はなくなっていたと思う。産業文化研究所だったろうか。

この提言書を実行しなかったのか、町の職員に問いかけつつ私たちの仕事の教科書にしたい報告書として、馬場さんに大阪事務所で回覧をお願いした。

重本さん（定年退職）は、報告書の質が高くてもわかりやすくなければ地方の行政職員には受け止められないと言われたが、論理一筋だった私には頷けなかった。

・高度経済成長期は団体観光の時代

アルパック創設期は城崎温泉の外湯仕事が多かった。京大西山研から継承した城崎は、開設者三輪夫人（旧姓西村）の出身地である。城崎は温泉観光改革の先進地で、各地に多いお色気戦略を脱皮、まち巡りのために外湯を振興する。町並みを整え、来訪した文人の記念館を造るなど文化環境整備を積極的に進めた。城崎は三輪夫人生家のゆとう屋さんが代々町長として文化戦略を進めていた。

高度経済成長期は、労組が活発な時代だったから、労組大会を誘致できる一五〇〇人規模の収容力を持つ会館などコングレス（会議）需要を誘発する観光客誘致の基盤整備に市町村が力を入れた時代だった。

・観光の概念　常識の変革

かつては観光と言えばドンちゃん騒ぎの宴会旅行と思われがちで、そんな誤解には、中国の『易経』に為政者が国の光（姿）を観る（視察する）と書かれていると語源を解説して説明した。すなわち為政者は、国を治めるために国を旅して観て回ることが必要なのである。
どんちゃん騒ぎは『東海道中膝栗毛』（十返舎一九）にも描かれる非日常の解放を求める日本的観光の慣習だと口を酸っぱくして訴えた。

・観光は地域サービス産業の柱

名古屋市（＋観光コンベンションビューロー）の「ビジターズ戦略ビジョン策定」（平八～九・一九九六～七年、「産業観光」を提案・五一歳、詳細後述）の頃、「都市のサービス産業の軸は観光」と、さまざまな場で訴えた。もてなしの心である。

同業の知人は「観光？」とまるで明後日のことのように無関心な反応。四半世紀前、名古屋の計画プランナーの意識に観光はなかった。今でも名古屋は観光に弱い。観光の定着には意思と経験と歴史が必要だ。

団体観光は発展途上～経済成長の日本に共通する慰安旅行と認識され、成熟社会の観光は家族、仲間、少数グループ、個人の観光に形態が多様化し、観光にも多様なサービスが求められるようになった。

政府の「観光立国」（平一八・二〇〇六年観光推進基本法）キャンペーンは個人的には遅すぎたと思う。近頃の政府には産業の変化と成長を見る先見性が弱い。

観光は都市にも田舎にも共通するサービス産業。しかも、朝、昼、夜、二四時間の多様なサービスが求められる。

今や脱コロナの主力サービス産業として期待される。

・温泉観光改革　城崎・湯村

京都在籍時代、温泉と中山間地で観光を修行し、後々の地域振興ネタの貯金になった。

城崎温泉はドンちゃん宴会とお色気観光から脱皮する湯治場の復活のような外湯めぐり、投宿した文人の足跡を辿る文学巡りで健全な温泉地に改革した。

湯村温泉は、健康・美容リゾートの公共銭湯で新しい公共温泉ブームを巻き起こす引き金となった。設計はクラさん。

馬場・尾関が敷いた温泉改革構想を引き継ぎ抜け目なく設計。近畿を中心に自治体温泉ブームをリード。そこが憎めない。

城崎では客を内湯で旅館に留めず、外湯を城崎の共有財産として活用、外湯で町内に観光客の交流～往来の発生を促す。外湯は温泉客も町民も利用するパブリック施設として、基礎教育のようにアルパックの新人が外湯の改築を担当した。

私は、外湯は担当しなかったが、旅館街背後の丘を観光のフィールドとして拡張するため、地場産の木を活用した「林業構造改善事業」を担当した。この時の城崎町の担当は熟練の技術職員木村さん、大変助けられたのは私だけではない。

裏山のハイキングフィールドの休憩所や遊具などの施設は林業振興で地場産丸太の多用が求められた。

丸太とは北山杉のような均質に育てられた太さが一定に近い丸太を想定していたが、地元で取引される山から切り出したばかりの未製材の丸太は、均等な太さではなく、元口と末口の太さがまったく違う（樹木を切った根元の切り口を元口、樹木の先の切り口を末口と言う）。考えてみれば当然だ。

木造建築の経験がほとんどない私は元口と末口の違いを知らず、仕様書による寸法の扱いに苦労したが、ベテラン木村さんの後見で助かった。勉強した。

城崎は、私に限らず、アルパック所員の新人研修のような地域観光計画の原点になる学習機会だった。

観光が遅れる名古屋地域には、地域の日常需要をはじめとする内需、今流行りのインバウンドによる外需ともに、むしろ伸びしろが大きい成長期待産業といってよいと確信している。

行政だけでなく、企業も、生活者も、若者も、観光の享受とビジネスに目覚めることが必要なのだ。観光がないと思っていた茨城県で一躍飛躍した「女将さんカード」が典型例だ。足助、元明宝村など知られざる実績がある。芽は必ずある。

第5章 港まちから空港へ

港まち～港～鉄道～新空港

空見ふ頭から名古屋港内及び北東方向を見る

一　港まち～港の再生に参加

（一）港まちと港の再生

ア　港まちへの誘い

ポートタウン一号地再開発（港橋再開発）借家人の合意形成に向けた研修の支援を柳谷勝さん（名古屋市築地総合整備事務所）に誘われた。それが築地の人々との出会いである。伊勢湾台風にも耐えた長屋で、全員が借家人（住宅・店舗・事務所）という地区だった。

築地口最初の訪問は数年前、築地地区総合整備事業プロポーザルで東畑建築事務所に協力、担当者が地域事情を共有する二四時間の港まち歩き以来になる。

柳谷さんは私がアルパック入社後、退職した岩井鉄也さんと名工大同級（服部研）の縁でお世話になった。

しばらくして柳谷さんが市役所を退職した。四〇歳で公務員を辞め、家具職人になることを決めていて、修行を岐阜県の東濃で始めた。素晴らしい生き方だ。

築地総合整備事務所には鈴木勝久さん（後　環境事業局長、副市長）、鈴木直歩さん、青山喬さん、柳谷さん、山岡さん、石原さんなどの精鋭が配置された。最初の現地事務所だけに、名古屋市は力を入れたに違いない。

補足　地区総合整備事業とは

道路・公園等公共施設未整備や老朽家屋密集で整備の緊急性が高い地区の都市機能更新を図る事業を名古屋市独自に地区総合整備事業といった。

名古屋市基本計画（昭五五・一九八〇年）で四〇地区、新基本計画（昭六三・一九八八年）で二六地区を地区総合整備地区とし、都市再開発方針に継承される。この事業は戦災復興土地区画整理事業概成に伴う技術職員の職を確保することが事業の発端だったと鈴木直歩さん。思いやり行政に感動した。

補足　地区総合整備事務所とは

地区総合整備事業の施行等に関する事務（調査・設計・測量・評価・補償、工事等）をおこなう職員が常駐する現地事務所。築地、筒井、大曽根、有松などの地区に設置され、まちづくりで直接住民との情報交換ができる重要な役割を果たした。

・地権者と始めた港まちづくりの会

再開発の勉強会で佐野寿夫さん（理髪店）、新原さん（船舶清掃業・ＪＣのＯＢ）ら地権者のリーダーと、再開発を契機に地域のまちづくりを考える「ポートタウン一号地まちづくりの会」（昭五九・一九八四年）を発足。

集会を重ねるうちにモチベーションが高まり、築地口商店街を交えて「築地ポートタウン21まちづくりの会」（昭六一・一九八六年）が立ち上がった。点の再開発地区から面の築地地区に広がる「港まちづくり」が始まった。こういう時、夢を語るＪＣＯＢが心強い。

イ　港まちから港へ転換

最初の名古屋港の調査は名古屋港管理組合（名管）からの「港活性化プログラム作成調査」（昭六一～平元・一九八六～八八年）だった。ここで「港まちから港・内港活性化」へと調査のテーマが深化した。

以来「ガーデン埠頭東地区倉庫活用検討調査」（平一〇・一九九八年）まで、港まちと内港活性化のための調査をほぼ一〇年間、継続してお手伝いし、都市の重要インフラ施設である「港湾（内港）」と「港まち」の再生を学ぶ貴重な機会を得た。

・名古屋港の生い立ち

「名古屋港の泣き所は未来永劫に浚渫し続けなければならないこと」と、計画局鈴木直歩さん（再開発採択の前提となる再開発基本計画のモデルとなった名古屋市地区総合整備計画起案者の一人）にお聞きした。

名古屋港は庄内川、天白川などが運ぶ土砂を港内に堆積。航路の水深確保のために常時浚渫しなければならない宿命にある。名古屋港の前身「熱田港」は「七里の渡で知られる宮の渡、漁師町であった熱田湊」が始まりで、沖合に周辺河川からの土砂が堆積するため大型船が入港できず、物資は知多半島の武豊港や伊勢湾右岸の四日市港を経由して、名古屋に移送されていた。

熱田港の整備は河口港の弱点で反対があったが、東海道線開通（明二二・一八八九年）と日清戦争（明二七・一八九四年）による熱田港の物資輸送能力の危惧で名古屋港の建設機運が高まり、第一期を着工（明二九・一八九六年）、名古屋商業会議所、愛知県、名古屋市の協力で熱田町・小碓村を名古屋市に編入（明四〇・一九〇七年）、熱田港を名古屋港（名港）に改称、開港場に指定された。一一六年前のことである。

愛知県奥田助七郎技師は四日市港に入港した巡航博覧会船「ろせった丸」船長に交渉、建設中の名港に奇港させたことで、反対運動を一変させた築港の貢献者といわれる（出典「名古屋商工会議所のあゆみ」）。

参考　日本的輸出入の典型、名古屋港

名港の物流の位置は取扱貨物量が港湾統計で平成一四年から二〇年連続日本一を更新。

内訳は輸出貨物で自動車と関連部品が約六五％、輸入貨物はＬＮＧ、鉄鉱石、原油、石炭の原料で約五五％にあたる。まさに原料輸入・製品輸出の日本的輸出入構造を示す典型的港湾である。

名古屋港は神戸・横浜の国策で開港した港とは異なる地域主導の築港から、取扱貨物で今や日本一の港に育ったことに感心する。官民あげての工業都市化のマインドが功を奏した。

・港の外延化と内港の老朽化

名港ではコンテナ化や船舶の大型化で飛島や金城などへ埠頭が外延的に拡大、水深が浅く施設が老朽化した二号地など内港の利用低下から内港の埠頭リノベーション、再開発が必要な時期にきていた。

これらは河口港や河川沿いの港に特有の維持・保全が課題であった。名港と姉妹港のボルチモア港（河川港）でも土砂堆積による航路維持が課題で、ボルチモア港では内港の親水港への再開発が進んでいた。

・港の管理をする名古屋港管理組合

日本の港湾の大半は所在する都市の港湾部門が管理を担うが、名港は港湾区域が名古屋市と愛知県の市町村に及び、愛知県と名古屋市共同管理のための一部事務組合である名管が港湾管理を担っている。

名管の代表者である港湾管理者は愛知県知事と名古屋市長が二年交代で受け持つ。港湾管理の実務上の責任者は常勤の副管理者で、以前は旧運輸省（現 国土交通省）港湾局ＯＢが就任したが、最近は名古屋市ＯＢが担う。特別自治体である名管には議会があり、愛知県議会と名古屋市議会から一五人ずつ議員を出している。

補足　一部事務組合とはなにか

地方自治法に定める複数自治体の共同事業の管理事務をおこなう特別自治体のこと。愛知県議会と名古屋市議会から議員を選出する議会を持つ。

補足　「港湾管理者」とはだれか

一部事務組合の名古屋港管理組合が名古屋港の港湾管理者。都市と港湾が一体の東京、横浜、大阪、神戸、福岡などの場合は、当該市の港湾局等という。

内港上空から見た名古屋港２号地埠頭と市街地（平板なまちであることがわかる）

（二）なぜ親しまれる港づくりか

市民利用に向けたガーデン埠頭の整備をたどると、展望台・海洋博物館・会議室・レストラン・遊覧船発着場などを持ち、外観は帆船を模した一号地のポートビル建設（昭五九・一九八四年　設計・建築家村瀬卯市）の頃に港の賑わいづくりが集中している。

遊覧船金シャチ号就航（同年、現在停止）、翌年（昭六〇・一九八五年）元南極観測船ふじを誘致、名古屋市制百周年記念（昭六四・一九八九年）として名古屋城、白鳥会場、港の三会場で世界デザイン博覧会（デ博）を開催、ガーデン埠頭が港会場となった。

後に名古屋港水族館（名港水族館、南館、平四・一九九二年、北館、平一三・二〇〇一年）建設、ウミガメ繁殖〜シャチ・イルカショーで国内最大級の水槽を持つ水族館が人気を集め、市民利用の場に変貌していく。

ア　築地ポートタウン計画

名港水族館建設後、一、二号地全体の活性化を目標にして、港と築地のまちを一体とする港まち整備のマスタープラン「築地ポートタウン計画」（平三・一九九一年、四六歳）の提案がおこなわれた。

これまでの港の計画は対象地域が港湾区域内に限られ、港と背後のまちとの関係が弱く、港と地域の一体整備ができていなかった。しかも行政所管が「港は名管」、「港まちは名古屋市」と異なる。

築地ポートタウン計画は行政所管の違いを超えて、築地地区と内港を一体的に再生する「港まちづくり」として初めて位置づけられた。

・米国と共通する港の再開発事情

この年（平三・一九九一年）八～九月二週間、団長森杉壽芳岐阜大学教授（京大院、岐大～国連大学～東北大教授）、大西国太郎（元京都市景観課長・京都芸短大教授）夫妻、中部都市整備センター、名管再開発担当、コンサル三社で米国ウォーターフロント（WF）再開発を視察。

訪問都市・港湾はボストン・ニューヨーク・ボルチモア・ダラス（空港と商業開発）・ロスアンゼルス・サンディエゴ・サンフランシスコの七都市と港湾、米国WF再開発で評判の港湾を網羅。日本では米国WF再開発が評判で計三度、米国WF再開発視察を企画した。

名港姉妹港ボルチモア港を表敬訪問、名管太田吉彦さん（二号地再開発担当）がご挨拶、温かく迎えられた。

ボルチモア港インナーハーバーは名港内港より狭いが、形状が似ており、係留中のプレジャーボートのパーティー船、水上カフェ、手漕ぎボートの賑わいなど、名古屋港の内港イメージの刺激になった。

米国の港湾再開発は名港と同様、荷役のコンテナ化、船舶の大型化に伴う港湾の外延的拡大で、内港（インナーハーバー）が老朽・衰退し、アメニティ・親水性の高い市民利用の場、水族館、コンベンション・交流の場として再開発していた。米国WF再開発の現場は何度見ても、刺激的で感動的だった。

一方、ヨーロッパから移住で建国が始まる米国は、多くの港湾都市が「はじめに港ができ、港の背後が都市の行政・商業中心となり、内陸の産業～居住地へと市街地が拡大、都市を形成」。その文脈が明解である。

米国では港の衰退が都心～都市の衰退につながるという危機感で、都心再生のために港と背後市街地を一体に都市再開発するマスタープランがつくられている。

再開発のダイナミズムが点（敷地～街区）の再開発に留まる日本とは違う。この視察から数年は米国WF再開発かぶれになっていた。今でも続いている。

・二号地再生は港まち持続の課題

水族館建設後、既存倉庫の保存・活用と新築した商業施設ジェティ（平四・一九九二年、名管主催の民活コンペにより、CBCフロンティアが受託、プロデューサー加藤吉次郎氏）が飲食店・フードコート、ヴィレッジ・ヴァンガード、名古屋初の流通系アウトレットを開業した。

隣接するJR貨物ヤード跡に、観覧車など約三〇のアトラクションを持つシートレインランド（JR貨物所有、泉陽興業株式会社運営、泉陽）が開業、二号地はアミューズメントタウンに生まれ変わりはじめた。名管と名古屋市が協働した「築地ポートタウン計画」の効果は大きかった。後にジェティは経営不振で名管に施設を寄付（平一一・一九九九年）、倉庫の保存活用で利用されたイーストは解体された（令三・二〇二一年）。

参考　シートレインランド

運営する泉陽は前回大阪万博はじめ遊園地の遊具製作・運営をする国内トップの製造兼運営会社。本社関西のよしみでデータ提供を受け、運営の要点を聞いた。ヒアリングでは「観覧車が売上の中心、他の売上は低い。アトラクション三〇は遊園地として成立が厳しく、五〇は必要」と現場を常勤管理する泉陽社員の意見だった。

・画期的　名古屋市と名管の人事交流

魅力ある港づくり推進のため、名管と名古屋市の協力体制を強化すべく名管職員と名古屋市計画局（平一二・住宅都市局に改変）職員の人事交流がおこなわれた。

その成果が港と港まちをアメニティータウンに再生するビジョン「築地ポートタウン計画」を生んだ。

名古屋市の港関連計画のお手伝いをきっかけに小池さん、川合さん、太田さんはじめ多くの名管職員と出会った。名古屋市からは黒沢さん、羽根田英樹さん、山内一昭さん、山田淳さん、田村正史さん、西村さんはじめ多数が名管に出向した。この人のつながりで港の再生に同志的な心意気を持つことができた。

イ　港～港まちの計画に参加できた事情

・港湾の転換期

名古屋港はコンテナ化・大型化で港が外延に拡大し、内港・二号地埠頭の船舶利用や倉庫利用が著しく低下、港湾施設老朽化、港湾従事者激減で、港まち築地の活気が衰え、港と港まちに再開発が迫られていた。

港まちの活気の源だった港湾労働者を激減させた港湾荷役のコンテナ化・船舶の大型化は時代の趨勢だったが、港まちの敵だと断言する港湾関係者があった。

港と背後地を巡る転換期が、私が再開発の発想で港と港まちの再生に参加する機会となった。

転換期だから港と港まちを一体に再生を検討するシンクタンクの競合はなかった。国内外の港湾先進地をモデルに、ひたすら港と港まちの再生に挑戦し続けた。

（三）内港再生のための診断

ア　創造的再開発　三つの視点で港を見る

アルパック再開発チーム（チーフ糸乗さん）は、どこの再開発でも計画テーマを導き出す三つの視点を原則としていた。
一、現地にあるモノ・コト（歴史・宝）を生かす。
二、古くなった機能を見つけ、取り換える。
三、現状で不足する、足りないことを取り入れる。
このうち、視点一、二はどこでもわかりやすいが、三、現状で不足する、足りないことを発見しにくい。名古屋港は国際港であること、米国WF再開発など先進港から参考になることを取り上げた（模倣）。
①港湾機能（本来あるべき港湾の機能が未整備なこと）
外国航路旅客船、入出国検査・検疫機能
②港に親しむ機能（親水機能に転換すべきこと）
港の水辺を楽しむ親水機能の導入
内港の遊走船、パーティー船
水上カフェ・レストラン、倉庫再利用の美術館
ホール、マーケット、宿泊・交流機能

・一時代前の機能は文化に代わる

「用がなくなった一時代前の機能は次の時代には文化に代わる」と高田公理先生（京大理学部・愛知学泉大～武庫川女子大名誉教授）が「中部産業活性化ビジョン」検討の中で言われた弁証法的機能転換論である。これで目が覚めた。進化する発想の認識を得てすっきりした。

例えば、狩猟はハンティング、漁業は釣り、農業は園芸、工業はクラフト・手工芸に代わるまさに機能から文化へのパラダイム転換である。旧内港が代わることは時代の道理と納得した。

イ　内港を港文化の親水空間に

ガーデン埠頭の再生は、名古屋港に欠如している海外旅客サービス機能と倉庫など歴史的資産を生かした現代アートが着目された。

市政百周年記念世界デザイン博覧会担当の加藤正嗣さんはじめ、名古屋市職員の倉庫保存への熱意が大きかった。

名管は撤去する（補助がある）ことになっている倉庫を港の文化遺産として保存活用する（補助がなくなる）ことに方針転換した。

旧食糧庁サイロは新たな転換利用が見当たらないままサイロは撤去するが形を変えたモニュメントとして残った。これまでの施策のパラダイム転換である。歴史的建造物の保存・活用を重視してきた私たちアルパック名古屋としても願ってもないことであった。

・外航旅客船発着機能の検討

名港での外航旅客船発着は、ガーデン埠頭先端で臨時的におこなわれる。専用施設がないため、船からタラップを降ろし、出入国審査や税関職員が船内に入って臨時的に手続きをしていた。

現状のサービス水準では徐々に人気の出ている海外クルージング船誘致の支障になる。そこでガーデン埠頭に専用旅客ターミナルの必要性を提案、名管が整備を位置づけ、ターミナル施設の計画規模、単位などの規格を、空港をモデルに設定する基本計画作成を私たちが担当した。

引き続き、ターミナルの基本設計を東畑建築事務所がおこなったが、社会情勢や倉庫利用事情の変化などで実施には至っていない。

新型コロナウイルス禍で海外ツアーが自粛されたが、ポストコロナで再びクルージングが復活している。遅ればせながら、名古屋港に旅客ターミナル機能の整備が実現することを願っている。

補足　保税区域・保税倉庫

輸入を取り扱う港には関税を保留された荷を保管する保税区域や保税倉庫がある。荷は通関を通して課税される。今いる場が保税区域と聞くと、まるで国境にいるような港の実感がわいてくる。

ウ　埠頭倉庫の構造・工法を学ぶ

倉庫の活用には、建物構造や工法の確認が必要なことから、名管の紹介でガーデン埠頭倉庫を施工した大林組名古屋支店営業池畑さん（定年退職）に経過をお尋ねし、倉庫建築の説明を受けた。

この時、港湾倉庫には梁がなく柱で床荷重を受けるため柱頭部を床盤から円錐状のテーパーにした無梁盤構造建物があることを知った。柱梁構造が当たり前と思っていたから梁のない建物に驚いた。

・連続打設工法初期の例　穀物倉庫

特に興味を引いたのは保存が強く求められるコンクリート連続打設（継ぎ目なくコンクリートを打設する）工法で施工された複数の円筒でできた旧農水省の穀物倉庫である。穀物倉庫は「コンクリート連続打設工法による日本で二番目の施工例で、現場担当者が緊張して見守る中、二四時間休むことなくコンクリートを打ち上げていく様子は感動的だった」と、当時の現場担当技師だった方からお聞きした。ぜひ、保存してほしいと強調された。残念ながら部分撤去し、モニュメントで部分保存された。倉庫建築は体験することが少なく、興味を引くことが多くて、勉強になった。

・アートで港を再生する台湾高雄港

台湾、高雄の港湾再開発を見て目から鱗が落ちた。

名古屋都市再開発促進協議会で高雄港の再開発事情を視察した時（平三〇・二〇一八年）のことである。視察は名古屋で都市整備の話題になっている高雄のＬＲＴと港湾再開発・台北都市再開発事情が目的だった。

高雄港は荷役のコンテナ化、大型化で港湾が外延に拡大し、内港埠頭、木造倉庫の再開発が進んでいる。

港湾と背後都市の再生ビジョンに基づき、旧港湾地帯は文化・情報・芸術・エンターテインメントの文化ゾーンへと転換が進み、貨物線は都心と港の文化ゾーンを結ぶＬＲＴに転換、木造埠頭倉庫は現代アートの展示・ショップとして活用され、市民で賑わっていた。

かつて名古屋港で実現しかかって中座している港のアートへの転換例を高雄で見た。ここでまた目から鱗が落ちた。港のアート・スペースへの転換は、世界の潮流だ。

・メディアアート拠点、ガーデン埠頭の期待

名古屋はメディアアートで話題だった時期がある。八〇年代後半、五回一〇年続き、今は忘れられている「国際ビエンナーレ・アーテック」である。世界からメディアアーティストが参加した。

リンツ「アルス・エレクトロニカ」視察の際、ドイツ人アーティストから「アーテックに出展し名古屋に行ったことがある」と名刺を渡され、面食らった。この分野で名古屋が拠点だったと知らなかった。

補足　アーテックとは

中日新聞社主催「映像・光・音を組み合わせたメディア（電子）・アート展」として名古屋市美術館、科学館を会場に開催されていた。メーテック関口社長（派遣会社）がスポンサーだった。

アーテック休止後、ガーデン埠頭二〇号倉庫で「アートポート99　メディアセレクト」（平一一・一九九九年）が実行委員会（名古屋市と名管）で開催され、多くのメディアアーティストが参加。

翌年「アートポート２０００」が開催され、ガーデン埠頭のメディアアート拠点化が期待された。

・世界のアートイベント　時代の変革を見る

名古屋港アートポート展をお世話されていた故 茂登山清文先生（京大建築～パリ大学、名芸大助教授～名大情報科学研究科教授）が世界のメディアアートに詳しかった。その茂登山先生を講師に世界でも歴史のあるベネツィア・ビエンナーレと最新のメディアアート展リンツ・アルス・エレクトロニカ（毎年開催）を視察、新旧アートイベントの典型を見ることができた（平五・一九九三年、四八歳）。

ヴェネツィア・ビエンナーレは今年で一二八年、世界で最も有名な絵画・彫刻の現代美術展（明二八・一八九五年から奇数年の隔年開催）。主要な参加国ごとに専用展示場を持つジャルデイーニ公園と、港の旧倉庫を利用したメイン会場の他、二五の美術館が連携する壮大なアートイベントである。

私たちが視察した時（平五・一九九三年）は、日本の代表として草間弥生展が日本館で開催された。日本館は、高低差のある敷地に立木を取り込んで建てられ、床下から伸びる樹が屋根を抜けている。吉阪隆正先生らしいユニークな建築デザインに感心した。

リンツはオーストリア第三の商工都市、ブルックナーの生まれた音楽都市でもある。第二次世界大戦前から鉄鋼の街として栄えたが、一九七〇年代から第三次産業化と鉄鋼業の不況で街が衰退した。その衰退を再生したのが、市民の取り組みから誕生した古い工業都市の再生をアートでめざす「アルス・エレクトロニカ」（昭五四・一九七九年～）だった。コンピューターを使い映像・光・音、生物・菌を使うバイオでアート表現する。この発想は衰退する工業都市の再生に似つかわしい。

会場は公共放送地方局を使用、イベント会期中は常時、地域に電波で流れている。現在はアルスエレクトロニカセンターがあるようだ。

この展示で見た電子機器は大半が「サムスン」（韓国メーカー三星電子）、多くのアーティストがサムスンのＰＣを使用、展覧会のスポンサーだったかもしれないが、日本製ＰＣは見当たらず、アート分野への日本の電子産業出遅れの危惧をひしひしと感じた。

エ　イタリア村による激変

ある時、突如としてガーデン埠頭のイタリア村プロジェクトが名管のPFI事業として始まった。

それまでこの情報をまったく知らず、名管のトップシークレット、トップダウン事業だったと聞いた。

地元デベロッパーによる事業であり、ガーデン埠頭倉庫の保存・活用が命題だから大歓迎である。コンセプトは「ヴェネツィア風・食とファッションのまち」。新設した水路沿いの倉庫はヴェネツィアを模して装飾され、飲食店群、輸入食材市場メルカトーレ、日本未紹介のイタリア・ファッション・雑貨、名古屋市姉妹都市トリノ交流スペースなど、楽しめる施設が用意され、開業直後は輸入イタリア食材が人気を得て、名古屋を中心に東海圏からの食ツーの集客で賑わった。

三年後、突如、経営破綻で閉鎖された。始まりも突発だったが、幕引きも突発。まったく残念な話であった。

飲食・リゾートのプロ、セラヴィ・ホールディングスがイタリアから日本未紹介のファッション・ブランド直輸入・販売の子会社を設立するなど画期的な取り組みだが、不慣れなファッション輸入小売のジャンルに挑戦したことに、ファイナンスをはじめ、経営的な無理があったのではないかと惜しまれる。

港の防災規制で木造が建てられない地区に無届で木造店舗を建てた建築基準法違反が、イタリア村廃止のだめ押しになった。

・海外デベロッパーに期待も挫折

イタリア村の経緯の詳しい批評は経済雑誌や三菱UFJ総研、加藤義人さんのイタリア村PFIファイナンス批評などの論文があるので、ここではイタリア村事業計画是非の批評が本旨ではないので控える。

イタリア村閉鎖後、名管の山内一昭さん（土佐藩主直系末裔、名古屋市から出向）からイタリア村事業計画の打開策の相談を受け、旧知の商業コンサルタント・ジオアカマツOB長江昭一さん（瀬戸出身・旭丘～名大建築、SC開発企画、神戸在住）を介して、ソウル商工会議所会員で由緒ある韓国デベロッパーと意向打診、先方役員がイタリア村跡を視察したが話は進まず、残念だった。

オ　生き残るアートの港まちづくり

名管と名古屋市職員が願ったアートの方向は、地域のまちづくり協議会に引き継がれているようだ。

築地にボートピア（舟券の場外売り場）が出来（平一八・二

〇〇六年）、収益の一％が地域に還元される。この流れの中で若い担い手による新たな港まちづくり協議会が（平二七・二〇一五年）、アート、防災、コミュニティ活動を始めているとお聞きした。ボートピアの財源が心強い。

・生きた港を子供たちに見せたい

WF開発ブームの以前、国内港湾地域の産業用地や埋め立て地など臨界部の低利用状態を視察、東西港湾の土地利用を比較した。名古屋港の産業系埠頭は見かけが赤さびていても、産業活動は生きている。生きた赤さびだ。だから美しいと感銘を受けた。

地域の子供たちに港の生きた姿を見せたい、そのため子供の学習船を建造すべきと、ことあるごとに提案し続けたが、力及ばず未だ実現していない。

補足　TP、NPってなに

名古屋港で「TP」という聞き慣れない表記を知った。東京湾平均水面のこと、地図では名古屋港の水位がTPで表記され、港の水位はTPを使うため、実際の水位は東京湾との差を計算しなければならなかった。最近は水位表記に「NP」（名古屋港基準面）が使われるようだ。TPとの差は、NPが一・四一二m低い。蛇足。

（四）港まちと港の景観計画

・港まちらしい風景を求めて

築地総合整備事務所石原さんから「港まちらしさを表す築地の景観整備計画を手伝ってほしい」と、相談を受けた。港まち築地の再生にロマンをかけていたから、一も二もなく、引き受けた。

名古屋市の景観行政は条例に始まり、景観法の景観計画に引き継がれた。港もこれに準じて推移した。

私たちのかかわりは三段階で、最初の第一段階で「築地地区都市景観整備計画」（昭六〇・一九八五年度）、「都市景観整備地区指定」（平二・一九九〇年）、「築地地区都市景観ガイドライン」（平二・一九九〇年）の検討をおこない、築地地区景観の基本的方向付けをしている。

「名古屋港景観基本計画」（平七〜一〇・一九九五〜九八年）を検討した第二段階では同時に「築地ポートタウン景観形成計画策定調査」（平七・一九九五年度）をおこなった。以後、第三段階は国の景観法と名古屋市景観計画（平一六・二〇〇四年）による景観形成計画の段階で「名古屋港景観基本計画」（見直し、平二〇・二〇〇八年）をおこなっている。

ア　港まちらしさを醸し出す景観計画

熱田湊は宮の渡しと漁師町だった歴史を持ち、『尾張名所図会』にも昔の図があるから景観にかかわる歴史的なコンセプトが立てやすい。対して名古屋港一、二号地、稲永埠頭等は大正以後の形成で歴史が浅い。港らしさを醸し出すコンセプトをどうするか、悩ましかった。

①景観形成区域～築地のタウンフェース

景観形成区域は景観軸の結節点にあたる場として江川線の港区役所・平和橋（昭一二・一九三七年汎太平洋博の歴史遺産）を起点に、交通結節点の築地口交差点および築地一号地再開発地区を経て、ガーデン埠頭（二号地）を面的に取り込むスプーン型の区域とした。

浜地区の灯台を模した店舗などを例に、区域を全体に広げる意見もあったが、景観ガイドラインで求める色彩、形態など、制約を伴うことから、住宅の多い浜地区を除き、商業・業務施設が多い江川線沿道だけに絞った沿道型景観誘導案となったのが特徴でもある。

②景観ガイドライン

築地地区は港の歴史が浅いため、海～異国情調を視覚的に感じさせるよう色彩はブルー、波の曲線、三角形態、窓枠の隈取色を建物のデザインに採り入れた。

協働者小島篤さん（県芸スペースデザイン卒・転職～後独立）が腕をふるった。デザイン博のおり、小島さんデザインのモニュメントが名古屋駅西広場（駅広整備で最近撤去）、築地口交差点、港橋にある。港のモニュメントは空気にとけ込んでいて、気づかない方もあるだろう。

イ　港まちから名古屋港全体の景観へ

名古屋港全域を対象とした港湾景観マスタープランである名管の「名古屋港景観基本計画調査」（平七～一〇・一九九五～九八年）を担当した。景観法制定以後、見直しがおこなわれている（平二一・二〇〇九年）。

名古屋港景観基本計画は基本理念、基本目標、基本ゾーン（九）、基本軸（六）、際（一）に景観形成の目標と方針を示し、二号地～金城埠頭、鍋田埠頭～南五区の名古屋港フェース部分を景観形成重点地区とした。

「際」（異なる景観形成地区が対面～重なる地区）の概念を名古屋港で採り入れている。

計画区域には名古屋市の他、名古屋港港湾区域にかかる市町村が含まれ、名古屋港域を一体的な景観計画とするため、隣接市町村との調整により整合性を持たせている。港湾管理

名古屋港２号地埠頭（国際展示場・レゴランド・フットサル場）

が一部事務組合のため、港内市町村との調整がおこなわれた。行政区域がまたがる景観計画としては国内でも稀少で、行政区域をまたぐ港湾景観計画であるかもしれない。

社内チームは間瀬高歩（県芸ＳＤ～名城大建築、建築デザイン担当）、木下博貴（豊橋技大院・都市システム）が私と共に担当した。このメンバーで、東北震災復興に絡み、土木コンサルのお手伝いで、気仙沼市の市街地景観再生のお手伝いをした。

二　鉄道事業計画への挑戦

（一）鉄道新線事業化の相談

運輸政策審議会（運政審）の西名古屋港貨物線旅客化による「あおなみ線」整備にかかわる「広域交通体系基礎調査1～6」（昭六一～平四・一九八六～九二年）および「広域都市鉄道整備基礎調査1～5」（昭六二～平四・一九八六～九二年）にかかわった。内容は鉄道開発経営計画である。

ア　適任者選定が、業務受託へ

アルパックは建築計画系コンサルタントが発祥だが、金井萬造さん（京大長尾研・港湾）以後杉原五郎さん（京大天野研・交通）が加わり港湾・交通計画部門が充実していた（共に元社長）。

名古屋港の調査を担当している時、名古屋市計画局黒沢さん、羽根田さんから西名古屋港貨物線旅客化調査の相談があり、交通計画で時代感覚の優れたセンスの良いスタッフがいないかと難しい問い合わせがあった。

早速、社内で相談、後に信託銀行に転職するが、学生時代テレビ局ディレクター希望のセンシブルな久郷さん（京大院土木）を推薦、黒沢さん、羽根田さんのお眼鏡にかない担当することになった。

・地域開発と需要予測が事業条件

「あおなみ線」の黒字転換が遅いと批判対象になり、内心、穏やかではなかったが、金城埠頭の賑わい施設が充実、黒字転換し、調査機関として安心している。

元々は地下鉄東山線を運政審通り高畑から築三町まで延伸する事業費の費用対効果が疑問視されたことが、あおなみ線検討の出発点である。

名古屋市で既定計画に代わる方策が模索され、西名古屋港貨物線を旅客化、金城埠頭までの延伸案が浮上、開発費の圧縮、および港の土地利用活性化で港湾振興を諮ろうとする考えであった。

調査は、あおなみ線沿線の開発計画をもとに、旅客需要を予測、運賃収入と開発費、運営費で事業収支を検討した。開業後はなかなか予定通りの収支にならなかったが、今は、国際展示場、ＪＲ東海鉄道館、レゴランドなどが旅客需要を支えている。

イ　続く鉄道調査は上飯田線との連絡の検討

あおなみ線の事業化計画調査実績を受けて、愛知県の上飯田連絡線調査、及び建設準備委員会調査を担当した。紹介は名古屋市総務局企画課の池田誠一さん。

名鉄犬山線を名古屋市営地下鉄名城線平安通駅で接続する間を上飯田線とし、その整備事業手法を比較検討するもので、その後、計画は実現している。

検討結果の概要は計画区間の鉄道施設を上下分離方式（鉄道の運行・営業と鉄道施設の所有、維持管理を区分する方式）として、上飯田連絡線株式会社が鉄道施設を建設、第三種鉄道事業者として所有。味鋺～上飯田間は名古屋鉄道（名鉄）が鉄建公団と共同、上飯田～平安通間は名古屋市交通局が第二種鉄道事業者として線路等施設を賃借、それぞれ小牧線、上飯田線として運行・営業している。

整備主体と事業手法の組み合わせが複雑な比較検討を、当時は名古屋所属で、今は大阪事務所にいる田口智弘さん（岐大土木森杉研）が担当した。

あおなみ線の検討と同様に、計画担当者の専門ジャンルは土木工学だが、開発手法と経済収支の比較検討という、いわば開発経済計画が主題である。土木分野の研究領域の幅広さがわかる。

上飯田線連絡調査について、当時、調査の発注者側である名古屋鉄道の開発担当者から、複雑な事業条件だがよくまとまっているとお言葉を頂戴し、ほっとした。

・何も知らず鉄道線形改良にかかわった

京都山科駅前再開発計画で、計画区域を通る予定の地下鉄線形の可能性を検討するため、京阪大津線と予定地下鉄御池線の線路勾配や曲線を鉄道計画の教科書片手に勉強しがてら検討した。

京都駅八条口再開発の際には、京都駅南北地下自由通路の基本計画を、京都市再開発課主幹西田仁三さんご依頼でおこなった。たまに通ると懐かしい。

名古屋では知多市の依頼で、名鉄常滑線駅周辺まちづくりとともに中部新空港へのアクセスとなる知多市内の常滑線線形改良の検討に挑戦した。

この時、整備検討委員で名鉄の橋本堯さん（施設関係～不動産管理）のご指導を頂戴した。以後、橋本さんとは、深草裕典（元名鉄副社長・東海ラグビーOB）さんとご一緒に、名古屋駅界隈の瀟洒な酒場で一献交わした。

三　中部新国際空港に夢をはせる

ア　中部国際空港の誕生に向けて

・新型コロナで利用激減も回復傾向

中部国際空港セントレアが愛・地球博と同時（平一七・二〇〇五年）に開港、年間およそ一二〇〇万人に利用され、インバウンド増と国際路線の増加で第二滑走路の整備が現実的な課題となっている。

開港後、利用が伸び悩み、新型コロナウイルス対策の影響で利用が激減。令和二・二〇二〇年には二〇二万人にまで減少したが、令和四・二〇二二年には六〇二万人まで戻り、新型コロナウイルス対策の緩和もあり、早晩、利用が回復することは間違いない。

今では「新」がとれた中部国際空港（中部空港）だが、開港（平一七・二〇〇五年）までは「新」がついていた。

そこには開港への長い道のりと地域一体の熱い思いが込められていた。

空港整備の経過は池田誠一さんの『中部新国際空港の物語』、および竹内伝史先生の『大都市圏空港「セントレア」構想の夢と現実』に詳しい。

『中部新国際空港の物語』の冒頭には、中部空港建設までの熱い思いが消えていく危惧が述べられている。時の流れには逆らえないが同感である。

・大都市圏空港　中部空港コンセプトは未完

『大都市圏空港「セントレア」構想の夢と現実』では、それ以上に「中部国際空港はできたが、第二滑走路をはじめ『大都市圏空港の構想』は未だ成らず」と世に問うている。

開港から一八年、中部空港があることが当たり前のような状況になる中で「大都市圏空港の構想」は竹内先生が指摘されるように、未だ完成していないことを、短期間ながら計画にかかわった者として実感する。

竹内先生は、機能充実期という表現をされているが、本旨は「大都市圏空港の構想」は可能性を秘めながら「未だ成らず」であると読んだ。

中部空港のような半世紀以上にわたる地域のビッグプロジェクトが、地域で語られなくなるのと同じく、社内でも知らないスタッフがいて不思議はない。

関空計画にはかかわれなかった国際空港構想に名古屋ではかかわることができた。その謝意を込めて中部空港とのご縁について備忘録に書きとどめておきたい。

・中部空港　計画調査への誘い

中部空港の計画調査に参加するきっかけは竹内伝史先生（財団法人中部空港調査会専門委員、中部大〜岐大教授・名誉教授〜地域問題研究所理事）がアルパックのレポートのどこか（ニュースレターか）に書かれていた「線路敷設〜停車場〜駅〜駅前集積〜都市の商業・業務・情報中心」といった鉄道駅立地の成長チャートをご覧になり、「鉄道の史的発展の文脈を空港に置き換えて見たら、中部空港の次世代空港像がどうなるのか」一緒に考えてほしいと、大変難しいが、しかしこの上なくありがたいお誘いをいただいたことだった。

中部空港調査会の計画担当、池田誠一さん（名古屋市総務局企画課出向）を通しての紹介だった（平三・一九九一年頃、四六歳）。

中部新国際空港の調査は竹内先生による①〜⑦の分類（後述）のうち、④の計画策定期にあたる短い期間に、「名古屋市の新空港関連調査」（平三〜七・一九九一〜九五年）、及び財団法人中部空港調査会（調査会）の「中部新国際空港（中部空港）計画調査」（平四〜六・一九九二〜九四年）を受託、「導入機能、空港島、関連機能、地域整備などに関する調査」を担当した。中部空港全体工程の中のわずかな期間に、空港島像のコンセプトワークについてかかわった。

参考　中部国際空港　五五年の経緯（「大都市圏空港『セントレア』**構想の夢と現実**」による）

①中部国際空港　構想雌伏期（一九六六〜七七）
②中部国際空港　構想準備期（一九七七〜八五）
③中部国際空港　計画検討・戦略策定期（一九八四〜九〇）
④中部国際空港　計画策定期（一九九〇〜九七）
　この時期に参加
⑤中部国際空港　建設期（一九九八〜二〇〇五）
⑥中部国際空港　運用開始期（二〇〇五〜一一）
⑦大都市圏空港　機能充実期（二〇〇七〜）

今は中部空港があることが当たり前のように思われているが、空港がなぜ、どのようにできたのか、私自身、一時期計画にかかわりながら理解が不十分だった。長い道のりをおさらいし、中部空港が開港するまでの半世紀余の経過を主観的だが備忘録に留めたい。

・中部空港　発意から開港までの半世紀

○貨物空港に始まる国際空港　はじめの一歩

中部空港の発端は昭和四〇年代。中部経済連合会（中経連）が「国際貨物空港構想」を公表（昭四四・一九六九年）、名古屋財界による国際空港問題共同研究会（昭五一・一九七六年）で「伊勢湾に新国際空港が必要」と提言（昭五三・一九七八年）、中経連「二一世紀の中部のビジョン」で「中部新国際空港の推進」（昭五七・一九八二年）等が提言された。

○中部空港建設潮流本格化　国の認知へ大同団結

　中経連の発案から一六年、国の空港整備の位置づけを得るため関係団体で「中部新国際空港建設促進期成同盟会」（昭六〇・一九八五年）および「中部新国際空港促進議員連盟」を設立、運輸大臣が「（財団法人）中部空港調査会」（調査会）設立を認可（昭六〇・一九八五年一二月）、中部空港実現への道筋が見えはじめた。

　空港建設のための産官政学大同団結の時期、三八年前のことである。忘れてはならない。

○中部空港実現へ　第六次空整をめざして

　調査会は中部空港の複数候補地から「新空港候補地四カ所の立地条件調査」を公表（昭六三・一九八八年）し、引き続き、「中部新国際空港基本構想」（平二・一九九〇年）を公表。この時期は中部空港が国の「第六次空港整備五カ年計画」（六次空整）の位置づけ（平三・一九九一年）を得ることを命題に「中部政財官学民共通の問題意識」で、中部各界一丸となって国に働きかける緊迫した状況だった。

　三二〜三五年前、私が参加した作業部会は短期間なりに六次空整にかかわる緊迫感を身近に感じながらそれをフォローすべく、調査・計画作業に集中した。

補足　先立つ話題　空港候補地選定

　新空港は候補四地区（昭六三・一九八八年・常滑沖、鈴鹿沖、鍋田、幡豆沖）から常滑沖と鍋田に絞られ、名古屋港航路の関係から常滑沖になった（平一・一九八九年）（『中部新国際空港の物語』参照）。

　空港立地決定後に（平三〜七・一九九一〜九六年）、次世代空港像の検討で計画に参加、空港立地に触れる機会はなかった。コストは高くても海上空港とすることに安全上やむを得ないと思いつつ、他の立地の意見も気がかりだった。

　当時、新空港を鍋田にすることで将来整備予定のリニア中央新幹線駅舎と新空港を上下に合体できる複合ターミナルのメリットがあるとの意見を聞いたが、鍋田案には騒音対策、空港拡張余地と名古屋港航路の関係など難点があり、伊勢湾内で一元的に対応できる常滑沖案になったと聞く。

参考　空港整備法の位置づけ

　空港整備法（昭三一・一九五六年）に基づき、七次にわたる空港整備五（七）カ年計画により整備を進め、空港設置は概成し、今後は運営の充実を図るとして法改正された（平二〇・二〇〇八年）。

平成三〇（二〇一八）年（内閣官房行革推進本部資料）では国内空港は拠点空港（会社管理空港四、国管理空港一九、特定地方管理空港五、計二八）、地方空港（五四）、その他空港（七）、共用空港（自衛隊・米軍八）、公共ヘリポート（一三）、国内計一一〇空港の整備を位置づけている。

中部空港は上記の拠点空港のうち、会社管理空港に相当、県営名古屋空港は地方公共団体管理その他空港にあたる。

イ　求められた次世代空港

中部空港は国内では成田、関空に次ぐ三大都市圏第三の国際空港だが、現在のような航空需要の高まりが当時の日本では予想できず、むしろ国内的には中部空港が認知されているとは言い難い状況だった。

中部空港の計画策定期（竹内先生区分④・平二～七・一九九〇～九六年）、アジアにおける先端空港のモデルはシンガポールのチャンギ空港（昭五六・一九八一年第一期開港）で、東南アジアのハブ空港としての役割を担い、空港機能配置、都市交通（地下鉄）との接続などで高い評価を得ていた。

以前、マレーシアの地域開発で呼ばれた際、チャンギ空港を利用したが、まさか後に中部空港の調査にかかわるとは思ってもいなかったから、空港の計画指標を整理するほど観察をせず、うかつだった。観察が「そなえよ常に」の職業であるのに。

その頃の計画事例としては韓国インチョン国際空港（平一三・二〇〇一年開港）が東北アジアのハブ空港をめざして計画中で、中部空港検討の参考になっただろうと思われる。

近年、インチョン国際空港隣接のＩＲ施設を見る機会があった。利用は自国人が規制され大半は中国人、たまに日本人がいたが、豪華な施設にもかかわらず潤いが乏しく、客は富裕層には見えないギャップを感じた。

コンベンションやエンターテインメントゾーンの形成、税収の狙いがあるのだろうが、地域振興の視点からは空港との併設にメリットがあるとは考えにくかった。

・ヨーロッパ並なら日本は空港が足りない

ヨーロッパは狭い地域に高速道路・高速鉄道が網羅され、その上、ちょっとした都市には空港が複数ある。それ以外、郊外鉄道、ＬＲＴ、地下鉄、バス、乗用車、自転車を並べると、欧米のモビリティーは極めて高い。いずれ日本にも、そういう時代が来る、新たなモビリティーとしての航空需要が高まることを予感する。

・コンセプト　空港関連機能が併存する空港都市

鉄道駅成長の歴史的変遷をモデルとして空港発展を考察すると、空港は鉄道駅と同様に、「人・物・情報が集積した都市拠点化」する。鉄道の発展経緯を空港に置き換えると、飛行場から発達し、都市化した空港が浮上してくる。このことを竹内先生は「都市型総合空港」といわれている。

補足　空港島のコンセプト

作業部会で空港島のコンセプトを巡り、議論にすれ違いが生じた。不思議に思って空港計画の用語を調べると「ターミナル・コンセプト」の定義を発見。これを見て言葉の混乱の原因が解明できた。空港島のコンセプトとターミナル（施設）のコンセプトのすれ違いに納得した。

私たちが想定した空港都市とは、通常の空港がもつ旅客・貨物送迎・検疫・関税、機材発着・整備、補給だけではなく、産業都市圏を背景とする物流・加工ゾーンを軸としたFTZの空港＋港とし、そこに滞在・居住・卸売・SC・金融・情報サービスなどを持つ都市としての空港島であった。

概念的には理想像だが現実的には短期に定量化が難しい夢の段階の発想である。先生方とご一緒に、一途に次世代空港〜未来空港の夢の形象化、見える化を志した。

手元に作業部会の記録が残っていないが空港島をイメージするキーワードとして「美観遊創」の四字熟語が議論された記憶が残る。伊勢湾越しに鈴鹿山系に沈む夕日に浮かぶ航空機が美しいサンセット空港、絵になる空港をイメージした。

補足　FTZとは

Free Trade Zoneの頭文字をとった自由貿易地域のこと。通関規制や関税に優遇措置が与えられる地域。世界には多数あり、アメリカでは一九三四（昭九）年に法制化された。日本では沖縄県が唯一のFTZ。

・短期だが調査へ参加

中部国際空港は実現した。私たちの調査と空港都市の提案にかかわる小さな足跡を、タウン化したセントレアの商業空間の充実度に見ることができる。

中部空港の発意から開港まで半世紀を超える長い道のり、竹内先生の整理によれば、八年に及ぶ計画期間のうち、中部空港調査会で三年、名古屋市で五年、私の他、安藤、吉田、本社 故 森脇宏（大阪・後社長）が担当した。

計画調査へお誘いくださった竹内伝史先生、池田誠一さん、ご指導いただだいた山本幸司先生（名工大院教授）、山内弘隆先生（中京大～一橋大教授）はじめ研究者の皆様、池田さん、田村亨さん（中電から出向）はじめ中部空港調査会の皆様、空港専門コンサルタントの皆様へ、心からのお礼を備忘録に記したい。

今、中部空港を利用する多くの方は、中部空港があることを当たり前のように感じておられるだろう。その中部空港ができるまでの経緯が忘れられたように今は語られない。しかも中部空港は完成形ではない。大都市圏空港の構想は未完と竹内先生は指摘されている。同感である。

都市型空港の実現に向けて中部空港が更に充実されることを期待している。

第6章 町なか再生

夢と挫折の再開発物語

鶴舞公園を核に都心市街地～名古屋駅方向を見る

一　再開発法によらない再開発

・行政の駆け込み寺

事務所開設後、しばらくしてアルパック名古屋は「行政の駆け込み寺」と一部の名古屋市職員にいわれるようになった。頼まれると大概のことは引き受けたが、持ち込みの話なので、営業上はありがたかった。

ある日、名古屋市計画局開発課の渡辺博さんが事務所に来られた（昭六三・一九八八年・四三歳）。

名古屋市立中央高校（働く青少年のための定時制高校、中区にあったが千種駅近くに移転）跡地を地元要望で再開発したい。市費を使わない民活事業手法で考えてほしい、と上司の部長了解での依頼だった。発端は住民の「栄中部を住みよくする会」の要望だ。

ブロック塀に囲まれた跡地は、昼も薄暗く不安な場所で、隣接の矢場公園（地下駐車場）は植栽管理が悪く、昼間でさえ痴漢が出そうな、鬱蒼とした公園だった。

（一）市費を使わない民活再開発

中央高校跡地の土地・建物所有者は名古屋市教育委員会だけで、市街地再開発事業の制度を適用する場合は個人施行となり、補助事業のメリットが少なかった。

渡辺さんが思案中の候補手法の中に「公有地土地信託事業」があった。別称「新借地方式」とも呼ばれ、通常、土地信託事業は相続対策に有利といわれていたが、公有地の信託では相続のメリットは意味がない。

国内では東京都立大久保病院建替がこの手法を使っていた。早速、公有地土地信託事業について地元信託銀行と学習会を開催し、土地活用の勉強をした。

・公有地土地信託のよさ

通常、公有地は固定資産税の課税対象外だが、民間金融機関に信託されると、信託期間中、民間金融機関に固定資産税が課税され、公共団体には収入になる。

加えて、信託事業により収益が発生すると、もともとの信託物件の所有者である受益者に収益が配分される。ファイナンス論ではないので、細かな説明は省略するが、公有地の信託事業は公共団体に事業収益と固定資産税の二重の収入を発生させる。

・公有地土地信託唯一の事例を視察　歌舞伎町

調査対象事例の新大久保病院は藝大生の頃に飲み歩いた歌舞伎町に近い。現地は高層の病院で、外見からは公有地土地信託事業の様子がうかがえなかった。

視察の後、歌舞伎町の藝大生たまり場、居酒屋「でん八」を訪ねた。いなせな兄貴とアキさん兄弟（枚方出身）が営業。今は息子たちに代替わり。東京出張ついでに顔を出すと、覚えてくれていて一息つくことができた。

でん八が三丁目から歌舞伎町に移転した時、秋山東一先輩（藝大建築三年上、夫人は永田先輩妹・私と八事小同級）が店舗設計。杉本貴志さん（工芸一年上、スーパーポテト代表・故人）が時折カウンターで独酌していた。

店を出て、区役所から都電通を経てゴールデン街～二丁目へはしご。三つ子の魂百までも。

・東京観光名所　新宿ゴールデン街～二丁目

駆け出しの作家、雑誌記者や業界人が群れるたばこくさい街・ゴールデン街。今はディープな東京探検の若者男女・外国人が群れる観光地のようだ。

戦後の木造二階の青線が一部屋ごとにバー、スナック、居酒屋になったと聞く集合飲み屋街。風俗の転換例だ。

・美少年&ゲイのまち二丁目

電柱に張られた美少年募集のポスター。御苑～厚生年金会館界隈が二丁目。ひっそりとしたゲイの町の夜は若い男女・外国人見物客で賑わい、観光地化している。

学生の頃、興味半分でたまに足を運んだ厚生年金向かいの美少年バー「ナジャ」（店主宇野亜喜良、名古屋出身）。山路曜生（故人・日舞・義兄）の東京公演は厚生年金会館なので、付近を知っていた。草月会館の前衛舞踊の会に山路が出演した時、土方巽の金粉舞踏をはじめて見た。近くの客席にタンクトップの三島由紀夫がいて驚いた。そんな時代だった。

名古屋のゲイバーママの多くが、嘘か本当か二丁目出身という。かつて名古屋の柳橋～納屋橋界隈は日本でも有数のゲイの町だと聞いた。川湊だったからか。

・店舗又貸し横行・歌舞伎町再開発は至難

レンガ建築をアイビーが覆った大型喫茶「王城」が歌舞伎町の象徴の一つだったが、この頃は押し寄せる風俗の看板に追われ、存在感が弱くなっていた。

そんな環境だから、始終、風俗から家賃の倍払うと、又貸しの声がかかる。近辺は又貸しだらけ。こういう町の再開発は容易ではない。儲けの少ない居酒屋で苦労するより、又貸ししてのんびり郊外で商売をした方がよいのではと迷うと、又でん八兄貴のつぶやき。

しかし、店を開ければ昔なじみの誰かが訪ねて来てくれる。それがうれしくて商売止められないと兄貴。

（二）空き店舗のまち　住吉を蘇らせたい

中央高校跡地活用の検討で信託事業スキームの目安が立ったが、収支を生み出す施設利用をどうするかが再開発計画のポイントだった。

地域の歴史は城下商人町を囲む侍町、この辺りから大須にかけては南の寺町、社叢林の多いまちである。

呉服町通、伊勢町通に町家店舗がまばらに残っていた。だから情緒があった。町家は、今はない。

東の南大津通、北の広小路の目抜き通りに囲まれ、三蔵通界隈は栄初の飲食テナントビル・グランドビルがある飲食街だが、中央高校跡地付近は空き店舗、貸駐車場など、誰の目にも衰退が日についた。

少なくなったとはいえ、城下町の路地・間所跡を遺す栄はヨーロッパのまちを再生したパッサージュ（丸山優先生推奨ベンヤミン・パッサージュ論）が似合う。

今もそう思い続けている。

・世界デザイン博覧会記念の都市拠点をめざす

中央高校跡地の世界デザイン博覧会（デ博）記念開発コンセプトは都心・栄の将来果たすべき都市機能として複数の都市拠点軸を結ぶ軸の交差を場の意味と読み取って浮上させた。
次世代に伝える「都市拠点栄X軸コンセプト」
☆都市文化軸
　愛知芸術文化センターと名古屋市美術館を結ぶ
☆都市産業軸
　長者町繊維問屋街と大須ハイテク集積を結ぶ
☆二軸がクロスする
　「アート&デザイン」の都市拠点

・ユニークな三人の計画検討委員

名古屋市と相談し計画検討委員会を設置した。

委員長に月尾嘉男名大教授、委員に仙田満名工大教授（後日本建築学会会長、日本建築家協会会長）、高田弘子都市調査室代表の各氏にお願いした。

対象地区の都市計画では容積率が六〇〇％ある都心の一街区の学校跡地だから床面積も大きくなる。そこで施設利用を天・中・地の上下三層に分節、天＝上層（業務）、中＝中層（公共・公益）、地＝低層（商業・交流）としで利用をゾーン区分、業務・公共・商業の複合キャンバスを想定した。近年、都心にタワーマンション（タワマン）が増えているが、当時は商業・業務のビル床利用に需要を見込むことができた時代だった。

栄交差点付近の夜景

・働きたいビルはごちゃごちゃから入る

提案に求める環境をビルで働く自分の立場に置き換え「無機質なＥＶホールを毎日通うのは気持ちが萎え、出社拒否を誘発するからつくるべきではない」と考えた。

この考えは委員の先生方の賛同を得て低層階は周囲のまちが連続するごちゃごちゃ空間とし、その混濁からオフィスビルに入るのがよいとの助言をいただいた。

ナディアパーク完成後、名古屋ビルディング協会からナディアについての講演を依頼され、出社拒否のないオフィスビルのお話しをした。岡谷篤一会長（元 名商会頭）から「岡谷鋼機ビルではＥＶホールに面して店舗を入れた」と共感のご意見を頂戴した。

月尾先生から高度経済成長の社会状況をローマになぞらえた「パンとサーカス」の比喩をお聞きし、平和な時代のまちは遊園地が理想（安野光雅の世界）、めざすは建物機能が遊園地と意気込んだ。

建築構造的に考えると、ニューマチック（空気膜）構造ならまだしも、ラーメン構造のフレームでは、ジェットコースターやメリーゴーラウンドの装置を構造的に収める空間解析が時間内にはできなかった。

月尾先生の助言はハードな空間を遊園地にしつらえるので

はなく、商業・業務・文化・交流の構成が遊園地的であるソフトな空間編集のあり方を示すものと理解した。この頃は新都市空間の創出にはまっていた。

そういう都市の新空間のプロデュース（ナディアパークは数少ない実現例）に野心があったが、残念ながら後にその機会（注文）はなかった。

この意気込みを短時間のコンセプト説明で理解し、挑戦したコンペ応募の二グループに深く感謝している。

・コンペの事情

必ずコンペに複数の応募があるようにサポートしてほしいと市計画局幹部から強いご依頼があったから、名古屋市了解のもとプレ・マーケティングの意向ヒアリングを、複数ゼネコンを通しておこなった。

①コンペ応募打診とサポート

コンペに応じる信託銀行が多くあるとは思えなかったが、事前打診で三グループの応募が予想された。再開発法が五〇年を超える今では、再開発のデベロッパーも多様になったが、この当時の再開発デベロッパーの業種はまだ限られ、ゼネコンの営業力が役立った。

この時は参加情報のあった三グループのうち、ゼネコンネットワークの二グループから参加情報の応答が寄せられたので、開発意図・コンセプトをできるだけ正確に伝えるべく、請われれば応募グループの勉強会にも参加して、構想の意図を伝えた。

②守秘と公平のバランス

コンペ応募グループとの情報交換には気を使った。

コンペ事前情報交換はコンペ当選手段の情報交換になりかねず、不公平・守秘違反の可能性が出てくる。必要なことは応募内容の満足条件を伝えることである。そのバランスに気を使った。

③事業コンペが設計コンペに

コンペは公有地土地信託事業のプロデュースと事業収支、信託対象建物の建築企画及び設計が提案の対象であった。図らずも二社の事業提案に差はなく、設計の違いが審査対象となる設計コンペになってしまった。コンペ審査では米国流デザインが評価され、M信託銀行案が採用された。世界デザイン博が遺した拠点、国際デザインセンターが入る建物としてこの案がふさわしかった。アトリウム名古屋第一号となった。

(三) 都市遊園地を志すナディアパーク

建物はデ博から七年後に開業（平八・一九九六年）、アトリウムを挟みビジネスセンター棟とデザインセンター棟で構成される。
○ビジネスセンター棟
・地下一階～六階　商業施設のロフト
・七階～二三階　テナントオフィス、八階従業員食堂
○デザインセンター棟
・地下一階～地上二階　商業施設　クレアーレ
・デザインセンター
三階　デザインホール、四階　デザインギャラリー、イノベーターズガレージ（新）、六階　国際デザインセンター（セミナールーム）、七階　デザイン団体オフィス
・青少年文化センター　アートピア
七階　アートピア（練習室・スタジオ）、八階　アートビア（練習室・スタジオ・ビデオ編集室）、公益財団名古屋市文化振興事業団・チケットガイド、九階　アートピア（研修室・リハーサル室）、一一階　ホール（階段二層二七四席・音楽・演劇・舞踊舞台）。
○アトリウム　二～八階　ＥＶ・ＥＳＣ・階段等縦動線
八階以下が、デザインセンター棟とビジネスセンター棟を相互に見通しできるアトリウムと所々で結ぶデッキにより視覚と動線でつなぎ、複雑さを補っている。この構成は「働く・学ぶ・見る・演ずる・習う・買う」機能が一つの施設に融合した「インドア遊園地」に他ならない。
・ナディアパークのまちへの波及効果
ナディアパークがまちの賑わいを復活させた。都市開発の参考に、その主な経過を備忘録に書き留める。
①地上を歩く人が増え南大津通の賑わいが復活、世界のブランドが出店するストリートになった。
②計画への飲食導入を控えた結果「周辺の飲食店舗が再生」。賑わいは大須とつながった。
③地域の愛称「栄ミナミ」が誕生（命名：ゲイン藤井会長）。
ナディア開業後四半世紀、テナント入れ替えや改修に対応しながら、栄ミナミの集客マグネットの役割を持続的に維持してきた。

令和五年六月末でロフトが閉鎖した。開業から二七年間、地域活性化への貢献をたたえたい。その後に本社名古屋のスポーツ用具系総合店舗に代わる予定。ナディアパークの再開発は見事にまちを活性化させた。

しかし、中心市街地活性化の典型でありながらあまり話題にならなかった。重要なことは特区制度を活用して地域の持続的発展をめざす栄ミナミの皆さんが、地区を再生した事実を忘れず、それを栄ミナミのプライドとして、まちの情報発

信を持続することだと思う。

・自ら企画のビルに体験入居

一三階南に一二年間（平八〜二〇・一九九六〜二〇〇八年、五一〜六三歳）入居。戸田建設名古屋支店中西部長の計らいである。家賃負担で社内激論の末、私の判断で入居を決断した。結論は私たちのような地域ビジネスには家賃が高かった。それでも、一二年間テナントとして入居し「都市型遊園地」で働く楽しさを満喫、栄ミナミの路地裏飲み屋を徘徊することができた。

（四）ナディアパークの周辺整備

コンペ案決定後、ナディアパーク周辺整備計画（平四・一九九二年・四七歳）を計画局鈴木富士彌課長（故人）から相談された。矢場公園と周辺街路の再整備だった。

検討の第一の目的は、世界デザイン博後、国際デザインセンターの周辺街路を歩行者系公共空間のモデルデザインとすること。

第二の検討目的はコンペ当選案が二階アトリウムから敷地を越えて所有管理主体の異なる道路と矢場公園にデッキが延びている。コンペ条件とは異なる応募者の提案であった。名古屋市はデッキ案を受け入れるが、名古屋市独自のデザインを提案したいとの意向だった。

景観計画以来、公共空間デザインを事務所のテーマの一つとしていたから、即座にご依頼をお受けした。

・NY・ロックフェラーセンター（RFC）をモデル

都心の街区公園は住宅地とは異なり都心機能に対応した多目的な公園として、昼は勤労者のランチ、緑陰コンサート、冬はアイス・スケートリンクをイメージした。NY・ロックフェラーセンターがモデルである。

この仕事はランドスケープ担当岡崎美穂（名造短・元ちゃん教え子）が実測〜観察、基本計画まで協力事務所の支援を得てほぼ一人で受け持った。

公園の計画コンセプトは以下のように組み立てた。

①健康で安全な植栽に換える

現地調査に子連れで行った時、鬱蒼と茂る植栽の影から怪しげな人物がつけて来る危険な場所だった。旧来の公園植栽の中低木が都市公園には危険〜不要として計画では廃止した。

②緑陰コンサートのできる樹木の整序

NYの街角で見たミニパークがモデル。樹木の伐採の選定は岡崎美穂が悉皆調査で目通り（目の高さ一二〇センチ程度）の太さ六〇センチ以下を伐採とし、記録した。

③スケートリンク用イベント広場

イメージは冬の華やかさを演出するＮＹのＲＦＣの優れた例を模倣した。これをもとに提案したのが現在の矢場公園である。場所柄に合った公園として多様なイベントに活用されたが、なぜか再改修される。

これから取り組まれる矢場公園の改修は従来整備の経過を確認し、その上でより良質な多様性の高い公共空間として再生されることを期待する。

・歩行者空間　モデル街路を提案

同じ調査でナディアパーク周囲の歩行空間デザインを検討した。これで私たちは「ナディアパーク＋矢場公園＋周囲の街路デザイン」の三点セットを計画した。

都心の「歩行者空間モデル開発」の意義を自覚して積極的に挑戦した。道路改良の主眼は三点、「横断構造、縦断構造、交差点構造」である。昔の計画だが歩行系街路のデザインコンセプトは今でも通用する。

①横断構造の工夫

歩行空間のバリアフリーのため「車道と歩道の段差をなくす」提案をした。実施は伊勢町通、白川通（呉服町通を除く）とナディア・矢場公園の間である。実現したのは街路両側、従来縁石の位置に緩い勾配のＶ字縁石を排水溝兼用とし、そこに集水桝を設置した。段差を極力少なくする横断歩道の形状である。「歩車区分の表示はボラード」を設置した。

広めの歩道だったから、いつの間にか自転車置き場が設置され、歩車道の段差解消の工夫が見にくくなり計画意図が断絶している。著作権がないせいだろう。

②縦断構造の工夫

世界的には「生活道路のハンプ」（車道縦断面に幅一・五ｍ程度の凸面を設け、車のスピードを落とす装置）が普及していた。ナディアパーク周辺街路では交差点をハンプとし、まちの演出のため交差点全体を円形の模様を入れたＩＬＢの「メダリオン（円形メダル模様）」とした。三〇年以上経ちＩＬＢ（インターロッキングブロック）は黒色塗装され、メダリオン模様は見られない。舗装の部分的沈下が起き、路床が痛んでいる。交通量（重量）に対応する荷重負担とメンテが重要だ。

③交差点付近、車線配置の工夫

交差点付近は横断歩行者の安全を優先して車線の配置を瓶の首のように絞り、その反対に交差点の横断歩行帯で対面する歩道との距離を短くした。通学路でしばしば採用されるジグザク道路デザインである。以前、県警交通幹部に死亡事故の大半が交差点の横断歩道上と聞いたことがあり、交差点の歩道を主軸に車道の横断の安全形状に工夫した。

・公共空間デザインへのこだわり

ナディアパーク周辺の街路空間再整備を考えている時、京都桂坂開発の際、丸山尚さん（元 市浦都市開発コンサルタント〔後 社名変更〕・千里ニュータウン開発担当）との応答を思い出した。桂坂の宅地開発は三輪社長をトップに所内幹部がかかわるプロジェクトだったから西山研から引き継ぐ歴史的業務だったと思われる。

桂坂の大転換は京都市の開発許可済み計画をセゾングループ堤清二会長の「日本一の宅地開発をめざせ」の一言で、一から開発計画を見直した時に始まる。「開発許可済み」を変える予想外の大変なことであった。

堤清二会長の「日本一の宅地開発」が山崎譲二さん（現博国屋）など西洋環境開発社員（セゾン系デベロッパー）はじめ、プランナーのモチベーションを高めた。

山崎さんとは、名古屋に来てから親しくなったが、手元供養や樹木葬など時代を見据えた転身に驚いた。

丸山師匠は「アルパックとパートナーを組むことはアルパック若手の育成のためではない」といわれ、馬場さんと連れ立って飲みながら、愚痴の聞き役を引き受け、図らずも兄弟関係の飲み友達となった。師匠はスケッチ集を出版されるほどスケッチがうまかった。

ホテルフジタ（恩師吉村順三設計、建て替えで現存せず）で開いた私の結婚披露宴で蔵元水野康次さん（中高同期）が名古屋から運んだ「金虎」菰樽の桝酒に酔い、うれしい、うれしいと会場を歩いて回っておられた姿が忘れられない。飲兵衛の宅地設計職人丸山師匠との共有精神は「世に恥じない仕事をすること」だった。

ナディアパーク開発計画は私の他、山下宏（事業計画）、吉田道子（企画・コピーライト）、矢場公園整備は岡崎美穂、道路などの公共空間デザインは小島篤さん（県芸ＳＤＯＢ・独立）のチームで担当した。

（五）ナディアパークで得たもの

ナディアパーク完成後、図らずも入居することになった。入居してわかったことはナディアパークがコミュニティ活動に大きな影響があったことである。日差しが明るく矢場公園が見える広い会議室（二〇坪以上）は、ビルの周囲が栄と大須をつなぐ人の集まりやすい栄ミナミ・南大津通～住吉町繁華街だったことによる。家賃は高かったが大勢の方が事務所に来てくださることで得たモノ・コト・情報が大きかった。他に代えられない代価だった。

参考　ナディアパークでのコミュニティ活動

○SAS名古屋

元大分県平松知事が通産省機械情報課長の時、コンピューター時代到来に向け、年齢で三十±五の若者が縦割社会日本を横につなぐ活動を提唱、会員の就職・転勤で各地のSAS（システムズ・アナリスト・ソサイエティ）を設立。名古屋は月尾嘉男先生創設。

景観基本計画策定後に杉山さんから羽根田さんを紹介され入会。事務局を担当、SAS会員をネットワークの核として、いろいろと情報を得た。

○本丸御殿再建・金シャチ連

市制百周年にむけた「名古屋城整備基本構想」を受託、市職員自主研究で本丸御殿再建を提案した「MATOK（青木、英比、尾碕、故 神谷、加藤、杉山、羽根田）」関係者の推薦で「ナゴヤ金しゃち連」（昭六一・一九八六年設立・四一歳）事務局を担当、坪内ビルからナディアに活動を継続（活動は本書二〇八ページ参照）

藝大同期日本画復元模写専門林功氏が名古屋城本丸御殿障壁画復元模写のため愛知芸大赴任。以後、金シャチ連に協力。「ナゴヤ金しゃち連」は組織改組後、酒蔵コンサートに軸足を移して本丸御殿再建活動を継続、御殿復元を見ることができた。

○名古屋JCと「夢いちば」

本丸御殿再建に市民の理解を得るため、市民の夢を交換する「夢いちば」を名古屋青年会議所（JC）と共催（平二・一九九〇年・四五歳）、ナディアパーク完成後、主会場として利用した。

開始前年、野畑副理事長とご相談、名古屋JCのご協力を得て、私が実行委員会事務局長の間、初代実行委員長松村さん（弁護士）から第一〇代委員長丹坂さん（不動産業）まで対応いただき、夢いちば終了時、毎回、JC担当委員長の熱い涙を見て感動した。

○NPO法成立の支援

NPO法準備を進めていた山岡さん（元トヨタ財団・法政大教授）に協力、ナディアのアルパック会議室で「夢いちば」参加の福祉・環境・町おこしなど市民団体に呼びかけ、NPO法学習をした。

○白壁アカデミア

町並み保存地区白壁の近代建築保存活用のため、名古屋市職員と有志の建築家・市民で白壁地区をフィールドとする白壁保全・活用のボランティア活動（平一〇～三〇・一九九八～二〇一八年・五三～七三歳）。住民の谷岡さん（至學館大学学長・学園理事長）の支援をいただいた。

名古屋市は白壁から徳川園にかけて「文化の道」を位置づけた。

私は自主研究講座「手の知」を継続。日本建築設計者望月さん、宮大工杉村さんと匠の技研究、作庭家野村勘治さんと茶庭巡り、尾張名所図会今昔巡り、八幡巡りなどをアルパックの木下さんサポートで実施した（詳細は本書二五三ページ参照）。

○広小路音楽彩

広小路のモール化をめざす名古屋市「広小路ルネサンス計画」推進イベントを実行委員会の依頼で企画・実施（平一五〜一八・二〇〇三〜二〇〇五年）。東新町〜笹島までの公開空地で「広小路音楽彩」開催。

愛知県立芸大管打楽器科（武内先生）、インディーズ系・ミュージシャン（サンデーフォークプロモーション桑原元社長・斎藤さん）、イベント運営に株式会社ゲイン（相羽社長）、クリエーターズマーケット（藤井社長）の協力で実施。音楽家プロをめざす学生には僅かなギャラを出したが弊社は大幅に足を出した。ストリートミュージックはその後、栄ミナミ音楽祭で展開（広小路音楽彩は仕事だったが実質はボランティアだった）。

○白川通アートフェスティバル

世界景観会議支援の白川通アートフェスティバル（平九・一九九七年・五二歳）の企画・実施を実行委員会（担当羽根田さん）の依頼で、アーティスト選定・プログラム作成を協力した。当選案は沿道の建物に黄色の紙を貼る作品、了解を取る全戸周り（名古屋市渡辺義男さん・住都局〜市民経済局）が大変だった。

○ワーグナー協会　名古屋例会

所員だった小竹暢隆さん（東大院化学、JC会員紹介で入社、科学・技術・産業シンクタンク担当、後に名工大教授、音楽愛好家）がワーグナー協会名古屋例会を事務所会議室に招致。講師は第一線研究者、会員はワーグナー愛好者という大変な会。私も部屋主で出席した。

ある時、バイロイト祝祭音楽祭トランペッター武内安幸氏が講師で来社（平一一・一九九九年）。音楽祭指揮者の評判、バイロイト楽屋事情、木製トランペットなど楽器紹介、語りに共感、即日、飲み友達。

一年後、公募で愛知芸大管打楽器教官に赴任、飲み友達再会、広小路音楽彩、酒蔵コンサートに続いたが、コンサートは中断。復活の見通しはない。

白川公園～笹島ライブ～市域西部をのぞむ

○金虎 酒蔵コンサート（詳しくは本書二二〇ページ参照）

平成一三年六月一六日（日）（二〇〇一年・五六歳）金管五重奏が銘酒名古屋城本丸御殿にほろ酔い共鳴したトランペット武内安幸、藤島謙治（名古屋フィルハーモニー交響楽団・略称名フィル）、テューバ安元弘行（県芸教授）、ホルン野々口義典（名フィル）、トロンボーン田中宏史（名フィル）五人の金管奏者で始まった。

組織改組した金しゃち連会員が炎を消さず、共鳴した音楽家たちと「名古屋城本丸御殿再建祈願の金虎酒蔵コンサート」を始めた。翌年、フルート村田四郎（県芸教授）、オーボエ和久井仁（県芸准教授・NHK交響楽団）はじめ五人の木管奏者が共鳴、後クラリネット原田綾子（県芸准教授）参加。以後、金管・木管の五重奏を交互開催、平二八年には本丸御殿復元二期完成（平二九・二〇一七年・七二歳）、三〇回を機にコンサートを閉幕した。

当初五～六〇人の聴衆で始め、音楽と酒に魅力を感じた聴衆は最盛期二〇〇人を超え、一五年三〇回続いた「珍しい演奏会」とは、東京から参加の音楽評論家のお話。半数以上が常連で、演奏を聴いてくださった聴衆は延べ五千人を超える。

クラシックを普段聴かない聴衆にもわかりやすく楽し

い音楽を提供した金管・木管奏者、酒蔵と酒と肴を提供した金虎酒造水野康次社長、企画を一五年続け、マネージした私、この四つの縁が共鳴して成立した。「ノウハウはアルパック鷹の爪」である。

○クリエーターたちとの出会い

ナディアパークを中心とした地域活動おこしについて、名古屋市渡辺義男さんから相談。住吉町内会長で居酒屋「五味酉の佐藤社長（故人）」に相談、「これからは若手」と売れっ子店舗デザイナー神谷利徳さん、海外に進出する新進の飲食業経営者稲本健一さんを紹介された。

地元南大津通り商店街理事長の藤井一彦I＆Q社長、不動産会社前田利信社長、栄中部を住みよくする会・住吉の語り部・料亭「つたも」深田正雄会長（以上三人は中高の後輩）、栄ミナミ命名者株式会社ゲイン藤井会長、サンデーフォーク桑原元社長、クリエーターズマーケット主宰株式会社ビータ相羽社長と、ご近所仲間として、お近づきになれたことは、後々の知恵袋として重要なクリエーターズネットワークとなった。ナディアパークに居たことの大きな貯金であった。

以上がナディア時代の主な地域活動の粗筋である（紹介は一部本書第6、10、11章と重複）。

二　名古屋でかかわった各地の再開発計画

名古屋に移動した頃、市街地再開発事業の調査が名古屋周辺の市町でも数多く取り組まれていた。

名古屋でかかわった主な法定再開発の調査を見ると、調査で終わった地区が多く、完了・進行中の地区は比較的少ない。地権者合意形成、事業の経済性など、再開発の難しさがよくわかる。印象的な事業を後で紹介するが、全体は名称だけ備忘録として留める。

参考　法定再開発（都市再開発法による再開発）

○名古屋市　注（状況）

・ポートタウン一号地（完了）

・鳴海駅前（管理処分・二街区完了、二街区未完）

・大曽根駅前地区（中断）・八田駅前地区（調査）

・錦三丁目二五番街区（復活事業中）

・笹島地区（区画整理＋民活）

○愛知県内

・蒲郡駅南地区（B／Cで中止）

・同都市軸西地区（完了）

・豊田市駅周辺再開発適地調査（全地区事業完了）

・桜町地区（優良再開発・完了）
・犬山駅前第一地区（調査）・小牧駅前地区（調査）
・新舞子駅周辺地区（調査）・朝倉駅周辺地区（調査）
・高浜駅前地区（調査）・刈谷駅南地区（URに協力）

○岐阜県

・岐阜駅前問屋町（タワマン）・柳ヶ瀬地区（タワマン）
・大垣駅前地区（完了）・大垣市郭町地区（事業化検討中）

○近隣県

・長野市善光寺南地区（調査）・大門A地区（調査）
・松坂市松坂駅前地区（中断）

（一）岐阜駅前問屋町の再開発

ア　岐阜市の相談から

岐阜市から「問屋町の調査経験があるコンサルタントを探したところ、アルパックが見つかった。岐阜駅前問屋街再開発の相談に乗ってほしい」という電話がかかった（昭五九・一九八四年、三九歳）。

この時の問屋町の調査は、萬ちゃん紹介の運輸経済研究センター（運研センター）「問屋町物流調査」で私は京都室町を担当。運輸会社のトラックに便乗して問屋街集配システムを実地調査。よくできた集配システムに感心した。

電話の主は岐阜市都市計画課小島正和さん、勉強熱心な技師だった。岐大土木加藤晃先生（後　名古屋都市センター長）教え子、横浜市役所に就職したが加藤先生に岐阜に呼び戻されたという経歴である。小島さん（私と同年）の相談がきっかけで岐阜市から駅前問屋街再開発調査を受託（昭六〇・一九八五年）、名古屋事務所開設のもう一つの支えとなった。

・問屋町の集配システムは優れもの

後日、岐阜市役所を訪問、調査の趣旨をお聞きし、その後、問屋町の現地を歩いてまちを観察した。

問屋は午前中が主たる卸売の取引営業時間で、午後は出荷待ちの荷物が運送会社の名札と揃えた荷札をつけて店先に並べられる。運送会社が問屋町を巡り、運転手が荷札を見て集配する。問屋町独特の午後の風景だった。

戦後日本の四大繊維問屋街といわれた東京馬喰町、大阪どぶ池、名古屋長者町、岐阜駅前の四問屋街を調査したが、どこの集配システムも京都室町と大差はなかった。無人での荷扱いが伝票の信用で成り立つ問屋町ならではの合理的物流システムに感心した。

・岐阜駅前問屋町の成り立ち

岐阜は四大産地の中で最も新しい。第二次世界大戦後、満州からの引揚者が岐阜駅前で闇市的古着交換を始めたハルピン街など、引き上げ地の地名をつけたコミュニティの問屋街となる。

素材は近くの一宮産を使用、やがて主婦の家内労働で簡易な既成衣料製造（零細アパレル業）をはじめた。

こうした引揚者のエネルギーで、岐阜駅前が四大産地の一角に成長、業界誌に「シーズン初めと終わりに岐阜に行くと良い」と書かれる位置だった。

理由は、東京で新デザインが出ると即座にこれから型紙を取ったコピー商品（岐阜もの）が出回る。だからシーズン初めに岐阜に行くと、その年の流行がわかる。

シーズン終了間際でも商品補充できるのが岐阜の便利さだそうだ（今では過去の話）。

繊維問屋の業態について、会社の糸乗先輩（繊維・ファッション専門紙「繊研新聞」にかかわり、業界に詳しい。再開発事業の師匠）はじめ、さまざまな問屋関係者の話を聞き、工業統計や家計消費の解析をはじめ既製服～アパレル産業の盛衰を勉強した。

この時のレポートを松村みち子さん（岐大院社会人博士課程）に研究の参考としてお貸しした。松村さんのレポート提出後、素晴らしい報告書ですねとお褒めの言葉を頂戴したのを覚えている。役に立っただろうか。

・問屋町再開発の考え方

問屋町再開発の検討にあたり、アルパックの「創造的再開発（遺す・換える・採り入れる）」にどう対応して臨むかを考えた。

アルパックの再開発の発想は事業手法だけでなく、その町の歴史や個性を継承し、都市機能に付加価値を加え、新たにまちを活性化することを再開発の必要条件として考えていた。

繊維業界は大企業が大量製造販売するアパレル産業への転換期で、問屋は生き残りに必死の努力を重ねていた。その時、勢いのあったアパレル産業も四〇年後の今、ユニクロ、無印良品、ワークマンなど数ブランドを除き消滅の危機を迎えている。より直接的には通販やネット販売が店舗離れを誘引している。

参考　市川喜久弥先生の創造論

霜田さんの紹介で、湯川秀樹先生と共著の多い市川喜久弥（京大・同大電気教授）先生に創造論をうかがった。数式を交えて語る先生の創造論は私にとって目から鱗が落ちるほど新鮮なお話だった。

蝶はなぜ「さなぎ」を経るか。さなぎの中で幼虫期の気門系・流通系・神経系を遺し、その他は跡形なく溶け、成虫に変態する。変態のためにさなぎが必要だとお聞きし、納得した。昆虫学者とも議論されたそうだ。

この体験から創造とは「遺す（気門系・流通系・神経系）、換える（変態する）、新しく採り入れる（成虫の姿）三つの概念が重なる原理」で、これを創造行為という。地域にも産業にも共通すると考えられる。

イ　再開発法は大阪から始まった

繊維問屋街再開発のことなら新大阪繊維シティ（理事長福幸商事社長）の話を聞いたらと、糸乗さんに紹介され、新大阪繊維シティに福幸商事をお訪ねした。

間口一〜二間、小さい問屋の集合店舗街だったと思う。もとは大阪駅前の戸板一枚の問屋街で、大阪駅前再開発（特定街区か）の移転補償に伴い新大阪繊維シティを建設、区画店舗を権利変換のしくみで配置。備忘録を書くため、店舗をネットで検索したが店名が見当たらず、どうしておられるか心配だ。

都市再開発法制定に向けて、繊維シティの皆さんも協力し「再開発コーディネータ協会（私も会員）」設立にも尽力された。この時のヒアリングを記録で遺していたらお宝物だったが、残念。問屋街の再建から「大阪発・都市再開発法が誕生」（昭四四・一九六九年）する。備忘録を書かなければこのことを永久に忘れていただろう。

・大阪から再開発を学んだ

以下のように在阪専門家から再開発を勉強した。

○不動産鑑定と谷沢先生

鑑定には原価法、収益還元法、近傍事例法の三つの考え方があると谷沢先生にお教えいただいた。

○店舗設計家が都市計画する

京都駅八条口再開発では、商業床の業種配置を博多天神地下街設計者松田店舗設計の旭先生（名市工芸）のご指導を受けた。糸乗さんが店舗設計者が都市計画する！と驚いていたことを覚えている。松田店舗設計は難波でゲーム・バーを経営、大阪のやんちゃクリエーターたちのたまり場。京都時代、夜中に時折訪ねた。

東建コンサルタント盛実さん・飯村博さん、赤松店舗設計（ジオアカマツ）故 赤松良一先生・野村さん・森田さん・長江昭一さんなど大阪発商業コンサルタントの方々にずっと御世話になった。

○環境開発研究所から学ぶ

京都駅八条口再開発初動期に環境開発研究所とのＪＶを体験、大変鍛えられた。アルパックは国の井上良蔵さん（西山研・建設省）推薦だが実績がないことを京都市が危惧、環境開発研究所株式会社（竹中工務店子会社、環研）とＪＶとなった（元京都市・黒野三郎さん談）。

環研は優秀な社員を配置。アルパックのＪＶ常勤は私だけ、再開発計画を環研から学んだ。中村さん、増野堯さん、小酒井孝敏さん（各氏環研歴代社長・小酒井さん現職・ＥＤＲ研代表）には面倒くさい奴と思われたに違いない。大変御世話になった。こういう経過から工事は竹中と予想したが、再開発地区近くの工事現場で不審火、この現場の担当者とＪＶで名を連ねていた竹中は一定期間指名停止、何とも怪しい不審火と評判だった。

ウ　繊維産業の川下化

繊維産業が川上（製糸・織布）から川下（既製服製造・販売、アパレル）に移行する時期にあった。

名古屋長者町は尾西産羊毛の生地問屋が多く、百貨店や町の洋装店に反物を卸し、店で仕立てる（オートクチュール・母の仕事）か、主婦が雑誌の型紙から家庭のミシンで仕立てる洋裁時代だった。

そのため婦人雑誌がその年の流行色や流行パターンを早々と取り上げ、付録に型紙を付けて飛ぶように売れた。「主婦が家庭のミシンで仕立てる洋裁の時代」だからである。

テレビＣＭを賑わした「テイジン」、「レナウン」などの繊維メーカーが大量のアパレル進出をはじめた頃である。

既製服メーカーがブランド化し、大量生産・消費の時代が来る。紳士物では繊維メーカー系ブランドと新興アパレルのＶＡＮ、ＪＵＮなどが団塊世代の大量消費で流行を競う、テレビＣＭ＆平凡パンチがリードした男のファッションＩＶＹ時代の到来でもあった。

大企業ブランドと大量生産の間で、戦後の闇市から急成長した岐阜駅前問屋街にとって死活をかけた変革の波はビジネスチャンスになり得ただろうか。

・繊維流通の再生事例を見る

産業構造の変化に対して、東京五反田ＴＯＣ（東京卸売センター）、大阪船場ＯＭＭ（大阪マーチャンダイズ・マート）、新大阪繊維センターが繊維流通改善のためにつくられた。

問屋町再開発のため、戦後の繊維流通を勉強したが、私の立ち位置が土地・建物からかかわったため建設省の施策は学んでも経済・産業施策やファッション業界の新たな兆しを見落としていた。社内で話題になるのは建設・設計対象の産業団地で、中小企業振興施策に近い「共同組合的発想」は多少あったが、流通構造の変化と未来予想のために時代展望を見ようとしていたものの、簡単には見えなかった。時代の変化を読み取る視点と力がなかった。

・産業団地の時代

三輪会長が京都清水焼団地はじめ産業構造対策の一環で京都市の中小企業産業団地づくりを担当している。アルパック若手はじめ計画コンサルタントの若い方に伝承しておきたい。

後に、瀬口哲夫名市大教授の紹介で、一宮繊維産業団地の事務局長（市元経済部長）に依頼され、団地再開発の検討をした。人のよい事務局長さんだった。

三好に移転した名古屋紳士服縫製団地組合はじめ全国に産業団地が建設、産炭振興法を衣替えした雇用促進事業（昭三六・一九六一年）が転職者を多数雇用した。

実効性ある雇用政策だった。この時期の産業構造の変化、計画コンサル・設計業務の検証が必要だ。近年の食品卸売市場の動向と、似て否なりの状況だと思える。

参考　三好繊維団地（紳士服縫製団地）

繊維団地事務局長だった亡父は、三好の紳士服縫製団地がＲＩＡ企画・設計、近藤正一、渡辺豊和さん等、優秀なスタッフがいるよい会社だったと敬服していた。以前、ＲＩＡ名古屋の桜井さん（定年退職）に伝えると「昔のこと、今はないよ」とあっさり言われた。

・繊維流通変化の過渡期

ＴＯＣ（東京卸売センター）も、ＯＭＭ（大阪マーチャンダイズマート）も、問屋業態が移行する過渡期のモデル施設であった。時期は前後するが、アメリカ・ヨーロッパにメッセ・コンベンションを数回視察した。

日本の問屋型流通に欧米のメッセ型流通が対比すると勝手解釈していた。最終は小売が前提だが。

アメリカは国土が広く、一生に一度はニューヨークを見たいという人々がいるくらい全米での集まりが重要で、学会、労組、企業が集まるコンベンション需要が高い。施設は大型化が競われ、空港・高速道路の接続が強い。ドイツはハンザ同盟以来の長い歴史を持ち、地域連鎖型メッセを、期間をずらして複数都市が開催し、その間にツアー（観光）を発生させる。こんな連携コンベンションは日本では聞いたことがない。時期をずらして連続するメッセがツアーを誘発する。

アートイベント（ビエンナーレ、トリエンナーレ）はツアー誘発（観光振興）の典型例だが、日本は地域単独型だ。西欧はどこのメッセも企画・運営・マネージメントが充実し、日本のようにハコだけの管理とは比べ物にならないほどサービス水準が高い。

岐阜問屋町再開発の相談を受けた頃、TOCやOMMなどの「ファッションセンター的テナントビル」が日本の最新モデルだった。

今、通販の拡大で小売店売上げが大幅に落ち込む「モノが売れない時代」状況を見ると、対小売店サービスに加えて、流通に付加する役割（サービス）が一層重要になっていると思わざるを得ない。

・岐阜駅前問屋町　再生の夢

私たちが引き受けたのは今でも昔ながらの問屋が生き続ける駅前問屋町のうち、岐阜駅に面する正面のブロックで、地権者との勉強会には岐阜市も同席し、水野才理事長の問屋改善の思いとともに繊維問屋街のあり方を熱く議論した。水野さんは商工会議所幹部でもある温厚な紳士だった。

地権者の組合は、業界の動向、東京・大阪の動き、繊維流通の変化を受け止め、闇市的問屋町を、おしゃれなファッション・タウンに再生することをめざした。

私がイメージした構想案は、ビル全体を物流装置と位置づけ、低～中層部はエスカレーターで移動しながら全体を見渡せるアトリウム店舗群、中層にコンベンションホール、公共が設置する世界のファッション・ミュージアム、高層階に飲食・ホテルを配置し、モデルをスケッチで描いて議論した。

地権者ヒアリングから試算すると、問屋には戸板一枚でも月坪三万円以上の家賃負担力があったから、再開発事業の成立は十分見込まれた。岐阜繊維問屋街は貨物ヤードが繊維卸団地として拡張整備され、新幹線岐阜羽島駅前にも問屋が移転進出していた。

そんな時期だから問屋がピークの時期にアパレル商流の変化で衰退するとは、誰も思っていなかった。地権者も行政職員もコンサルタントも皆、ファッション産業拡大へのイノベーションを真剣に考えていた。

岐阜市は駅前問屋町再開発推進のため、JR東海大垣駅ビル建設を指導した元JR東海の臼井さんをトップハンティングで岐阜市の再開発技監に迎え、河田さんはじめ元気な職員が臼井技監のもと、地権者との合意形成にむけて活発に議論を進めていた。

技監はみんなの議論をよく聞く方で、私たちも技監を信頼し、その状況に希望をもって取り組んだ。

・問屋町再開発挑戦の挫折

順調なチームワークが、どこかで歯車がおかしくなった。技監は環境の変化で体調を崩し、やむなく退職され、私たちも問屋町の再開発から外れることになった。

問屋町の再開発を依頼された際、エリアが広く、地権者が多い問屋町の再開発をアルパックだけでは担当できないと元RIAで再開発経験が豊富なスペーシア浅野泰樹さんを紹介した。

このブロックはタワーマンション（タワマン）再開発が完成、地方駅前タワマン時代幕開けとなった。

私たちがめざした問屋ビジネス再生は成立に至らなかった。問屋町再開発は都市再開発法を生んだ母なるまちの再開発だったのだが。挫折したのである。

・地方都市駅前のタワマン時代

土地利用が変動する不動産の経済原理として見れば、問屋の町がタワマンに代わることは時代の理だろう。

地方都市駅前のタワマンで景観の付加価値が発生し、高額マンションが売れる。タワマンを保留床とする駅前再開発により、似たような風景が全国に広がる。

問屋町のビジネス再生中座は、持続するまちの創造的再生をめざした者として残念でならない。そのためには街区の再開発に留まらないダイナミックな産業振興策や市民運動的取り組みが必要だった。力不足だった。

岐阜駅前問屋を代表する岐阜ファッション産業連合会は最盛期一八〇〇社の会員だったが、最近の連合会HPを見ると運輸業を入れて約一四〇社、アウトサイダーを見込んで最盛期の一〇分の一、二〇〇社に満たない状況に減少している（令四・二〇二二年）。

岐阜駅前繊維問屋町は山本寛斎氏（ファッションデザイナー）、日比野克彦氏（現代美術家・二〇二一・四～東京藝大学長）などのアーティストを輩出している。

問屋の生き残りは難しそうだが、伝統～観光産業のまちとしての再生はまだありそうだと診断する。

一方で繊維問屋街を再生する例ができつつある。

名古屋市中区錦二丁目・長者町はテキスタイル中心の問屋町だった。問屋が衰退し、空き店舗・空きビルが増えていたが、長者町の空きビルへ飲食店進出に続く風俗業進出が始まり、その危機感があって地域の人々が空きビルを若者利用でリニューアルした恵比寿ビル、長者町通りのえびす祭など、地道にまちづくりに取り組み、名古屋市はベンチャータウンや低炭素まちづくり施策で支援した。

故延藤安弘先生と現リーダー名畑恵さんたち「まちの縁側育くみ隊」が参加し、地域コミュニティと一体に錦二丁目全体、一六街区の再生ビジョンを描き、まちづくり再生ルールに従って、七番街区再開発が完成した（令四・二〇二二年春）。

かつて城下町にあった町の会所、通り抜けを現代的に再現。

今、持続するまちの運営のため、エリアマネージメント会社をつくりタワマン＋コミュニティの再生をはじめている。

新聞によると、令和六・二〇二四年春で長者町繊維組合が解散する。戦後といわれた時期がいよいよ終わる。

（二）公共基盤整備と再開発

市街地再開発事業は補助事業の採択条件として都市計画道路との関係が必須である。合併施行は制度が異なる事業の決定時期のずれなど行程の調整が課題で、手続き的には費用負担や補助率の違いの調整など複雑である。同時施行であれば、事業ごとに制度の単独適用で進めることができるから実施例は多い。

補足　市街地再開発事業とは

○都市再開発法とは

都市活動・市民生活の高度化に伴い、都市に不足する幹線道路、駅前広場などの公共施設整備とあわせて老朽・密集家屋の不燃化、都市空間の高度化に対応する事業法として都市再開発法が制定された（昭四四・一九六九年公布、以後逐次法施工令改正）。事業着手に国の補助事業の採択が必要となる。

○第一種市街地再開発事業とは

事業実施前（従前）の土地・建物価額を新たに建設する建物（従後）の床価額に置き換え、交換する権利変換による再開発のことをいう。事業費を保留床処分金と補助金で賄う。

○第二種市街地再開発事業とは

事業の緊急性が高いなど早期事業化のため、用地買収・収容によって事業を進める。事業費の対応は第一種事業と同じ。地権者意向が反映されやすい第一種事業の施行例が多い。

ア　鳴海駅前再開発

・公共基盤整備＋公共団体再開発

鳴海駅前再開発地区は区域三・二ha、街区は三五〇〇㎡～四八〇〇㎡の四つの街区で構成される。

再開発事業は名鉄名古屋本線（名鉄本線）鳴海駅前踏切による交通渋滞解消と健全な市街地の形成をめざして「名鉄本線の連続立体化事業」（連立）と「都市計画道路古鳴海停車場線」（都計道）を整備するための「土地区画整理事業」および「鳴海駅前第一種市街地再開発事業」の三つの事業の同

時施行が都市計画決定（平五・一九九三年）された。

再開発事業は複数事業の調整と合意形成が困難なためか用地買収による管理処分で進める「第二種市街地再開発事業」に変更（平一〇・一九九八年）、D工区が完了（平一八・二〇〇六年）、後に鳴海駅南広場（駅広）とペデストリアンデッキ（ペデ）が完成（平二一・二〇〇九年）した。C工区は特定建築者（特建者）を公募（平二三・二〇一一年）、業務棟（平二五・二〇一三年）、住宅棟が完了（平二七・二〇一五年）した。当初都市計画からおよそ二〇年、特建者公募からは四年を要した。

・鳴海駅前再開発のあらまし

鳴海駅前は二つの基盤整備「連立と都計道」により、踏切の交通渋滞が解消された意義は大きい。

一方、建築敷地が東西南北四工区に区分され、歩行者空間の連続性を確保するよう各工区と駅広がデッキでつながれている。四工区のうち、線路南C、D工区が管理処分で住宅、駐車場、商業サービス施設が建ち、再開発区域の概ね二分の一が概成し、残る北側A、B二工区の事業化に向けて名古屋市緑整備事務所が事業を検討中である。区民からは緑区役所を鳴海駅前へ移転する要望の声があり、デベロッパー各社が住宅進出を要望している。

鳴海駅前再開発には、当初の都市計画決定（平五・一九九三年・四八歳）から二種再開発に変更後のCD工区計画にかかわり、断続的に事業をフォローした。

・鳴海の歴史と魅力

鳴海は平安・鎌倉〜近世にかけて、和歌や芭蕉の俳句とのかかわりを持つ歴史がある。名鉄名古屋本線辺りが古くは海岸線で一帯は鳴海潟と呼ばれ、鎌倉街道、初期東海道は水辺を渡って熱田に向かう街道の難所だった。

街道整備以後、広重の東海道五十三次に描かれるように、鳴海宿は東海道の宿場かつ有松・鳴海絞の問屋町として賑わった。芭蕉がしばしば訪れた下郷家は蔵元としても江戸に酒を出荷して財をなしたと伝わる。下郷家は鳴海宿の中ほど、風情あるたたずまいを残している。

有松（間の宿）ほど明瞭に続く商家の町並みはないが、丘陵の上に建ち並ぶ寺と一体になった地形、その裾野の鳴海の町並みが、広重好みの変化に富んだ景観を表す。

問屋・宿場町の賑わいを伝えるように有松と同様二両の「からくり山車」を残し、江戸以来の祭と町衆文化を今に伝える。

再開発の目的は道路・駅前広場の公共施設整備と駅周辺街区の防災性向上や宅地の高度利用はいうまでもないが、できるなら再開発の波及で東海道の町並み再生につながるように

「鳴海の歴史に現代への文化・観光ゲートになる再開発」になることが公共再開発の必須ではなかろうか。それこそ創造的再開発につながる。

鳴海はまだ四分の二工区を残し、北駅広整備など鳴海宿への玄関づくりが期待される。今更ながらと言われそうだが、いくらかでも期待したい。

イ　蒲郡駅南　組合再開発

・公共基盤整備＋組合再開発

蒲郡市のＪＲ東海道本線・名鉄三河線連続立体化（以下連立）のための市施工土地区画整理事業による基盤整備後、蒲郡駅南再開発は駅西地区と都市軸西地区の二つの組合施行再開発を予定していた。

この計画の経過には、実にさまざまな出来事があった。時が経ち、忘れたことが多いが、想い出しながら備忘録として書き留める。

始まりは蒲郡市の再開発調査の見積依頼で、担当係長吉倉さんが熱心に声をかけてくださった。おそらく愛知県職員の応援があったと思われる。

連立や区画整理と並行する再開発だったから、再開発の経験有無にかかわらず土木コンサルの競争が厳しく、市に事前見積を提出していても、落札は確約できなかったが、際どいところで落札した（平四・一九九二年・四七歳）。そういう入札時代だった。

連立を目的とする区画整理後の再開発で、駅西地区（駅広西）と都市軸西地区（駅広南）が対象だった。

当初は勉強会から始まり、二地区の地権者の再開発イメージが異なったことから、それぞれの地区で勉強会を別々に進めることになった。

・土地・土地権利変換と定期借地

都市軸西は土地の活用意向が強かったことから、土地・土地権利変換（土地権変）＋参加組合員の定期借地（定借）を提案、地権者の同意を得て事業の枠組みが決まり、調査から五年後、準備組合を設立（平九・一九九七年）した。

参加組合員のキーテナント選択は近隣二つの食品系ＳＣ「ヤオハンとユニー」を候補にした。他のテナント招致の考え方もあったが、地域に不必要な競争を生まないよう既存店の移転誘致に配慮した。

ヤオハンの反応が早く、沼津の本社出店担当のアポを取り、訪問して計画説明。市街地から外れた高速道路近く、流通業本社だが質素なたたずまいだった。

数日後、役員が沼津から来市、強い出店意向を頂戴し、ほっとしたのもつかの間、海外出店事情（中国への過剰投資から不祥事）で新規出店を断念するとの連絡を謝罪とともに受け、期待はずれとなり気落ちした。

しかし、並行して出店意向を打診していた蒲郡ユニー店長さんから都市軸西への出店意向を頂戴したことにより事業計画を確定、引き続き再開発組合設立～工事着工（平一二・二〇〇〇年二月）～開業（同年一二月）と円滑に事業が進んだ。二〇年ほど前、再開発事業の核テナントとして出店する力が食品SCにあった時代のことである。

ユニーは立地が駅前正面になり、店舗・駐車場とも拡張、業態もアピタにグレードアップし、従前店舗より＋条件で出店できた利点があった。

・夢追人　駅西再開発準備組合

蒲郡はヨットの国内メッカの一つとして知られる。駅西の再開発を検討していた頃、蒲郡～三河湾はアメリカズカップ日本チャレンジ号の国内トレーニング基地で、駅から歩いた海岸に基地があり、係留されたレース用のヨットを見て感動した。

お嬢さん・奥様とエリカ号で地球を回った故長江裕明さんを顕彰するエリカ号記念レースが、毎年五月、蒲郡をベースに三河湾で繰り広げられている。

蒲郡駅西再開発の準備組合員（以下準組～準組員）には夢追人が多く、折しも再開発の議論はウォーターフロント（WF）再開発が話題になる。

勉強会では米国WFの再開発事例（ボストン、ポートランド、サンフランシスコ、ロスアンゼルス、サンディエゴなど）をスライドでお見せした。蒲郡でトレーニング中のアメリカズカップ本戦会場がサン・ディエゴ湾で、話題は盛り上がった。

コンサートホールの発想は、お嬢様がピアニストである地権者の提案で、他の地権者からは、料亭、喫茶店、飲食店、美容院など現店舗営業継続が希望された。

準組で協議していた計画案は区画整理による街区構成をベースとして、当初の計画与件と地権者意向をもとに公共文化施設（コンサート可能なホール）を核に、周囲は低層部店舗の中高層分譲～賃貸住宅で構成する小規模コミュニティ・タウンハウス型の街区構成をイメージした再開発を検討していた。

・米国WF再開発視察の経験

四半世紀ほど前、一般社団法人地域問題研究所（地問研）の自主企画で、米国WF再開発視察団に参加した。同行は井澤さん（当時地問研）、名古屋市計画局青山さん、入倉さん、鈴木直歩さん等だった（全員OB）。

途中、蒲郡選出県会議員鈴木克昌さん（後市長〜衆議院）が合流、米国WF再開発の何カ所かを一緒に視察。熱心にWF再開発を勉強される議員さんがおられることに感心した。

○地元推薦　新市長誕生

再開発検討中、県議だった鈴木克昌さんが市長に当選（平六・一九九四年）された。駅西再開発地権者の多くが鈴木新市長応援団で、早速、新市長と地権者とのまちづくり懇談会を開催、再開発への支援をお願いし、新市長から力強い協力のご挨拶を頂戴した。

○盛り上がるWF再開発

蒲郡駅西再開発でも地権者、市職員ともに米国WF再開発視察がまちづくりの有力なモチベーション形成の学習になると、スライドを使った勉強会で視察をお勧めした。鈴木市長には、効果の不明な委託調査より職員視察の学習効果が高い、海辺の観光都市・蒲郡の都市づくりのために米国WF再開発視察をとお話し申し上げた。こうした経過を重ね、準組と市職員の米国WF再開発視察が実現した。

WF都市である蒲郡市の観光振興と再開発推進のまちづくりを目的に市職員事務職が視察を先行し、次いで区画整理・再開発技術職員の視察がおこなわれた。庁内職員への気配りである。視察は日本チャレンジ号がサン・ディエゴに移動後（平八・一九九六年）の頃だった。

・米国WF再開発を皆で学んだ

港湾の外延化で旧港埠頭を観光商業に再生したサンフランシスコ。湾の背後、煉瓦建築（チョコレート工場）を再生した観光商業施設（ギラデリースクエア）。日本人移民の漁師町モントレー。第二次世界大戦で日本人の強制収容後、元従業員のインド人や中国人などが魚市場とレストランに再生した世界初の漁師の埠頭（フィッシャーマンズワーフ）、日本の水族館関係者が絶賛する缶詰工場跡を活用したラッコの基地、モントレー水族館。

アメリカズカップを開催するサン・ディエゴ。マリナーや海浜商業公園を歩いてめぐるWFが充実。LRTの通る町中には曲線動線とカリフォルニアカラー、デザイン要素を盛り込んだジョン・ジャーディ・デザインのSCホートンプラザ。折しも日本チャレンジ号がサン・ディエゴ湾で本番に備えトレーニング中。激励の陣中見舞い。視察を勧めて間違いなかった。

・見え始めた多重公共事業のギャップ

米国視察の翌年（平一〇・一九九八年）、駅西地区は再開発準備組合を設立。蒲郡駅南再開発はJR東海道本線、名鉄三河線の連立、そのための土地区画整理事業、これらと同時施行の再開発である。

連立事業は鉄道事業者一割、公共団体九割（二分の一国費）と自治体負担が極めて高い事業である。二つの連立事業と区画整理、市民病院建て替えなど一般公共整備需要の中で再開発を予定する市の財政事情はひっ迫していただろうと思われる。

・異例な事態　B／Cで事業中断

事業調整のため市のA課長が足繁く準組理事会に出席し、区画整理事業との行程のすり合わせ、すなわち再開発事業工程を遅らせることを要請された。しかし、準組理事会は納得できず、A課長は憤りもあらわに理事会から退席したことがあった。

後日、A課長の市職員辞職を聞き、胸が痛くなった。あの温厚な課長が辞職にまで追いつめられていたことに気づかなかった。再開発コーディネータは市の財政事情を把握し、監督部署との綿密な協議のもとに、組合事業をリードすべきなのだ。にもかかわらず、コーディネータの意識が地権者の夢に傾き過ぎて、市の財政事情への気配りが欠けていた。

都市計画事業として公費の補助金を導入する市街地再開発事業のコーディネータは、地権者の要望を最大限に尊重しながら、行政の整合性、とりわけ財政事情について、十分な配慮と見通しを持つべきであった。

ほどなく市の再開発担当者が準組理事会に出席、「B／C検討の結果、当事業は成立しないから中止する」と宣告（平一四・二〇〇二年）した。

反論の余地のない宣告であった。B／Cを誰が何を根拠に計算したのか疑問だった。準組助言者が、どうするかと問われたが、理事全員、ぼうぜんとしたまま無言で答えがなかった。

後年、事業経過が載った資料（都計学会東海支部住宅部会報告平一八・二〇〇六年）によると、愛知県事業評価監視委員会の提言で中止とある。提言を未確認なので何とも言えないが、私が知る事実は「同時進行する二つの連立事業＋区画整理事業＋施設建替など公共需要で市財政が逼迫し、再開発事業を延期または中止させること」が市の状況だったと推定した。突然、納得いかないとなった。

・公共整備が一段落した駅周辺

今、蒲郡駅前に立つと連立の高架（JRと名鉄の二路線）が建ち、土地区画整理事業による基盤整備は完成している（換地処分は未確認）。

高架下は駅南北自由通路、駐輪場、駐車場、コンビニ。駅北広場は駐車場とバス・タクシー乗降場、周囲を中低層店舗に囲まれた、以前と変わらないコンパクトな駅前だ。

駅南は、駅広東が地元油脂会社の本社敷地で、緑と一体の開放感と風格のある本社ビル。駅広の南は都市軸西再開発（事業完了）の食品ＳＣアピタと駐車場である。

再開発予定だった駅西地区は、版状の高層住宅が一際目立ち、青空駐車場による空の広がりが区画整理前の建て詰まった印象と違っていた。なぜかまちが小さくなったと感じた。鉄道高架のせいかもしれない。

前回の再開発にかかわった方々が存命のうちは、二度と再開発の話はないだろう。関係者のショックはそれほど大きかったと思う。

市長の賛同を得て市職員、再開発準備組合員が米国ＷＦ再開発視察までした熱い思いがこもった再開発の夢は遠い昔のことになってしまった。

しかし、不思議にも再開発を議論した頃の、あのまちの海辺を感じさせる空気の匂いが変わっていないように想われた。私の感傷のせいかもしれない。

三　心に残る再開発

（一）都市の再開発マスタープラン

九州事務所設立の一年後、今から四六年前（昭五二・一九七七年、三二歳）、九州事務所が受けた福岡市の再開発適地調査（発注ＵＲ都市公団）を応援した。

福岡市の調査から七年後、豊田市の再開発適地調査（昭五九・一九八四年、三九歳）を依頼された。都市の再開発にかかわる適地調査＝マスタープラン調査は二度体験したが、二度とも都市公団が関与していた。

ア　卒業制作提出、道家さん（駿ちゃん）の電話

藝大の卒制提出日、道家さんから京都にバイトに来いよと電話があって、数日後、初めて事務所を訪ねた。

今出川通、京大農学部前から南に下がる工学部建築学科の東裏、吉田山麓の連棟長屋から市電植物園前の一棟貸ビルに移転の最中だった。とりあえず元事務所の長屋を仮住まいにした。

事務所での私は、最初は便利屋で重宝された。宅地開発や

建築設計のイメージスケッチを描く相談が金安一さん、浅野弥三一さんなど先輩所員から集中した。藝大出だから絵が描けると思われたらしい。

・旧家協　学生デザイン賞の知らせ

事務所出社直後、藝大から「君の卒制が日本建築家協会学生デザイン賞を受賞したから表彰式に出ること」と知らせがあった。藝大建築科は前年、旧日本建築家協会卒業制作展に初出展、元倉（故）と田中（敏）が受賞、翌年、留年の同級左高（銀）、尾関（銅）が二年連続受賞（金賞なし）、同期入学四人受賞が話題になった。

補足　後日談

審査員の宮脇檀先輩と西澤文隆先生（坂倉建築研究所）が私の作品を推奨、大高正人審査委員長が反対、その結果、銅になったと宮脇さんから聞いた（こういう話はたとえ本人だけとはいえ、審査員の守秘義務違反ではないか）。受賞後、私の作品は後輩に巡回され、いつか行方不明になった。

わざわざ一年留年の許しを得て取り組んだ割には出来が不満足で、残念に思っていた。

全国の大学が内ゲバで荒れる中、現地調査（三河・額田の千万丈）の長期滞在がかなわず、何かある度に呼び戻され、留年の意味がなくなっていた。

不満足とは時間のことではなく、発想はよくても最後のデザイン構成が全く煮詰まっていなかった。

故永田先輩、敏ちゃんはじめ助力者の援助を受けながら、完成度を高めるまでに至らなかったのが事実だったと反省している。

補足　藝大建築科の七不思議

普段は先輩など他人の課題を手伝い、自分の課題は手伝ってもらう。覚えたことは、人を集め集団制作する時のマネージメントである。このノウハウが社会に出て役立つことになった。

・卒業制作　夢想と反省

卒業制作のコンセプトは「高校のない山間農村を舞台に描く、青少年の共同生活空間、若者コミューンの集落提案」。世帯住宅の農家を同一標高で配置し、集落の核となる広場に、高校生以上が集住する若衆宿を組み合わせ、そこから枝分かれで共同施設の作業場、保育所、小中高等学校、老人住宅、医療施設などを取り混ぜて描いた妄想的夢の世界を提案した。今から思えば稚拙なコミュニティ社会像だった。

六〇年代の学生にありがちな共同体幻想、過去に藝大先輩の誰かが挑戦していた。イスラエル・キブツ（農村共同体）、ロシア・コルホーズ（共同経営・集団農場）、中国・人民公社（生産と行政が合体した地区組織）などの共同・集住形態を学んだが資料は散逸、残っていない。

そんな概念の固まりの妄想だったが、藝大入学時に「哲学が重要」と諭された後輩思いの宮脇先輩には評価され、藝大教官からは尾関の説明が面白いといわれた。そういう時代だった。一歩間違えばカルト計画になりかねない。

後日、吉村先生が「期待していたが」といわれたと他の教官からお聞きし、申し訳なく思った。「が」が問題なのである。

・**嶋田さんとの縁**

私がアルパックに来る元になった霜田さんに、「思いつきでなくスタッフとブレストし、確認の上で進めてほしい」と熱くなって注文を付けたことがあった。

その夜、早速、嶋田さんからスタッフにならないか、髭は過激派と誤解されるから剃ってほしいと、声をかけられた。この時、この備忘録に至る運命が決まった。

所員候補として仮採用でテスト中、霜田さんとの議論が評価されて採用の判断になったらしい。新婚早々の嶋田さんには時々自宅に飲みに招かれた。安月給で奥様は大変だったろう。

独身時代の嶋田さんは同僚連れだって不相応に祇園界隈を飲み歩き、木屋町のクラブに借金。支払い能力なく故郷の父上（教育者）が支払った武勇伝の持ち主。

・**福岡市再開発適地調査**

九州事務所設立後、嶋田さんの要望でしばらくの間、助っ人で福岡通い。その都度、昔の癖で高級クラブ。

心配になり注意したが、「そうでなきゃお前ら来ないだろ」と足下を見透かされ、情けないがそれで納得して飲みに出かけた。

再開発適地調査は検討委員会青木正夫委員長（東大出・九大建築教授）指導でおこなわれた。先生は住宅計画研究者として行政計画や地方自治にもかかわられた（後に故郷の山口市長選立候補）。

調査は福岡市の既成市街地を対象に、再開発要因を仮説類型設定、区・学区・町別に各種データを指標化、候補地となる問題地区を仮抽出、現地踏査で検証、委員会で適地選定を承認された。

青木先生は地域別人口動態に強い興味を示され「本当か、出生率が下がっている学区があるのか、どこか」と強く念を押された。この時点で都市の人口高齢化・少子化の兆しに注目し、他の再開発適地指標のレイヤーに人口指標を重ねた。

この再開発適地調査は新参者にとって福岡市を知るいい調査機会だった。青木先生にも及第点をいただけたと思う。

調査中、書店で感動的な図書に出会った。『博多の心』（朝日新聞社）で、博多の季節行事・祭を追いながら、家庭での旬の郷土食材を使った料理やしつらえ、まちの様子が紹介されている。博多のまちと暮らしの文化を考える原点になる本を見つけて感動した。博多のまちの暮らしが好きになった。

イ　豊田市都心再開発適地調査

名古屋に事務所を出した直後（昭五九・一九八四年、三九歳）、「豊田市都心再開発適地調査」を豊田市都心整備公社から受けた。担当は豊田市の金子宏さん。その後もいろいろお世話になった。四〇年近く前のこと、名古屋事務所最初の再開発関連業務だった。

その頃、ニュータウン（NT）にかかわりたくて、名古屋栄の昭和ビルにあった住宅公団を訪ね、NTと住宅をテーマに話題を投げかけ、今野卓さんが「こういう話題は久しぶり、勉強しようよ」と周りの公団職員に呼びかけ、近くの中華料理（大華楼・現 大規模賃貸マンション・設計 アルパック協力）にランチがてら出かけ、住宅計画論の情報交換などに花を咲かせた。

今野さん（都立大石田研・後述）は都市・住宅計画専門家（後にJICAでインドネシア都市開発部局局長級での出向話が面白い）。同期の山田尚寛（名大建築・陶芸三代目陶山）さん、黒田さん（故人）を誘い、住宅・宅地計画論に花を咲かせた。皆、私と同年代でウマが合った。

そんな縁からだと思う、おそらく豊田市都心整備公社が公団に相談、適地調査のコンサルタントとして私が推薦され、豊田市都心の再開発適地調査をお引き受けすることになった。

・調査全地区　再開発を実現

豊田市の意向を汲んだ計画だったが、六地区再開発を実現させた豊田市の行政執行力、財政力に感心する。

調査は市と地権者の意向把握、土地データ解析に始まり、挙母神社を核とする矢作川と中馬〜挙母街道の関係、市街地の歴史、祭、商店街、町の空気を調べた。今野さんとはよく飲み歩き、終電に乗り遅れて名古屋までタクシーで帰ることもあった。

・桜町優良再開発　敷地割を遺し空地を共同化

都心再開発適地六地区のうち、最も小さいブロックの「桜町優良再開発事業」プロポーザルに当選。おそらく豊田市の応援があったに違いない。資金融資や手続きなど総合的に便利な公団制度を使ったからか公団施行優良再開発第一号となった。第一号とすることに、断わりはなかった。

地権者六名、計画区域約二〇〇〇㎡、敷地面積約一六〇〇㎡の小規模街区。途中、地権者一人が共同事業に馴染みにくいと個人事業に変更、高齢だが地下ディスコなどユニークな提案を持つ婦人だったから、ぜひ共同事業に参加してほしかったが、共同に不信感があり、個人事業に分離し、自宅と賃貸店舗を個別に建て替えた。共同事業者は五人になった。

少ない地権者だが議論が行き詰まる度に、地権者と幼馴染の豊田市再開発課小野田係長の口添えで助かった。小野田さんは補助金獲得に直接国交省に乗り込む猛者の公務員である。名鉄の終電がなくなると、地下鉄赤池駅まで送ってくださるなどお世話になり、大変助かった。優秀な技師だった。

工事は一地権者が一社、地権者四名が一社で、地元の工務店である太啓建設と小原建設が担当した。

計画の配置コンセプトは、再開発ではあるが地権者意向により敷地割をそのままとし、土地の権利移動をせず空地を共同利用する権利変換ではない、立替型のコミュニティ・タウン計画だった。

狭い間口、長い奥行きの敷地（私有地）で壁共有の連棟（テラスハウス）、中庭や通抜け共用空間を創出。優良再開発ならではの地権者建築協定で実現。延藤流『計画的小集団開発』（延藤安弘著）を想定した。

仕事の分担は地権者対応とプラン尾関、事業計画松尾高志さん（京都）、設計本社建築前田さん（大阪）、アスコラル構造研究所村沢さん、設備技研松井さん他、監理は内村さん。皆、よくやった。

この時は業務全てを遠隔地でも社内で担う方針で取り組んだが、社内設計部門と、我々現場との意思疎通に苦労した。

ウ　高蔵寺ＮＴと公団職員

今野さんの先輩、津端修一先生（東大建築、レーモンド事務所〜住宅公団）、御船哲さん（東大建築）はじめ公団職員およそ八〇人が自ら計画した高蔵寺ＮＴに居住。今野さんもその一人である。自分たちが計画したＮＴに対する愛着がいかに強かったかがわかる。

東部市民センターをきっかけにホールの定員に合わせたコンサートを聞く会「五百人の会」を公団職員を中心に組織し、毎月一回コンサートを開催してきた。入会希望は退会者で空きができた時に限られるとお聞きしたが、何年か前に惜しまれつつ会を解散した。

津端邸は樹木希林がナレーションを担当した映画『人生フルーツ』でも知られる。

レーモンド風の木造洋式構造の住宅。二宅地の敷地で自給自足の暮らしが糸乗さん好み。以来、何人かがお訪ねしている。先生は「アルパックではあなただけが来ていない」と事務所に来られ、お誘いいただいたが、先生のご存命中には行きそびれてしまった。

今野さんは高蔵寺で自宅を設計、高山の大工が泊りがけで施工。今野さんに「駐車場と玄関を間口一体に構え、脇にのぞき窓を設け、届け物の声がかけられるようにしては」と助言。多分、忘れておられるだろう。

型にはまったNT戸建て街区の街並みに変化を与える手法だと思った。後に一度、お訪ねしたが、和の構造としつらえは見栄えある居心地のいい住宅だった。

エ　収束期の高森台「＋α住宅」提案

高蔵寺では高森台の宅地供給を水野課長の相談で提案した。高森台は当初の計画では、産業団地をつくる土地利用計画だったが、後に住宅用地に変更になった（昭六三・一九八八年）。

時代潮流から「＋α住宅」を新たな住宅供給コンセプトとして提案した。主婦が生活の傍ら、自宅で営む喫茶店、学習塾・音楽教室・生花・茶道・オートクチュール、生保事務所など「主婦の副業がしやすい住宅」のアイデアである。うまく行けば、住宅ローン返済の手助けになる、一挙両得の住宅供給を考えた。

これが宅地開発の水野課長に受け、この案は採用となった。実際の供給は住宅メーカーによる。その後、現場を確かめていない。

（二）大垣駅南　再開発と教訓

ア　大垣駅南再開発地区

大垣市は養老・伊吹山系東の麓、揖斐・長良川の沖積地、主に干拓で形成された市街地のため、市内各所に湧水があり、これを水門川に集めて市内を巡り、市民・観光客に「水都大垣」として親しまれている。

名古屋からJR快速で片道三五分、人口約一五万九〇〇〇人（令四・二〇二二年）、岐阜県第二の都市である。

セイノーグループやイビデングループはじめ全国規模の上場企業が多い産業都市で、就業人口は製造・建設・運輸の従業者数が全事業所約七万八〇〇〇人の約三六％を占め（平二八・二〇一六年事業所統計調査）、ものづくり系の色彩が強い産業構成となっている。

小売商業は人口減少と大型店進出に伴い店舗数が減少（大垣市、一三二〇店、平二八年、平一四年比六八・五％）、かつて隆盛を見せた駅前通商店街でさえも空き店舗が増え、まちの賑わいが減少している。

製造業で働く外国人労働者とそのファミリーで、休日のまちの賑わいが支えられていたが、それも最近はあまり見かけない。景気が低迷しているのだろうか。

大垣市では「中心市街地活性化計画」（中活、第一次平二一・二〇〇九年）の認定を受け、大垣商工会議所が中活を支援する大垣駅南再開発のビジョンを提言し（車戸慎夫委員長）、再開発が始動した。

・大垣駅前　再開発地区の概要

大垣駅南再開発地区は駅前広場（JR大垣駅南バス・タクシー乗降場と一般車駐車場）の南西隣、駅前通に面する区域約一・五四ha。地区の西北沿いから中ほどで南に抜ける水門川と道路などの公共施設約〇・六三ha、敷地約〇・九一haのコンパクトな街区である。

水門川を挟む地区東は駅前通に面した共同ビル（三〜五階、店舗・賃貸住宅）、地権者六人（内法人一）、借家四人（転出）、下駄履き店舗も集合住宅も大半は空家、外見的にも再開発の必要性が見てとれた。

水門川西は物流地区で倉庫、運輸、業務、店舗、平面・立体駐車場、市営自転車駐車場など、地権者六（法人五、個人一）、土地、建物とも利用が低下していた。

・地場有力企業の参加で事業推進

大垣商工会議所主催の準備組合をめざす勉強会（平一八〜一九・二〇〇六年〜〇七年）コーディネートを引き受けた。建築家の車戸慎夫さん（名大建築・大垣商工会議所会員・日本建築家協会会員）紹介である。大垣市から都市計画課長北村弘司さん、担当松山晃司さんが出席した。

東街区地権者は共同ビル所有者で、老朽化に伴う共同建替えの会社を設立、事業の理解は得やすかった。

西街区は大半が法人地権者、物流機能の低下に伴い土地利用の更新期にあった。水門川沿いの大垣市営自転車駐車場は需要が増大し、拡張が望まれていた。

西濃グループのセイノーエンジニアリング株式会社（SE）が土地・建物を取得して事業に参加し、再開発気運を高め、事業推進の大きな力となった。

イ　再開発による施設整備

○公共施設（道路・水路、約〇・六三ha）

・街路整備（外周）・水門川整序・改修（北～南縦断）。

○東敷地（約○・一三ha）

・広場は大垣市に土地権変後、市が上部整備。将来駅広全体改築の際の種地として確保。

・平面駐車場は地権者土地権利返還。

○西敷地（約○・七五ha）

・東敷地で広場を確保し、西敷地に建築物集約。

・水路改良と境界確定で水路沿い建築敷地の整序で従後市有地増加。再開発による土地整序メリット。

北棟　RC一七階

一階　店舗・事務所　（権利床）

二階　子育て支援センター（保留床）

三階　業務施設　（権利床）

四階～一七階　分譲住宅　（保留床）

南棟　S三階

一～三階　商業・業務　（権利床）

西棟　S五階、一部二階

一、二階　自転車駐車場　（権利床）

一～五階　一般車駐車場　（権利床＋保留床）

ウ　大垣駅南再開発　どう成立したか

①地権者の高い再開発への熟度

・東敷地は共同建替の意向が高く、再開発の原点となった。西敷地は法人の土地活用意向が高かった。

②大垣商工会議所の初動期支援

・大垣商工会議所の中心市街地活性化計画提案に始まり、再開発事業立ち上げに向けた学習会の支援を得て準備組合（準組）を設立した。

③地元有力企業の事業参加

・土地・建物をSEが取得、組合設立に伴い元社長服部正次さんが再開発組合理事長を務め、事業推進に大きな力となった。

④財政と人的両面の大垣市支援

・従前自転車駐車場を新自転車駐車場と広場用地に権利変換（権変）し、保留床で子育て支援施設を取得、経済的に事業を支援した。

・権利者として理事を担い、職員が事務局に参加、組合運営、関連調整、補助執行などで支援した。

・準組設立～都市計画の段階では北村弘司都市計画課長、松山晃司係長が担当し、事業認可～権変計画～事業完了期には、藤墳達也主幹はじめ広島技師、鈴木技師が担当し、事業推進に貢献した。

⑤住宅供給事業（住プロ）の高率補助

・住プロとして国、県、市が補助金をほぼ満額査定し、高率補助を得て事業成立性を高めた。

⑥事業方式の選択

組合再開発の円滑化のため、以下の方式を採用。

・全員同意型権変で、柔軟に事業を推進した。

・特定業務代行者（特代者）として建設会社を選定し、事業手続きを円滑化した。

・特代者との共同体（ＪＶ）で設計監理に地元設計事務所参加の場を開いた。

・地方都市駅前での住宅需要が不透明なため、百戸規模の住宅事業者公募に際し、二社共同体（ＪＶ）の応募を認め、住宅販売の確実性を確保した。

エ　事業収支と想定外の事態

①住プロでは重要事項説明のため土壌調査が必須。予定外に土壌汚染が発生し、不要な支出を生じたが最小限の措置で対応した。

②公共水路の地中障害が事業の支障となった。公共施設の位置づけと管理者との事前確認が必須。

③工事費の高騰が事業計画に影響した。

④事業計画の設定を大幅に上回る住宅販売価格のため、住宅保留床価格を変更した。

オ　事業の教訓

①特定業務代行（特代）契約の厳密化

・特代は主に名目で実質の効果が少なく、組合運営の役割や責任、リスク負担など、設計ＪＶを含めて特代契約の精緻が必要。

②住宅販売価格と事業計画のバランスの確保

・補助を得る公共性の高い住宅処分について、供給利益又はリスクを供給者と組合が共有すること。

カ　組合解散に向けた会計措置

①税務・会計事務所の参加

・事業収束期に資金不足が確定、再開発組合理事長、大垣市はじめ事業関係者にご迷惑をおかけした。とりわけ、大垣市担当者には事務局業務を支援するなど、大変ご迷惑をおかけした。

・再開発事業は法定の消費税非課税支出が多く、その還付を伴う会計措置が必要となるため、再開発事業を理解する会計・税務事務所の参加で対処した。

②組合資金不足回収のマネージメント会社

・解散する組合から債務を継承、再開発地区の空地を活用する（時間貸し駐車場、自販機設置、屋外広告物設置）債務回収会社を設立し、管理組合総会の同意で実施した。

キ　コンサルタントチーム

事業コーディネートおよびコンサルタントチーム（設計・監理以外）は、以下の体制で進めた。

株式会社地域計画建築研究所名古屋事務所

初動期　尾関、山下（退職）

事業段階　尾関、木下、斎藤（収束期事業照査）

日本土地評価システム　権利・補償調査・権変計画

山本高大税理士事務所　組合会計・税務

ク　チームの反省

コンサルタントチームは現場常勤二名で、佳境な時期に現場担当の負荷が大きく、大垣市藤墳さんから人員補充を要請された。現場以外に分担する後方チームの支援があること、及び、事例認識から、現場対応は現状維持と判断した。再開発現場はそれが当然との思い込みがあった。この情勢判断が私の間違いだった。

大垣市藤墳さん要請の通り現場常勤担当を補充すべきだったと反省している。しかし、短期には再開発担当員補充のための人材準備・育成ができず、実行できなかった。反省多大である。

事業の現場には、予定外の困ったことが起きかねない。ギリギリではなく、スケジュールも心構えもゆとりを持つこと、非常時への緊急対応をできるようにすること、すなわち「そなえよ、常に」、頭を柔らかくすることが重要だと、私自身、肝に銘じている。

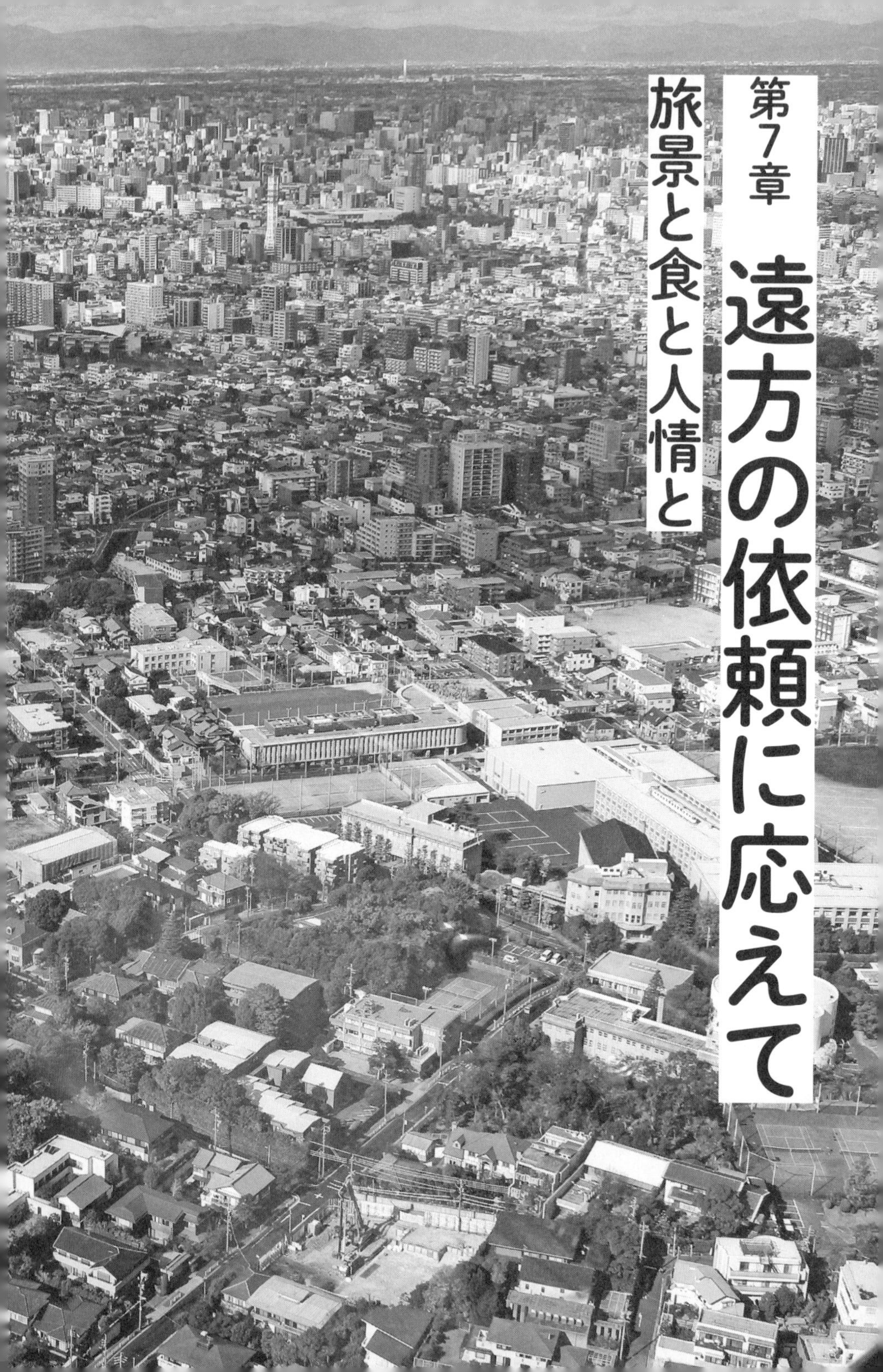

第7章 遠方の依頼に応えて

旅景と食と人情と

丘陵の緑の住宅地〜都心〜名古屋駅〜養老山地を見る

一　益子町への導き

ア　陶芸の郷　益子町《まち》

・関東ロームの丘陵　里山のまち

関東では行政名称に付く町を「まち」と呼ぶ。調べてみると西日本は「ちょう」、九州は両者混在、東北は「ちょう」と「まち」が半々、北海道は大半が「ちょう」である。北関東の方言の一つであるようだが、ちょっとした表現の違いが、地方性を表して面白い。

聞き始めは表現の違いに違和感を覚えるが、時間が経つと慣れてくる。しかし何度も読み間違う。

益子町には民営化された真岡鐵道（旧国鉄真岡線を第三セクターで運営する）があるが、東京からはこれを利用するのはややこしい。むしろ新幹線で宇都宮に出て、そこから関東バスに乗って約一時間で益子に着くルートがわかりやすい。このルートを回数券を利用するほど何度も通い、風景を覚えた。

宇都宮から鬼怒川を越えた先は、関東ロームのなだらかな丘陵と田園地帯、欅の防風林に囲まれた農家が点在する様は北関東らしく、私の好きな風景だ。

益子から北東は八溝山地に続く丘陵の里山に入る。ここから緑の山が東北に続く。東北への緑の壁だ。

・益子焼のまち

益子焼は江戸時代末期、笠間で修業した大塚窯が始まりと聞いた。現在は二五〇窯とともに多数の陶芸作家がいる。直感だが、益子は瀬戸や東濃よりも若い作家が多い印象を受けた。東京に近く、若者が集まりやすいこと、益子の窯元にベンチャーを受け入れるおおらかさがあるからだろうと思われた。

益子町周辺には中世以来の由緒ある社寺が見られる。これに対応する生活圏があり、中世以来、細々とでも器を焼いていたのではと、想像したくなる。

・陶器は日本の代表的地域産業

焼き物は日本人には切っても切れない暮らしの用具で、産地が全国にある。産地が全国にあるのは、甕や壺、食器などの生活必需品として、木工や綿・藍染と同様、暮らしの近くで製造される地域産業だったこと、加えて江戸時代各藩による移出品の技術開発～技術移入奨励の影響が大きかったのではないだろうか。

補足　地域産業と地場産業　使い分け

この備忘録では「地域産業」と「地場産業」を使い分

ける。両者が重複する場合もある。地場産業は「特定の地域の資源・材料や技術により伝統的に形成される地域特産品のこと」をいう。

「地域産業」は生活圏に対応し、「圏域の生計を成り立たせるために必要な産品を地域で供給する産業のこと」をいう。例えば衣食住にかかわる生業的産業を「地域産業」と本書では定義する。

・浜田庄司と益子

益子の「陶芸」は浜田庄司先生に始まる（昭和五・一九三〇年）。大胆でシンプルな柄の大皿は、民芸の力強さを代表する。

もともと益子焼が持つ素朴さと精神を感じたからこそ、民芸作家浜田庄司先生が、ひなびた里山に囲まれた焼き物の里、益子に移住されたのではないだろうか。

先生は緩やかな丘陵の懐に移築した茅葺の民家を生涯の焼き物暮らしの拠点とした。今は多数の作家が活躍する益子、浜田先生あればこそ、と思う。

イ　益子への導き　藤原郁三さん

益子に陶壁画作家藤原郁三さんがいる。藝大日本画卒の親友である。学生の時「芸術祭実行委員長」（自治会執行委員）として大学が混乱する時代の大学祭を見事に乗り切った。

私はクラブサークル担当執行委員で、予算獲得のためにラグビー部から自治会に派遣されていたが藤原さんを支援。相撲部の藤原さんとは大学が騒乱で荒れるなか、よく酒を飲み、議論したが、昔の藝大生に多い酔って殴り合いをしたことはなかった。

大学卒業時、私はアルパック入社、藤原さんは「風神雷神図模写」のため京都の河合陶房に入社、運転免許を持っていたラグビー部同期で鋳金大学院進級の加藤直樹さん（仙台一高・北海道教育大教員・釧路で演劇活動）がレンタカーを運転、二人分の荷物と一緒に引っ越しした。

以後、藤原さんとは飲み友達を持続、山科にあった河合陶房で出会った孝子夫人との結婚披露宴司会を引き受け、益子移住後も京都の私の披露宴の司会に駆けつけてくれた。益子との縁は藤原さんに始まる。

・西山デザインの実現に協力

アルパック入社間もない頃、西山卯三先生の水平社記念塔設計の助手役で、先生の鞄持ちを仰せつかった（昭四六・一九七一年頃、二六歳）。

西山先生の素描は、先生の他の記念碑デザインにも共通する縄文的土着性が強く、土から生えてくるような隆起を先生の鉛筆が描いていく。徳島「郷土文化会館」（設計担当道家先輩）壁面の渦潮模様もこの流れで生まれたと思う。民芸に共通する素朴感が強い。

この時、藝大の親友、望月菊磨（金属彫刻家）、藤原郁三（陶壁画作家）、お二人の力を借りて、西山案のモデルをスタディした。

ある時、社員で水平運動の勉強会をしていたところに先生が通りかかり「建築デザインを考えるのがあなた方の仕事、運動を学ぶなら、建築をやめて運動家になりなさい」との強い言葉に、一同唖然とした。

西山先生の言葉とは思えなかったが、建築家の職能と姿勢からは、先生の言葉に意味があったかもしれないと思い直した。大学と事務所とは違うのだ。

計画は候補地が何度も変転、その都度先生のスケッチが変わってデザインが進まず、事情を知らない社員からは白い目でにらまれ、居心地の悪い日が続いた。その目は今でも忘れていない。

『日本書紀』にある對馬《ほうま》の丘といわれる御所《ごぜ》の丘に建つ塔が最初の案、最終案は水平運動家阪本清一郎先生宅の畑に石碑として落着した。

「水平社創設五〇年記念のモニュメント」は、水平社を受け継ぐ「桂冠友の会」主宰者で水平社創立の運動家木村京太郎さんから、西山先生への依頼だった。

木村京太郎さんは、戦前は獄舎に収監された闘士とは思えない穏やかな好々爺。御所の記念碑候補地を西山先生とご一緒し、水平運動についてうかがった。

誘われて水平社記念集会の末席に同席した折、参加者が嗚咽しながら解放歌を唄うさまに胸が詰まった。

名古屋に生まれ、東京で学生時代を過ごした私には、部落問題～解放運動とはまったく縁のない世界にいた。京都に行くといった時の母親の忠告が耳に残る。

水平運動の発祥地御所、小説で映画にもなった『橋のない川』（住井すゑ著）の舞台になったまちである。昼でも眠るように静かな集落のたたずまいが印象的だった。山裾にある西光万吉さんの生家、西光寺にも参詣した。

西山先生の注文は「血の滴る桂冠」の表現。記念塔案はコールテン鋼で桂冠リングのモデルを望月さんが試作したが、塔を断念。石碑案は藤原さんが黒御影の石板に嵌める血の滴るような深紅の桂冠の陶板を制作、これが採用され、伊賀上野の石屋さんで寸法を合わせ、現地に設置した。

・藤原夫妻　益子で陶壁画制作に

建築家内井昭三先生設計の建物の陶壁画作成依頼をきっか

けに藤原さんは思い切って夫婦で益子に移住した（昭五〇・一九七五年頃）。

移住にあたり、藤原さんの依頼で住宅のラフスケッチを描いた。希望はウエスタン風の馬つなぎ玄関のある平屋である。百分の一、平立断の一般図だけだったが、地元工務店が見事に施工。吉村順三設計を模した南面一二〇度開くウッドデッキのある住宅である。

生活経験のない頃の設計で水回りが狭い。特にキッチン周りでは孝子夫人の苦労が絶えなかったと思う。若気の至り、ただひたすら、ご容赦を願う。

・町長候補　平野良和さんとの出会い

益子の商工団体で活躍する藤原さんから町づくり相談を受け、益子町のまちづくり講演をした。そこで、後に町長になる平野さんと意気投合した（平五・一九九三年頃、四八歳）。勝手な思い込みかもしれない。

平野さんは代々町長を担う家柄。次期町長選に立候補するため、東京の設計事務所をたたみ、ふるさと益子に帰って、町内のさまざまな勉強会に参加し、町長選への準備を進めておられた。

役場近くに洋食レストラン「古陶里」がある。藤原さんに紹介されて、役場の打ち合わせ途中で立ち寄った。シェフ夫妻で営業、民芸風建物でポークカツ、生姜焼き、エビフライがおいしく、まるで益子定食のようにランチ専門で愛用した。

・益子を再評価した平野町長

平野さんとは「古陶里」でのまちづくりの会合でお目にかかった。場所が違ったかもしれない。

同年の建築家だから、益子の生活環境のあり方、陶器や林業など産業の姿や景観保全、観光振興について、まちの町医者として益子町《まち》を診断、共感を得た。

温厚な人格者である平野さんは日本酒の品質を鑑定するほど詳しく、全国に評判の愛知・関谷酒造「空」を、益子のご自宅書斎で賞味させていただき、恐縮した。

町長就任後、平野さんは放置された状態の浜田庄司邸周辺の環境整備はじめ、益子陶芸美術館・陶芸メッセ益子を本格的にリニューアルされた。

美術館は従来、某百貨店企画で全国主要産地の製品を展示していたが、展示品はどこでも手に入る市販品、各産地を代表する焼き物が展示されておらず、産地としての陶芸美術館の格をなしていないことから、学芸員を配置し、益子陶芸美術館のクオリティを確保するよう提案し、受け入れられた。

町長退任後は益子美術館館長を務め、現在は栃木県民藝協会会長として益子の未来につなぐ「益子エールプロジェクト」の代表として活躍される様子をＨＰで拝見した。生涯を益子文化のためにささげる星のもとに生まれた方といって過言でない。平野町政を助役として支えた「法師《ほうし》人《と》弘」さんは、益子陶芸美術館館長を務め、益子エールプロジェクトを平野さんと一緒に支えておられるようだ（ＨＰによる）。

・藝大の友人が多い益子

益子町に町長平野さんの弟さんが院長を務める平野歯科がある。その設計を藝大同期の親友田中敏溥さん（敏ちゃん）が手がけた。敏ちゃんは新潟県村上出身、一歳年上、藝大建築入学後、石神井寮で四年間、同じ釜の飯を食べた。大学院は茂木研究室だった。

平野歯科の建物では吉村順三と奥村昭雄の教えを忠実に活かしたＯＭソーラーの見本のような家をつくった。

子供のアレルギー体質改善のため東京から益子に移住した同期デザイン科服部さんの住宅を敏ちゃんが手がけている。設計した時期、施主の注文、敷地が違うが、コンパクトな木造グリーン住宅である。

敏ちゃんは住宅設計では住み手が間違いなく安心できる作家だと評価している、若手建築家のファンも多く、ご婦人層の人気が高い。人柄がよい、作品集が数冊出版されている。

ラグビー部三年後輩の陶芸家力石俊二さん（小田原高）が益子で作陶している。藝大卒業後、愛媛の砥部で学歴を隠して職人修業し、独立して益子で窯を持った。

益子の社会人ラグビーで活躍。二年上の兄克彦さん（私と同年、小田原高）が二浪で藝大ラグビー。その後を追うように弟も藝大ラグビーに。兄はデザイン、職人育成の専門教育にも携わる。仲のよい兄弟である。

力石さんのラグビー同期に河北秀也（アート・プロデューサー・藝大デザイン教授・退官）、中島猛夫（女子美デザイン教授・退官）、箕浦昇一（故人・藝大デザイン教授）など優秀な人たちがいる。類は友を呼ぶ。

ウ　まちづくり＋設計コンペ

益子町から「地域個性形成プログラム」プロポーザルの指名をいただいた（平七・一九九五年夏、五〇歳）。内容は「真岡線（民営）益子駅舎と駅前広場を中心に、高齢者・障害者福祉施設、市民交流施設の計画提案」である。地方分権推進時代における国土庁補助事業で、自主財源が少ない地方自治体にとって、国の補助事業が果たす効果、期待が大きい事業だった。

当初、益子町は「設計発注」を予定していたが、まちづくり団体を通して町政にかかわりのあった藤原さんが「施設の設計をまちづくりとして考えること。そのためにまちづくりと施設づくりの考え方の提案をプロポーザルで求めること、この分野が得意なアルパックにプロポの参加機会を開くこと」を益子町に進言し、私たちがかかわる道を切り開いた。この進言がなければアルパックが益子町にかかわることはなかっただろう。藤原さんはアルパックを理解して、益子町にプロポーザルを進言した大恩人なのである。

益子町は藤原さんの進言を受け、町長の英断で「設計発注」の方針を「まちづくり＋設計プロポーザル」に変更した。決まっていた発注方式を変えることは、行政では並大抵ではない労を要する。議会承認、商工団体、町長支持者、庁内手続きなど多数の関係者の調整がなければ実現しない。益子町はこれを実行した。

東京事務所はあるが、本社京都のアルパックが国内有数の陶芸の郷、益子町の指名を受ける競争に参加機会を得たことに感無量だった。もともと建築家である平野町長のご理解、藤原さんの応援あればこその奇跡的事態であった。

従来、益子町の調査・計画を担ったコンサルタントも指名を受け、プロポーザルに参加した。結果は幸運にも、アルパックが当選したが、評価は紙一重、それほど、公正な競争と厳しい評価の結果だったと、後に益子町関係職員からうかがった。

東京事務所は名古屋開設六年後（昭六三・一九八八年）、港区芝に所長を斎藤侑男（藝大建築二年後輩）さん、吹田駅前再開発の権利変換計画認可後に退職し、東京事務所開設で復帰した小林祐造さん（東海大建築、一学年上、小林さん大学同期に保育園設計専門、後に自ら保育園を経営する松井俊さん・尾関と同期入社）の支援で立ち上げた。

小林さんには入社間もない頃、京都で担当した八瀬野外保育センターの設計で、労組を優先した私の業務の遅滞を人材補強の応援でカバーするなど、大変お世話になった恩人である。今でも感謝している。

・近代と未来が交差する　益子門

益子のプロポーザルを東京事務所で取り組んだ。

小林さんの計らいでアレクサンダーの設計手法に詳しい東京在住の大久手計画工房伊藤雅春さん（名工大建築高橋研）の助言を得た。

計画全体は益子駅前まちづくりの方針に始まり、真岡線沿いに駅舎と駅広を設置、北に既存福祉施設、南に交流施設と語り部の広場を挟み、児童・障害者・高齢者の福祉施設を連続的に配置した。

駅舎は木造瓦葺の大屋根、その側方両側に益子町近代化の

益子駅・益子門（アルパック東京設計）前面の碑は藤原郁三さん制作

歴史と未来が交差するゲート「益子門」を益子町の顔・駅舎の象徴として建てた（平一〇・一九九八年竣工）。

個性的な表情を持つ駅舎として評判となり「関東の駅百選」に選定（平一一・一九九九年）されたことを知って、ほっとしている。ランドマークの塔が遠景から見える目印になることで駅舎の位置がわかる。

設計のチーフデザイナーは小林祐造東京事務所長、サブを益満誠さん、大久手計画工房伊藤雅春さんがデザイン助言者、私は全体監修、斎藤さんが照査技術者兼基礎調査と委員会運営を受け持つ体制で取り組んだ。

提案のためアルパック地域主義で益子町を歩き、町の社会的・地理的・空間的理解に努め、社内ワークショップで共有、プロポ提案となった（平七・一九九五年）。

このプロジェクトの後、小林さんが益子町担当として計画をフォロー、「地域活性化計画」（平一〇・一九九八年）、真岡線「七井駅舎設計」（平一一・一九九九年）を受けている。益子町の職員にも信頼を得ていた。小林さんはかゆいところに手の届くサポートをしていた。

益子駅舎と七井駅竣工からおよそ四半世紀、施設の修繕が必要な時期に来ている。工務店任せでなく、設計者のケアが必要である。益子町を担当した小林さんであればフォローできるが、今のアルパックでは対応が難しい。維持管理の支援ができなくては設計事務所としては意味がない。設計業務をする限り、ローカルでの対応が必要となる。アルパックの仕事のケアをどうするのか、決断が必要だ。

・益子ハイブリッドの土

益子で、ある作家さんの作品を拝見したとき、信楽っぽい土であることが気になった。他の作家さんの作品にも信楽っぽい作品があった。信楽の土は、顆粒状の細かい石が混じるから、私にもわかりやすく、その肌合いで信楽ファンも多い。

土は、まぎれもない信楽であると、作家さん。益子に陶土商社が進出し、どこの土でも手に入るそうだ。

そう言えば藝大で陶器の友人から頂戴した上野（藝大）焼の器は、信楽の土だったと思い出した。

このことは、日本中どころか世界中、検疫が通れば、どこでも気に入った産地の土を使って焼き物をつくることができるということである。

益子の作家さんの作品で、現代の焼き物は土のハイブリッドが可能だという大発見をした。焼き物の世界ではハイブリッドは昔からあったのだろう。

二　善光寺　歴史的街区再生への試行

・全国市街地再開発協会からの紹介

地方自治体や建設会社、デベロッパー、コンサルタントが会員になっている全国市街地再開発協会（全再協）からご相談を受け、東京の全再協事務所を訪ねた。事務局職員から長野市善光寺門前地区の説明の後、初動期の再開発調査受託の可否を問われた。

全再協には京都駅八条口再開発でアルパックを推薦してくださった元建設省井上良蔵（西山研ＯＢ）さんがおられ、今回、委員を受け持たれるとお聞きし、お礼がてら、全再協のご相談をお引き受けすることにした。

テーマは「長野市善光寺門前大門地区」の再開発構想調査である（平三～五・一九九一～九三年・四八歳）。長野の善光寺は初めての土地。日本最古といわれる一光三尊阿弥陀如来をご本尊とし、創建一四〇〇年の歴史を持つ善光寺。宗派はない。

・式年の御柱、善光寺参り

令和四（二〇二二）年は七年一回の本尊ご開帳の年（前年コロナで延期）、四月～六月は盛大な行事がおこなわれた。

江戸時代から「遠くとも一度は参れ善光寺」と詠われ、ご開帳の年には、国内外から多くの参詣者が訪れる。調査のおかげで、参詣がかない幸運だった。

かつて民間の依頼で、諏訪湖のリゾート構想を立てたが、この時も諏訪大社御柱式年行事の年だった。

御柱式年行事は、興奮する祭だ。上社、下社に建てる樹齢二百年からのモミの木、四本を伐りおろし、新たに柱として建てる。この伐りおろしが荒々しく、毎年人が亡くなるほどの荒行事、余計に信州一円の信者、見学者は興奮する。

式年行事方式は、世界中にあるイベント実現の優れた仕組みだ。時間をかけて資金を集め準備をする。その過程が行事の本番を精神的にも盛り立てる。いかにも宗教的だが、よくできている。

・長野のハートランド善光寺

長野の中心市街地は北から長野駅に向かって南下がりの緩い傾斜地形で、善光寺とその南に天台宗二五院、浄土宗一四坊からなる三九の宿坊が仲見世通を挟んで続く。ここは善光寺参詣・宿泊・観光に特化した中世から生き続ける長野のハートランドである。

善光寺から長野駅までのおよそ二kmが善光寺表参道商店街、中央通りと権堂、千歳通で長野市中央通活性化連絡協議会を構成する（HPによる）。

長野市は、善光寺周辺地域の交通混雑緩和のため、ゾーン規制（区域で交通規制をおこなうこと）を考え、そのための街路網再構成の一環として再開発を進める構想があった。

・再開発と歴史的町並みの保存

長野市の指示で計画委員会を構成した。信州大学岡村勝司教授（藝大建築三年先輩・横国大）に委員長をお願いし、委員は建設省、長野県・市、全再協、地権者から委嘱した。建設省からは都市局再開発課大澤佐代里さん、全再協からは井上良蔵さんが委員となった。

岡村先生は本格的な都市計画研究者で善光寺周辺の歴史的景観は保存すべきであり、再開発には賛同されていなかったと思う。委員長をお願いにうかがった際、近隣の有名建築家による外装に瓦を付けた高層住宅に対し、ああいう例が一般受けして、地域の歴史的町並みを破壊すると嘆いておられた。

先生の再開発への嘆きに対し、アルパック流創造的再開発論の観点から「遺す～替える～新しくする」視点で「町並み保存＋再開発」への意見を申し上げ、岡村先生を悩ませたに違いない。

長野のまちの再生を真剣に考え続けてこられた岡村先生に対して語る後輩の言葉に、「まちは変わらなければ生き続けられないのか」と、先生はつぶやかれた。胸が痛む思いだった。

権堂（落ち着いた飲食街、緩やかな傾斜と曲線の路）の瀟洒な小料理屋で飲みながら、岡村先生指導で小澤尚さん（故人・藝大三年後輩）が絵解きでシーンをまとめたまちづくりレポートを拝見、ここでもまた、目から鱗が落ちた。「まちづくり紙芝居」の説得力に気がついた。以後、まちづくり紙芝居方式を多用することになる。

地権者の意向把握のため、長野市のご紹介で伝統的建築の老舗を訪問、保存と再生のご意見をうかがった。

東京の美大で学び、長野に戻った家具屋の若主人と創造的再開発で意気投合したことが印象に残る。

検討委員会には町並みの表《おもて》を遺し、敷地奥を中高層住宅として高度利用する「町並みファサード保全型再開発案」を提案した。

再開発には建物を新しくするという固定概念があるから、こんな案は再開発ではないと強いご批判を頂戴した一方で、古い歴史を持つ同様のまちはどこも困っている、この案で再開発できるならすばらしいと建設省大澤委員から助け船があった。国は地方の悩みをよくご存じだと感心した。

二年次にわたる検討委員会は「町並みファサード保全・敷地活用型再開発案」で岡村委員長がまとめた。

検討途中のヒアリングで知り合った熱心な地元の再開発推進者には再開発の灯を絶やさないよう、まちづくり運動の継続をお願いしたが、その後、出不精で善光寺周辺の様子はわからない。

HPを見ると善光寺表参道商店街が活気を見せている。現場を見ずして評価する危険（宮脇檀先輩の反省談）を承知で言えば、再開発しなかったから町並みの賑わいが遺ったのかもしれない。

この仕事のアルパックチームは、総括担当の私の他、再開発計画の基本プランニングを東京事務所長の小林さん、現況調査と会議運営を名古屋事務所の田中一衛さんが担当した。

三　宇和島のシビックコア

ア　公共建築協会のお手伝い

「中部地方シビックコア地区調査」（愛知・岐阜・三重・静岡・長野、平一二・二〇〇〇年）、高山市シビックコア調査・計画（平一三～一五・二〇〇一～〇三年）を、公共建築協会（公建協）で国交省中部地方整備局営繕部（中部地整営繕）のお手伝いをした。

中部五県のシビックコア調査をきっかけに、毎年、各県を巡回する「公共建築の日」のシンポジウムや講演会などの裏方として公建協のお手伝いをしていた。

担当は公建協岡田さんお気に入りの剣持千歩（岐大土木・退職後名大森川研研究員）さんがフォローした。

岡田さんはスーパーZCのOBで、公建協に出向、調査の必要から元部下Yさん（名工大服部研）にコンサル紹介を依頼、アルパック尾関を推薦された。

Yさんは再開発コーディネータ協会勉強会「名古屋Qの会」でご一緒し、北九州黒崎再開発（商業核テナント撤退で再々開発）で零細借家人を一坪権利者とする仕掛けを進めた岐阜出身のコンサルタント善本さんの評価など、再開発の考え方で共感していた。

中部地方や高山シビックコアの調査で気心の知れた岡田さんから国交省四国地方整備局（四国地整）営繕部の調査支援の依頼を受けた。高松港のシビックコア地区整備に関して、学識者による計画検討委員会用に新しいオフィスビル事例データの依頼があり、岡田さんの懐刀として、高松の委員会データ作成にお付き合いした。主にアルパックの木下さんが資料作成を担当した。

イ　宇和島駅西シビックコア計画

高松港地区の資料作成に引き続き、四国地整の依頼、「愛媛県宇和島駅西地区パブリックスペース活用計画」の照会が岡田さんからあった。瀬戸内海の向こうまで、名古屋からでしゃばることに戸惑いがあった。

四国だからアルパックとしては大阪の受け持ちだが、従来の業務（パースデザイナーの佐合さんのスケッチ）が評価されたのか、岡田さんが使いやすかったのが本音だろうが、公建築との契約なのでお引き受けすることにした。

四国地整は、シビックコアとして整備された高松港合同庁舎（日建設計＋シーザ・ペリJV）にあるが、宇和島駅西シビックコアの検討を依頼された時は、まだ旧庁舎にあり、二～三度、打ち合わせにうかがった。

検討内容は宇和島駅西に建設予定の「①合同庁舎配置計画＋②駅舎一部改修計画＋③駅舎と合同庁舎に囲まれたイベントスペース」の提案である。お祭・イベント広場は得意中の得意のプランだから、意気込んで取り組んだ。お祭広場を中心とした提案は佐合さんのスケッチを多用し、喜ばれた。

・三度目の四国

四国には中学の修学旅行で瀬戸内クルージング（昭三三・一九五八年、一三歳）、アルパック入社後、ストレス解消で一念発起、バイク（ダックスホンダ五〇cc）で京都発～山陽道～瀬戸内を一周したのが二度目（昭四八・一九七三年、二八歳）、四国地整の宇和島調査が三度目（平一五・二〇〇三年、五八歳）である。

名古屋～宇和島間は、主に航空機と予讃線を利用したが、航空路線は予約の関係で日時を確定しにくい。後に建築家協会大会で徳島を訪問（高速バス、平二九・二〇一七年、七二歳）したから、四国訪問は四度になる。

半世紀近い昔話だが、バイクで瀬戸内を一周（貧乏旅行の宿代節約で西条市松島さん宅に一泊、お世話になった）。父上（地域郵便局長）が、松島さんの職業（地域計画コンサルタント）を理解できず心配されていた。自分でもその場で説明しづらく、同情至極であった。

帰途、淡路島で新建京都の合宿に合流。京都まで帰るのに千円札一枚を仲間に拝借、無事帰京できた。

突然思い立った無鉄砲な旅だったが、二〇代の私にはそういう勢いがあった。

・宇和島が誘う　外泊と内子

宇和島に向かう予讃線は大洲《おおず》を過ぎると南西垂れの急傾斜地、一面のミカン畑に入っていく。線路の敷設に難儀したろうと思われる急傾斜地である。

この風景を見て藝大建築科大学院外泊サーベイを想い出した。デザインサーベイ運動ピークの頃。益子義弘先輩（藝大建築教授・退官）中心の修作で、宇和島の南、太平洋に突き出た半島の四国対岸、内海に面する「石垣集落・外泊《そとどまり》」が見事に描かれていた。

この修作を見た時から、卒業制作の方向が決まった。以後は卒制対象地探し。地元愛知県庁を訪問、農村生活指導担当に調査がてら相談、愛知県額田郡千万町《ぜまんじょう》（現岡崎市）を地名の響きもあって選択した。

外泊の景観のよさは、近くの出身、佐々木敏彦さん（名工大高橋研、大久手計画工房、盈進高校設計監理でアレクサンダー助手）が知っていた。外泊の景観に共鳴、佐々木さんの設計姿勢とも共感して意気投合した。

外泊がきっかけで、以前に見た石垣の景観を想い出した。学生時代に自転車で越えた人形峠、伯備線車窓で見る中国山地の石積み段畑景観だ。石積は川上から川下まで共通する日本の技。といいつつ外泊に行ったことがない。いつか訪ねてみたい風景だ。

松山と宇和島の間、伝建地区「内子町《ちょう》」に帰路、途中下車した。大洲街道の要所、四国遍路の通過地で、和紙と良質な木蝋の生産で栄えた塗籠商家が軒を連ねる町並みは国の重伝建地区に指定（昭五七・一九八二年）された。内子を歩くと左官仕事が目につく。

商家の町並みは漆喰塗籠が多い。日本建築は大工の木の技と左官の土の技のハイブリッドなのだ。

町なかに芝居小屋「内子座」があり、明治・大正に活況を呈した街道のたたずまいを活かした暮らしが生き続ける。こういう町に住みたい。ここは町の外に鉄道・道路を通したから、町並みが遺る先見性があった。

・宇和島　旅の情けと酒

古い歴史を伝える城下町宇和島は、町並みも城も第二次世界大戦終戦直前の空襲（昭二〇・一九四五年七月）で、多くを焼失した。幸いまちの中心にある城は天守を残し、天守からまちを一望できる。普段は人影がない。宇和島を理解するため、一度だけ小高い城山に登った。

宇和島の主な産業は近海養殖などの水産、市内に県立水産高校がある。かつてハワイ沖で米軍潜水艦との接触事故に遭遇した「県立高校水産練習船えひめ丸」（平一三・二〇〇一年）水難事故の記憶が残る。

宇和島の郷土食をヒアリングし、城山東の老舗「一心」に予約なしに飛び込み、名物の「鯛めし」定食を所望した。一見でも大丈夫だった。

お椀の出汁につけた鯛の切り身を、熱いご飯に載せていただく。これが旨い。卵の黄身が出汁に入る。

元は漁師が釣りたての鯛を浜でさばいて食べた素朴な料理。ビジターズ価格としても十分満足。おすすめ。

愛媛は豊後水道で大分と面する魚介産地。豊後水道で獲れ、大分に上がる関サバ、関アジ、関イカが博多はじめ全国で評判。同じ水域でとれる魚は同じでも、愛媛側ではブランド名を聞かない。その差が不可解。

宇和島シビックコアは、間瀬さん、木下さんの三人で担当。まちづくりの紙芝居（スケッチ）作画は佐合さんである。

宇和島出張の夜は宿にじっとしていることはなく、土地勘がないからホテルから近い恵比寿町、中央一、二丁目を間瀬、木下、尾関の三人でうろついた。比較的新しい飲食ビル街があったが、夜が早く、遅くまでやっていて、安心して入れそうな居酒屋に出会えない。まちを知らないからしょうがない。

飲み屋街がしまりかけた夜半。人影のまばらな街角を鵜の目鷹の目、はしごで歩く。閉めかけている居酒屋を遠目に発見。急いで灯りに向かい、駄目元で声をかけると、「肴は何もないけど、飲むだけなら」と、おばちゃんの返事、一も似もなく飛び込んだ。

とりあえず、生ビール。「賄用だけど」と言って出してくれたさばきかけの四角い姿のカニ。名前を聞き忘れたが、飛び切り旨い。情緒が味付けしているかも。

宇和島ではおばちゃんの「旅の情に酒と肴」をごちそうになり、感動。八幡浜なら森進一「港町ブルース」だが、宇和島の歌は「旅の情け酒」か。

四　北九州市の都市景観形成

ア　職員から直接依頼　北九州市景観形成計画

名古屋市都市景観基本計画の公表から五年ほど経ったある日（平三・一九九一年、四六歳）、大津通の坪内ビル五階、むさくるしいアパート兼事務所の畳部屋に、北九州市計画局職員岡田孝博さん（岡崎市出身、都市美デザイン室主査）が突然訪ねてこられた。

北九州市で景観計画をつくることになり、調べた市町の計画の大半が名古屋市の計画を真似ている。コンサルタントへの委託は大元の名古屋の計画を担当したアルパック名古屋にお願いしたいということになったと北九州市の意向をお聞きし、びっくりした。

受託側が出向くのではなく、発注者が受託先候補にわざわざおいでくださった。正体不明の受託者の身元調査だったかもしれない。

涙が出るほどありがたいお話に驚いたが、名古屋市の計画のように、市全域の景観を計画する前提で、市域悉皆調査とデータ化を可能とする実施体制がなければ難しいと困惑した。

例えば名古屋の場合、県芸デザイン学生グループのサポートがあった。

どうするか困ったが、九州事務所があることに気がついた。副所長永田伊津夫さん（九大建築青木研、島田所長依頼で半年間、京都の私の部屋に同宿し業務研修）に相談、是非やりたいとの永田さんの意向を確認して、受託を決断し、北九州市に返事を差し上げた。

会社組織として考えると、この相談はフライングだった。副所長の意向は聞いたが所長糸乗さんの意見を聞いていなかった。返事を急いで気がせいた。

・都市再生に力を入れる北九州

筑後川筋の産炭地と八幡製鉄所を持つ産業地帯として、他の三大産業圏と比肩された北九州市は、明治・大正・昭和と日本経済を支え、隆盛を極めた。その情景が映画となり、演歌に唄われる。

エネルギー政策の転換により石炭が没落、鉄は高炉が国内に分散、八幡製鉄所跡は宇宙を遊ぶテーマパーク（現在、閉鎖）に変わり、北九州のかつてのポジションは見られなかった。

北九州市は門司、小倉、若松、八幡、戸畑の五市対等合併（昭三八・一九六三年）で誕生し、九州最大の人口規模を持つ都市となり、北九州・福岡大都市圏、北九州・山口大都市圏を形成するなど三大都市圏を凌ぐ都市圏となったが、後に人口は福岡市に次ぐ二位に後退（昭五四・一九七九年、ピーク約一〇八万人）した。

都市再生に力を入れる北九州市は国交省との関係が強く、景観形成基本計画策定時の末吉興一市長は建設族（東大法・建設省～国土省土地局長を経て市長。五期二〇年、「北九州ルネサンス構想」策定）、市の要職に国交省職員を配置。県庁所在都市・福岡市との対抗意識が強く働いていたようにうかがえた。

・祇園祭の心を汲む

毎年、七月になると祇園祭が近づいて、同じ日に開催の京都か、博多に行くか、落ち着かない。

仁治二（一二四一）年にはじまり、七八二年の歴史を持つ博多祇園祭は七つの流れ（運営組織）で運営される。

祭は七月一日からはじまり、「曳山笠」（七月一五日）、それ以前に流れごとに町内で「飾り山笠」を公開。以前の「不浄のもの入るべからず」の規制は今はない。

「曳山笠」は祭の華、水法被（上半身のさらし半纏）に腹巻・締め込み・曳き縄を持ち、地下足袋に脚絆の曳手装束がよい。とりわけ水法被に締め込みの引き締まった後ろ姿が眩しい。

絵になる。
京都祇園祭の前後、御輿渡しの担ぎ手も同様の装束、祭衆しか着用できない鯔背な誇りの姿。その姿のまま胸を張って祇園町に繰り出す。かっこいい。

補足　博多祇園祭　エピソード三題

①曳山の追い山を出発から観ようと櫛田旅館に一泊。午前五時出発前に目覚めたのは私一人、前夜飲み過ぎで皆熟睡、慌てて起こして櫛田神社へ。
②追い山は三〇分ほどで、櫛田神社へ戻る頃は、よたよただが、沿道から水がかかると途端に引手が復活。再び威勢よく走る。横で神戸の有名おかまクラブ一団（昔イレブンＰＭに出演）が声援。
③ある時、飲み過ぎて寝過ごしスタートに間にあわず、曳山帰還の「流れ」を訪ね歩いた。商店街の路上や町内集会場で、帰ってくる山笠のために若女将やご婦人たちがかいがいしく直来を準備している。何とも微笑ましい。
「男祭と見えた博多山笠は女祭」とわかった。後にこのことを書いた際、博多人から「よく見た、正しい」と感想を頂戴した。

イ　進化した北九州の景観形成計画

計画は市域全体の地形・自然・歴史・社会条件の解析に基づき、ゾーン、軸・際、重点地区の構成で進めた。北九州景観基本計画は名古屋から「進化」した。
①名古屋市は市域全域を景観計画基礎単位の「景観自立地区」で網羅した。北九州市は、「北九州は一つ」の考え方で、景観計画基礎単位は求められなかった。
②北九州では景観計画のアウトプットが重点地区（例えば小倉都心・黒崎副都心・八幡など広いエリア）の景観形成指針として位置づけ、それ以上に細かい計画地区単位が不要であった。
③北九州ではゾーンの重なる箇所を「際《きわ》」とした。これによって、ケヴィン・リンチ『都市のイメージ』における「エッジ」が揃い、水辺、緑地、工場地帯や商業地帯の縁辺、ゾーン重複部の景観の位置づけがしやすくなり、計画論的に大前進である。挫折した学会査読論文の二本目にこのことを書けば、私の景観計画論が明解になった。気づくのが遅かった。
④名古屋の計画では重点地区の計画は基本計画以後に策定される地区別の将来対応としたが、北九州では景観形成計画

の中心的なポジションとして一八の候補から選定された一一地区の重点地区形成指針の検討が要請された。名古屋と異なる点（現状＋計画）である。一一の重点地区を対象に地区ごとの指針のイメージを多くの人々が共有できるよう、以下の検討をおこなった。

・疑似パターンランゲージの挑戦

地区ごとに点線面の構成要素からなる「景観構造の地図情報化」で地区景観構想を図示し、次いでその構成を物語るためのパターン・ランケージ（アレクサンダーが住民参加のまちづくりに提唱）に触発された「景観の物語化」を試みる大実験だった（詳細は報告書、北九州市または私まで）。

地区景観の物語化を補足するため、全地区に共有されるガイドラインのパターンとして物語の共通イメージをスケッチ化（佐合スケッチ）した絵解きを添付した。

計画委員会神崎義夫座長（北九州大学名誉教授）には、「よくこれだけの言葉が出ますね」と、お褒めをいただいたが、北九州市の地区景観形成物語を驚くほど数多くクリエートできたと我ながら感心している。現場を「見て、感じて、熱くならなければ」こんなことは起こり得ない。時間を経過した今ならどうだろう。

・足で計画する景観

物語をクリエートする根拠は、市内主要地区、ゾーン、軸・際、計画対象地をほぼ隈なく歩いて、北九州の現状景観を目に焼き付けていた。これぞまさにアルパック流「足で計画する景観計画」である。以下、順不同、歩いた主な地区・地点を書き留める。

はじめに小倉城界隈と官庁街、長崎街道松並木～木屋瀬界隈の町並み、折尾駅周辺、学研都市の新市街地拠点、門司港・若松港のレトロ建築資源チェック、門司の海際に立つ日本最初の煉瓦ビール工場、玄界灘を望む海岸線・巌流島、門司と下関から関門海峡を観察、再々開発の黒崎、旧八幡製鉄社宅街、平尾カルスト台地、小倉港メッセ、昼夜駆動する臨海工業地帯（プラント地帯は夜景が美しい）、北九州空港予定地沿岸（平一八・二〇〇六年開港）、駅前モノレール（平一〇・一九九八年駅前乗り入れ）と隈なく市内を観察した。

可住地が少ない北九州市が斜面住宅で宅地を確保していることに現地調査で気づいた。長崎と似ている。

現地調査は北九州市都市美デザイン室がフォローした。調査機関の現地調査のための公用車使用は調査時間短縮に役立ち、市の心遣いに感動した。調査や委員会運営は山本博徳室長、岡田孝博主査、現地調査では平田淳一技師、藤村和生技師のサポートがあった。

名古屋とは少しカタチが違ったが、市職員との協働があればこそ、短期で充実した調査を実現できた。

ワーキングチームは、名古屋の私、九州事務所の永田伊津夫、高田昌幸、宮原眞一で取り組んだ。高田君は岩崎駿介筑波大教授（藝大建築先輩・飛鳥田時代の横浜市都市デザイン副主幹・景観担当）の教え子、その影響で途上国に井戸掘りに。今はどうしているだろうか。

・北九州は一つの想い

都市には多様な顔がある。それを表すのが都市の景観計画の役割だと考えていた。

五市合併からなる北九州市では合併後の一つの北九州市の意識形成を図る強い思いが行政職員にあった。

私たちの計画行程を進めやすいようフォローしていただいた都市美デザイン室山本室長から、他のことはさておき、「地域の個性を強調すること」が旧五市のしがらみを誘発しないよう一つの北九州市にこだわってほしいと強く念を押された。都市形成史と市民コミュニティ形成上もっともな意見だと思った。

計画の手法や構成は名古屋とは違ったが、おかげで地区の個性を計画に反映する方法が明確になった。北九州での疑似パターンランゲージ（一九七〇年代、アレクサンダーが住民参加のまちづくりのために提唱した、まちにとってよい空間の組み合わせ〔パターン〕記述方法）の試みだった。これを真似てパターンランゲージに一歩近づいた。

北九州では飲み歩き武勇伝はほとんどない。炭鉱最盛期の男町・小倉の怖さが先立ったかもしれない。今はそんな怖さはない。それよりも、博多で九州事務所の仲間と飲みたい意識が強かった。

・小倉・博多のタウンマーク　丸源

景観屋の習性で、タウン（ランド）マークが目につく。探す習性なのかもしれない。

小倉・中州の飲み歩きで、「丸源ビル」に目がついた。聞いてみると小倉では有名な飲食ビルである。小倉の老舗呉服屋さんが飲食ビルへの無借金投資の成功で財をなし、ついには銀座にも進出、という成功物語。このビル名を知っていれば中州・小倉では「通」。その程度には飲み歩いた。

五　鹿児島市文化工芸村

ア　鹿児島市教育委員会から

鹿児島市教育委員会から電話があった（平一〇・一九九八年、五三歳）。「鹿児島市文化工芸村計画」プロポーザルにアルパック名古屋を指名したいといわれる。

「アルパック名古屋が文化施策に関する調査実績が多かったので指名候補に挙げた」という理由だった。ありがたいお話。願ってもない指名で、即座にお受けすると返事した。

・プレゼン失敗もプロポ合格

プロポーザルのプレゼンは鹿児島市役所近くの教育委員会であった。初めての市からの指名で、普段より緊張していた。口の字、四周配列のテーブル三周には一〇人ほどの鹿児島市と教育委員会の方が着席、私は発表者席に一人で座った。

予行演習していたにもかかわらず説明予定の半分で制限時間が来てしまい慌てた。それでも質疑応答は和やかで、同情の雰囲気さえ感じた。

後日、プロポ当選の知らせ、プレゼンのミスで内心ダメと思っていたから飛び上がるほど喜んだ。

後でプレゼンの評価を尋ねると、説明時間は不足でも、何がしたいか明確で、計画に対する熱意を感じたから、審査員全員一致、発注が決まったそうだ。競争はわからない。

・火山国日本の典型地形　鹿児島

鹿児島は錦江湾を取り囲み、桜島を湾の核とする都市である。地形は火山国日本の典型、カルデラ湾とシラス台地。地史によると今から約二万九〇〇〇年前の噴火による始良カルデラ（湾奥）に海水が注ぎ込んでできた錦江湾を市域が囲み、約二万六〇〇〇年前の噴火でできた桜島が象徴的な錦江湾のランドマークになっている。

海際のカルデラそのものが都市。湖や湾のカルデラ例は他にもありそうだが、都市そのものとは珍しい。

調査中、錦江湾西の磯御殿、薩摩屋敷別邸を訪ねた。明治初年の建築、大政奉還後、殿様が住まわれた。名古屋の徳川園のような施設だ。よく保存されている。

ここから錦江湾越しに桜島がよく眺望できる。定時にイルカの群れがゆったりと湾内を往来する。運がよければイルカの回遊にお目にかかることができる。

桜島の噴煙は厄介だ。市内の景色は霞み、市街地には始末の悪い火山灰が積もる。

・「西郷野屋敷」近くの計画地

市の中心西、シラス台地の上、雑木林の中に計画地がある。近くに高校スポーツで活躍する鹿児島実業高校があり、しびれた。周辺は畑地と斜面地の雑木林。

その雑木林の奥に征韓論で敗れた西郷さんが家族と住んだ野屋敷《のやしき》（明六〜一〇・一八七三〜七七年）の農家跡が遺る。城近くの武屋敷《たけやしき》とともに屋敷というには狭すぎるところに西郷一族が同居した（ＮＨＫ大河ドラマに登場）。

後に西南戦争に敗れた西郷さんの自決後も、家族はここに住んだ。その跡が目の前にある。胸が熱くなった。

・かごしま文化工芸村の計画

現地調査で野屋敷跡に遭遇、これからかかわる新しい計画の前に、放置された野屋敷を歴史教育の場として保全すべきと教育委員会に進言申し上げた。

野屋敷周囲は、調査の時は、うっそうと生い茂る灌木やツタ類に覆われ、土中には野ウサギかタヌキ、キツネなど小動物の巣穴があるだけ、人の手の入らない湿気の多い里山だった。こういうところに征韓論敗北後の西郷さんが隠れ住んでいた。思えば痛ましい。

そこから少し下がった雑木林と野菜畑の一帯が「かごしま文化工芸村」の計画地である。まだ見ぬ雑木林の主・獣と虫さされにおびえつつ、現地調査を進めた。

計画地は小さな盆地の水路《みずみち》で、施工時の排水を考慮しながら配置計画を検討した。

教育委員会は用地買収を進めたが思うように進まず、タイムリミットで配置計画を進めた。

文化工芸村は市民要望をもとに、藝大とアルパックでの計画経験を活かし、陶芸、木工、染織などの工芸実習室と貸アトリエ、学習室、展示室として提案。私たちの任務は基本計画・設計まで。

実施設計は京都事務所の山口繁雄さん（鹿大吉野研・定年退職）の友人、地元の新建築設計事務所が担当した。山口さんによるとアルパックの複雑な基本設計を実施設計にするのは大変だったらしい。ＨＰを見ると、文化工芸村は相当活発に利用されている。プランナー冥利に尽きる。

竣工式で市長さんから感謝状がいただけることになり、担当した間瀬さんが私に代わって鹿児島に出かけた。設計では多いが計画業務で感謝状はめったにない。

基本構想として受けたが、発注者は構想〜基本設計と位置づけていたようだ。おかげで表彰状を頂戴した。

・天文館で鹿児島を味わう

教育員会に打ち合わせの道すがら「コメの蒸しパン」（か

るかんの一種）を売る専門店を見つけた。気に入って、毎回、出張の帰りがけに土産に買って帰った。見た目は単純な三角の米の切りパン、あっさりとした薄めの甘味に湿り気のあるもちっとした感触がよい。

出張泊まりの夜は「食と酒」を楽しみたくて「天文館」を徘徊した。天文館は鹿児島市の中心、典型的な商店街商業地である。天文館を横断する高見馬場通は市電が通っていてうれしい。通りの西側が全国の商店街でも有数のアーケード街、物販中心の昼の町、老舗物販店、高級レストランや料亭・飲食店もある。

東側が飲食中心、夜の男町、遅くまで酔客で賑わう。深夜になるとタクシーより「運転代行」の車が多く集まる。全国、どこでも見られるが、大都市圏とは異なる「地方中核都市」の夜の特徴と診断した。

・天文館のエピソード

その一　きびなご　初めての鹿児島、一見で小さな居酒屋の暖簾をくぐり居酒屋の戸を開け、カウンターでおばあちゃん相手に一人、飲んでいた。後から入ってきた海外帰国途中の一人客、いち早く日本酒が飲みたくて、鹿児島で降機、飛び込んだこの店で、熱燗と肴にきびなごの刺身を注文、「うまい！」と感動して飲み食べる姿に、負けた。あおられて私もきびなごを追っかけ注文した。

その二　伊佐錦　居酒屋の白に藍染の暖簾をくぐった。生ビールを注文。鹿児島実業出身、元野球選手だった若大将に、地元の人が飲む焼酎銘柄を聞いたのがきっかけで、「伊佐錦」の水割りをごちそうになった。

焼酎代はただになったが、そのことが原因で、若大将と若女将がもめている。悪いことをした。

その三　馬刺し　熊本名物「馬刺し」の品書きの店の暖簾をくぐった。カウンターだけの落ち着いた店。メニューが馬刺しのせいか飲み代は少々高かった。

その四　なんでも二千円、飲み放題

知らない町の飲み歩きの常とう挨拶「私でも飲めますか」と尋ねる。断られることはめったにない。

カウンターに夥しい数の「焼酎・日本酒・洋酒の四合・七二〇ミリリットル瓶」。「何杯飲んでも、つまみ、カラオケ歌って二千円、飲み放題」で喜んだ。出張族にはリーズナブル。店は高齢夫婦、色気なしの営業である。

名古屋市中区の下園公園・観光ホテル・御園座・白川公園を望む

第8章 国を越えて

アジアと生きる知恵

名古屋空港を拠点とするFDAの離陸

一　シンガポールからの誘い

（一）シンガポールの都市事情

「早く来い、なぜ来ないんだ」。シンガポールで貿易商を営む知人（京都出身）Ｆ氏から、誘いの電話が毎日のようにかかってくる（平二・一九九〇年、四五歳）。

マレーシアで開発案件があり「ビジネスチャンスだから、一日も早く現地に来てくれ」、「こんな儲かる話にのらないのはおかしい」とまで言う。

この手のバブル話は要注意と心得、セキュリティー役の助っ人通訳に森田さん（霜田さん設立のアルパックインターナショナル社員、元ＪＩＣＡ職員）をお願いし、シンガポールに向かった。海外営業は初体験である。

・開港間もないチャンギを利用

チャンギ空港第二期開業の頃だった。後から思えば世界有数の最新空港として整備構想が話題となり、一年後に「中部新国際空港のコンセプトワーク」を依頼される（平三・一九九一年、四六歳）のだが、この時はその発想もなく、チャンギ空港計画資料を収集して帰る余裕は全くなかった。空港体験の記憶すらはっきりせず、使いものにならない。

シンガポールはインド洋～以西の地域と東シナ海～太平洋地域の接点、西洋と東洋の物流と経済の中継点として歴史的に重要な位置を占める都市国家である。今回訪問の依頼者Ｆ氏はシンガポールの経済立地を見て、オフィスを置いていたに違いない。

・多人種国家シンガポール

かつてイギリスの植民地だったシンガポールは、その経済的地理的位置から中国・マレー・フィリピン・インドネシア・インド・アフリカ・イギリス・ポルトガルなど多くの人種が暮らす国際都市である。

町を歩けば異人種に出会う人種の坩堝、ＮＹのようだ。入国後、森田氏の友人が勤務する警察署に同行した。インド人の警官が森田さんと私を歓迎。パトカーの脇で会話中、くわえ煙草。シンガポールは公共空間では禁煙と聞いていたから、大丈夫かと尋ねると、俺が警官だから大丈夫と公言。この国の公と私とはいい加減さでバランスしている、と入国早々に納得した。

・持続的成長のシンガポール

一九世紀、ラッフルズの築いた東インド会社の植民地を基礎に、一九六五年のリー・クアンユーの独立宣言以来六〇年弱のシンガホールは、短時間で衝撃的な成長を遂げている。今、思えば、都市国家シンガポールの成長を詳しく観察しておくべきだった。

後述するマレーシアでの「いかがわしい開発ネタに振り回された珍道中」はそれなりに漫画のようで面白かったが、それがなければシンガポールを経由しなかったのだから、これも一つの異国との出会いと感謝した。

日本のバブルの末期頃に見たシンガポールは、チャンギ空港整備（ターミナル四、平二九・二〇一七年、ターミナル五、令七・二〇二五年予定）、地下鉄（昭六二・一九八七年開通）延伸、新交通（平一五・二〇〇三年開通）整備、ロードプライシング（道路使用に料金を徴収する）など都市交通政策でも知られる。

シンガポールの街ではチャイナタウンの保存・再開発はじめ商業開発が進んでいた。日本の伊勢丹が進出したオーチャード店（昭五四・一九七九年開店～平二七・二〇一五年閉店）を覗いたが、緑の公共空間と隣接するダイナミックな都市空間、ファッショナブルな商業環境に目を見張らされたものの、その伊勢丹も撤退。カジノとホテルが一体の総合リゾート、マリーナ・ベイ・サンズ（平二二・二〇一〇年）の開発はこれより後になる。

・メイドを使う途上国富裕層の生活習慣

東南アジアでは高所得のシンガポールでは、フィリピンやインドネシアなど近隣国、低所得層の若い女性をメイドとして使用することが社会慣習となっているようだった。

メイドを使うことは東南アジア途上国の富裕層、外国人居住者に共通する（都市整備公団からＪＩＣＡでインドネシア政府に三年間、都市開発の技術指導で出向していた今野さんから「居住地コミュニティとセキュリティーのために、外国人居住者はメイドの使用を推奨された話」を聞いていた）。東南アジアでの所得階層の格差は大きい。

セントサ島（シンガポール最大の都市公園）に「第二次世界大戦、日本軍降伏のジオラマ」（博物館・日本軍の占領を未来に伝える施設）を見に行った日、島はフィリピンのメイドさんたちの休息日「フィリピンデー」フェアで、多数の若いフィリピン女性で賑わっていた。

途上国は人材供給を輸出資源として生きていた。今も続いている。セントサ島のイベントは、その象徴的風景だった。

（二）マレーシア　いかがわしい開発候補地

・マレー半島を車で縦断

マレーシアの目的地は古い都市マラッカ。マレーシアとの国境、ジョホール海峡を超えＡＨ２（アジアハイウェイ２号線）を二〇〇㎞北上する。そう遠くはない。

一行は一台の車にＦさんと案内人、私たち二人、もう一台に現地人が乗った二台でシンガポールを出た。

車で国境を越えるのは初めての体験。いくらか緊張したが、検疫官は慣れているせいか、パスポートを見るだけで終わり。至極簡単である。

ハイウェイとはいっても日本のように整備された高規格道路ではなく、中央二車線（片側一車線）舗装、両サイドは砂利の平面道路。こういう道路は日本のＯＤＡで整備されている場合が多い。どこまでも整然と植林されたゴム林が続く。樹高は三〇ｍ程度、ハイウェイはその木陰の中を真っ直ぐに通る。いかにも植民地の道だ。

マレー人らしいイスラム帽をかぶったホンダのバイクと時折行き交う。そんな時、マレー半島に来たんだなと実感した。

・イスラム＋漢字　ハイブリッド文化

ハイウェイを北進すると適度な距離で軽飲食できる簡易な茶店が沿道の林の中にある。マレーシア版・道の駅。コーヒーはインスタントの樹脂カップ売り。

時には生鮮食品やテラコッタの焼き物を露天で路地売りする辻と交差する。元祖、商店街。

焼き物の路地売りは日本の焼き物産地の露地売りとも似て、なぜか懐かしい。

マレー風串焼き屋台と中華料理屋台に入った。以前、香港の大衆中華店の体験と同様に、食べ残しの骨、串を床に吐き捨て、残飯は溝に流すから河川にはヘドロが堆積する。生活習慣だから現地人は何とも思わない。それでマラッカ海峡がコバルト色である原因がわかった。陸から垂れ流しの河川のヘドロが流れ込んで、青く澄んだ海もコバルト色になる。

マレー半島は服装からはイスラム文化圏だと思うが、商店街は中華系（華僑）が多く、まちの風景に漢字表現が多いので、日本人の私には安心感がある。マレーはイスラム＋漢字ハイブリッド文化圏なのだ。

・満潮で沈む怪しげな開発候補地

開発候補地の現地調査はシンガポール到着三日後。バブルの悪徳ビジネスドラマもどき珍道中だった。

①過去に資金不足で開発を断念した川沿い用地。ホテル計画図面が遺る。使えそうなのは唯一ここだけ。

②小舟に乗ってマラッカ海峡沖合、満潮時には地面が海に沈む小島、お勧め候補地、これが？
③売り出し中のRC打ち放し安建築コンドミニアムとゴルフ場。都合、三カ所に案内された。
視察後、交渉の場所を設けられ、全員同席の上、書類にサイン。「要望の一つは開発用地の開発権を持っているので、デベロッパーを紹介してほしい。二つ目は、コンドミニアムをゴルフ場会員権付きで買い手を紹介してほしい」ということだ。

森田さんの通訳を通した当方の返答は、「デベロッパー紹介にはレポートが必要、作成費一万ドル事前払いを条件にレポートを作成」。「ゴルフ場会員権付きコンドミニアムは日本はゴルフ場が過剰、かつ当該コンドミニアムの建築が粗放で居住水準が低く、買い手を紹介できない」と返答、双方サインした。

マレーシアから帰国して一〇日ほど後、現地から「候補地の開発権がなくなったので今回の話は残念ながら中断する」と英字の手紙が来た。

案の定、断りの手紙が来ただけまし。前渡金一万ドルは当方には安いが、先方には簡単に用意できなかったのだろう。一万ドルがビジネス対価として問題だったのではなく、それを用意できるかできないかが、彼らの信用を判断する私の物差しだった。国境を越えて、危ない話には乗れない。同行したシンガポールの知人にはよくわかっただろうと思う。

(三) アジアに見る日式

・日式とはわかりやすい

ポルトガル占領時代の煉瓦の町並み、古い町マラッカに泊まった。マラッカの町並みを見て歩きたかったが、地元のおじさんたちに案内されたのは現地の若者が集まるディスコ。なぜかイスラムのにおいはしない。遊んでいるのはマレーシア富裕層の子息たちだろう。

女性が席について接客する酒場に移動した。こういう飲食店を「日式」と言うと聞いた。店の中が埃っぽくて艶がない。落ち着かないのは言葉が違うからか。

日本人には漢字文化圏（中華圏）はわかりやすくて安心だ。アバウトだが意味が読み取れる。

ところで、誰が、何を指して日式と言ったのだろうか。以前、香港でも日式を見かけた。それはジャパニーズ・スタイルの意味らしかった。それにしても意味を直訳できそうな言葉だ。多分に風俗色が強い。

二　カンボジア　復興への試案

(一)　同業仲間からの相談

ランドスケープデザインのエンジニア野田さん（名工大・元宅研、京都在住）から、「知人からカンボジアの観光開発の相談がある。社会開発や都市開発にも関係し、手助けが必要。相談にのってほしい」と話があった。

話はアンコールワットのあるカンボジア・シェムリアップ地域での観光開発の企画である。

相談主は日本で再開発事業のコンサルタントに関わるHさん、日本での仕事の収益からベトナムやカンボジアの地域開発に資金を投入する投資型開発のベンチャープロデューサー。リスクが高い国際貢献に挑戦する姿勢に痛く感心した。しかし危険が大きい。

大阪駅近くのホテルで野田さんと一緒にお会いして、Hさんが取り組むカンボジア・シェムリアップの観光地域開発のねらい、戦略をお聞きした。

リスクは高そうだがシェムリアップ地域にとって開発ニーズは高く、カンボジアのためにも社会貢献度の高い有意義なプロジェクトとお聞きした。

(二)　アンコール遺跡群とは

・アンコールの遺跡群　シェムリアップ

行ったことはなくても、名前は知られているアンコール。いつか機会があれば、行ってみたいと思っていた。

千年の石造遺跡群と、これを破壊し、知識人はじめ数百万人を虐殺したクメール・ルージュとポルポト政権の独裁から解放され、今、世界の支援で復興途上にある。日本も官民で支援している。

カンボジア最大の観光拠点であるアンコールワットは群をなすアンコール遺跡地帯の一部である。どの遺跡もよく似た石の遺跡で、全体をアンコールワットといっても大きな間違いではない。

アンコール遺跡があるシェムリアップはカンボジア北西部の州とその首都の名前である。

東南アジア最大のトンレサップ湖（雨季の面積が乾季の三〜四倍・メコン下流で接続）の北東に位置し、アンコール遺跡群を対象とする観光地とその周囲に広がる肥沃な農漁村地帯。農村風景を象徴するように広大な穀草地で茶や白の農耕牛がのどかに草を食み、水辺では黒い水牛が荒々しく仲間の牛と戯れる。

アンコール遺跡群のあるシェムリアップ地域は、州の面積一万二九九㎢、カンボジア全体のおよそ六％、推計人口（調査での上方値）はカンボジアで一七〇〇万人、州で約一四〇万人、市でおよそ一五万人、首都プノンペンより小さい国内五番目の地域。

人口急増（復興）地域でカンボジア観光一〇〇〇万人時代（調査時推計七〇〇万人）を迎えようとし、地域～社会開発の伸びしろが大きいことを予想した。カンボジアでは日本の国勢調査などの統計調査が遅れていて、人口はじめ統計データを集めるのに苦労した。

アンコールワットで撮影した写真をフェイスブックに投稿して大きな反響があった。何人かの方から「生涯に一度は行ってみたい」という感想を頂戴したほど絵で見るとロマンチックな遺跡地域である。

入国は通例、観光目的と書くが、調査のための短期滞在で、シェムリアップ地域の調査に時間を取られ、アンコール遺跡群は帰国前日の半日、車付ガイド兼通訳の男性を知人の紹介でお願いし、おかげで足早に回ることができた。当時は人件費が安く、ガイドを雇う（地域貢献、安心安全）ことが安価でできた。

アンコール遺跡群はおよそ九〇〇年前に建てられたヒンドゥー教寺院の石造遺跡、一六世紀後半に仏教寺院に改修、その後、クメール・ルージュとポルポト独裁政権に破壊されたが、なんとか生き続ける歴史文化遺跡、いわばハイブリッドの宗教歴史遺跡である。日本の奈良・京都の古社寺に比べると歴史は浅い。

アンコールワットをお参りした時、雨季特有のスコールに出会った。たたきつけるような雨が一時間ほど続く。傘がなく史跡の寺院の中に駆け込み、雨宿りに籠る。そんな観光客が多い。目前の遺跡が雨しぶきで見えにくい。雨が上がるといくらか過ごしやすくなる。

雨季だから四六時中雨が降り続くのではない。男性的なカンボジア雨季の実感がわいた。いい体験だった。

・アンコール遺跡群とは

「アンコールワットとその周囲の宗教遺跡、都市遺跡による遺跡群の総称」をアンコール遺跡群という。

その中で「アンコールワット」は壕で囲まれた東西一・五㎞、南北一・三㎞、アンコール遺跡で最大の宗教施設。良く写真に出てくる三本の尖塔状石塔（お堂）がカンボジアの国の象徴になっている。

城門への道 アンコールトム

アンコールワット　風の薔薇

アンコールワットの北、四周に橋と門を持つ幅一〇〇mの環壕に囲まれた三km四方の巨大な森のような寺院と王宮の都市遺跡「アンコールトム」。

遺跡内には樹高二〇～三〇m（ビャクダンやガジュマル）の林、半径が一〇m以上ある巨大な樹形の樹木（外来樹・レインボーツリー）のある広場（駐車場）、城郭の中心バイヨン寺院、その周囲の象の彫刻が施された石造王宮跡などからなる広大な「城郭都市遺跡」。

観光客は二輪バイクのトクトク、バイク・タクシー、自転車を利用し、時には象の背に揺られて場内を観光（現在は動物保護で中止）する。徒歩でくる人は少ない。

映画『トゥームレイダー』で知られるガジュマルの根が石

造寺院を覆う「タ・プローム」。ここは幻想の世界。多数の人が居るから恐怖を感じないが、一人なら怖い。

アンコール遺跡群の東西の「バライ」（巨大灌漑池）はアンコール王宮都市を支えた生活用水の灌漑ダム、一〇〇〇年前の灌漑都市の知恵、歴史的水利遺跡である。今も水遊びのリゾートとしてシェムリアップの人々に楽しまれている。

アンコール遺跡群は、このように宗教と王宮都市の生活遺跡が集積する希少な都市遺跡群である。

（三）メコン流域の生活文化圏

・トンレサップ湖と遺跡の生活圏

地域はトンレサップ湖にそそぐシェムリアップ川、ロリュオス川の流域、プノン・クレーン山上聖地遺跡を最上流に、下流にアンコール遺跡群が展開する。

現地調査に備え、以下の枠組みで文献調査をおこなった。

①精度の高い公式地図を使う

最新カンボジア国土地図（デジタル情報・JICA協力）を野田さんが入手、この地図を入手できたことで調査がリアルになった。地図は神様。

②地域に関する学術研究を参考にする

カンボジア復興に関わる膨大な国際的学術調査（HP）を検索、必要データを参照。日本はじめ世界の調査研究報告を閲覧、大変参考になった。

③アプサラ審査適合を調査水準とする

私たちの調査は「ZEMP」（ユネスコ地域環境管理計画）審査（環境保護・管理機関アプサラ審査）の適合を計画の目標～基準として取り組んだ。

苦労したおかげでメコン川流域生活圏、その支流域トンレサップ湖とカンボジア、トンレサップ湖北東シェムリアップと河川流域のアンコール遺跡群と生活圏、そこに至る一連の地理的ネットワークを把握した。

アンコール遺跡群をコアとするシェムリアップ生活圏についてはじめて知ること、体験が多く、あたかも青春時代のように、辞書を片手に訳語、検証しながら、夢中になって勉強した。久々に熱くなった。

統計が整った日本での計画は地理・歴史・社会状況の把握は当然だが、資料の有無が不明で、簡単には手に入らない東南アジアについて地域解析をおこなうことになるとは、夢にも思っていなかった。高齢者が久々にワクワクする新鮮な学習機会となった。正確な公的地図が計画の原点である。

アンコールワットの観光地図では「地域の自然・地形、歴史と遺跡、観光・農業の関係を体系的に読み取ること」が困難で、それを解明できたのは手前みそだが、私たち調査の画期的な成果であった。正確な公的地図が計測の原点である。

・シェムリアップの賑わい

アンコール遺跡群のあるシェムリアップは首都プノンペンとともにカンボジアの主要観光地である。

シェムリアップの入込観光客（観光統計用語、地域を訪れた観光客のこと）は、年間約二〇〇万人とみられるが、近年中国、韓国、日本などアジア系観光客の増加が顕著だ。コロナの影響で一時的に減少している。

二〇世紀初頭にはフランス植民地だったから昼からパブに出入りする白人を見る。バックパッカーだろうが髭面が多く、不安な印象を持った。

参考　シェムリアップ　歩き方の情報

シェムリアップ地域観光に行く方のため、少し観光ポイントを書き留める。市販の観光案内にないことが多々あるので留意されたい。

拠点観光

①トンレサップ湖の水上観光

岸辺の船着き場から水上住宅、漁業、水上レストランを巡る。有料、詳細は現地確認。

②アンコール遺跡群（既存案内・解説多数）

アンコールワット、アンコールトム、タ・プローム、バライなど　既存の観光案内が詳しい。

市街地の観光ポイント

③国道六号　シアター・レストラン街

シェムリアップ空港から国道六号（タイに向かう日本ODAによる道路）沿道がホテル、シアター・レストラン街。

④オールドタウン観光センター

国道六号から南、シェムリアップ川沿いのオールドタウン、生活と観光が混在する市場を核とする観光センター。レストランやカフェ、パブが軒を連ね夜が賑わう。昼はテラコッタの赤い土埃が煩わしい路は、夜はピンクや黄色、赤のネオンの風俗街に変身。バイク・タクシー・トクトクが足しげく行きかう。

⑤ローカルな暮らしを見る市場

市場はカンボジア・シルク（路端機織りも見る）、観光Tシャツ、化粧品、装飾品、バッグ、履き物、菓子など、ひしめく中に美容院、セラピー、マッサージ、ネイルショップの生活サービスが混じる。水道がなく貯水タンクで水をくみ、洗髪する。ゾーンを区分し、野菜、魚類、鶏、肉類など生鮮品が売られる。路地に所狭しと魚を並べる。メコン流域、トンレサップ湖に近いシェムリアップは淡水魚の水揚げと消費が多い。カンボジアは動物性蛋白質の過半を魚類で補うといわれる。マーケットの裏通りがレストラン・バー街。店先でミストを出しているのがカンボジアらしい。中心街の近くにマダムサチコのアンコールクッキーの店がある。ぜひお訪ねください（詳細後述）。

⑥のどかな農村地帯はカンボジア将来発展の宝

シェムリアップ北部内陸地帯は、広大な未開発農地。カンボジアの将来の豊かさを期待される土地である。

（四）カンボジアのインフラ事情

カンボジアはアンコール遺跡でロマンチックな印象が強いが、人々が暮らすカンボジアの現実は厳しい。

①電気がない

街に大小さまざまな発電機が路上に置いてある。ホテル近くに多い。カンボジアは国内で電力供給できず、タイから買電。供給が不安定で停電することが多いから自前発電機で自己防衛する。日本メーカー製がほとんど。地下資源も現状調査では少なく、西部沿海部に期待されるが、開発の見通しはない。

②水がない

シェムリアップの一部地域は日本のＯＤＡで機械メーカーが地下水汲み上げ式上水供給するが、大半の地域は上水がなく、井戸の汲み上げだから地下水位が低下する。アンコール地域ならシェムリアップ川、ロリュオス川、トンレサップ湖からの灌漑用水開発に期待する。私たちの構想ではその提案を含んでいた。

③下水がない

下水道がないから汚水は河川に垂れ流しである。マレーシアのマラッカもそうだった。ほっとするのは政府ＯＤＡや複数の日本の自治体、ＮＰＯが下水処理方法の研究、人事交流を進めていることである。

④ゴミ焼却場がない

機械焼却施設がなくほとんど埋め立て処分である。ゴミ山のチルドレンはカンボジアにもいる。身近なことから、小さく解決して大きく積み上げていきたい。

⑤学校、病院建設に日本の支援

カンボジア復興には世界から支援が寄せられている。シェムリアップでは日本からの「小学校建設、医療施設建設への支援」が目についた。おかげで、肩を狭くせずに胸を張ってまちを歩いた。

このような厳しいインフラ事情にも関わらず、カンボジアの人たちは皆明るく、屈託がない。船着き場で近寄ってくる子供たちも人懐っこく、かわいかった。都市化した暮らしを知らないことの良さだろうか。

・シェムリアップの食事情

朝食は日本のホテルと変わらないバイキング、昼と夜はH氏のビジネス・パートナーA氏（ベトナム系カンボジア人）が経営する中華料理店、調査途中やジャングルの中の茅葺リゾート・レストランだったが、鯉のような淡水魚料理とチャーハンが多く、パクチーや香辛料が効くタイ料理に似た味だった。

カンボジア料理に飽きるとシェムリアップに一軒だけの日式居酒屋で刺身、天ぷら、焼き鳥、おでん、味噌汁、おにぎりなどで胃を休めた。

どこでも酒はアンコールビール、アメリカ風の軽いビールだった。これが結構旨い。

（五）アンコールの光と影

・昼のマーケットは夜の風俗街

A氏の中華飯店の奥は、夜はけばけばしいイルミネーションで飾ったパブに代わる。バーテンは若い男、客待ち顔の若い女性が数人ずつ固まってたむろする。

カラオケ・パブも若い女性がたむろしている。カラオケ・パブでは歌を唄うのは二次的、客が気に入った女性がいればお持ち帰り（店外デート）できる置屋（女性を抱え、派遣する店）だという。

A氏の話によるとカンボジアの農村には若くして結婚、子供ができ、男が逃げてシングルマザーになった女性が多い。働き口は簡単にはないから都会や観光地に出て、風俗業に足を突っ込むことになるらしい。

ちなみにカンボジアの産業が未成熟で雇用力が低く、若い男も観光ガイド、トクトクやバイク・タクシーの運転手などで不安定な収入を得る。つまり、カンボジアの雇用事情がシングルマザーたちをお持ち帰り産業に向かわせることになっている。

『スマート・テロワール』（学芸出版社記念講演で、松尾雅彦さん〔カルビー二代社長〕が提唱する農村自給圏構想を拝聴）と問題意識が共通している。

農村に女性の働く場があれば、都会に出てシングルマザーになる動機と危惧が減る。そういう社会の仕組みを今回開発構想でカンボジアへの提案の背景として取り込もうと考えていた。社会改革意識が働いた。

・女性の自立に挑むMサチコ

このことに立ち向かった若い日本女性の起業家がシェムリアップにいた。「マダムサチコ・小島幸子」(Mサチコ)さん、カンボジア女性の働く場「アンコールクッキー」開業者(平一六・二〇〇四年)である。

内戦の爪痕が残るカンボジアに移住(平一一・一九九九年)、観光ガイド、日本語教師をしながら、女性の働く場所、自立できる仕組みを求めてアンコールクッキーの製造・販売をはじめ、シェムリアップの名物になった。その後、土地を購入、養蜂事業はじめ、ゆくゆくは人を育てる学校づくりをめざしているという。

今では女性アントレプレナー(社会意識の高い起業家)として日本でも有名になったMサチコを知り、早速、ご挨拶したく、カフェ併設の店を訪ねた。

Mサチコには、お目にかかれなかったが、カンボジアの女性の自立のために会社をつくり挑戦する高いベンチャーマインドを実行する日本人女性起業家がいることに感動した。

観光を地域の生活圏に対応する産業として捉えてきたが、途上国では農村の自立、女性の自立に貢献する地域産業、地場産業になる現場をこの目で検証できた。

(六)シェムリアップの住居

・多様な住居に胸躍る

ロリュオス川近くの高床~樹上住宅村に驚いた。トンレサップ湖の水位に応じて地上六m程度、通常住宅の三階の位置が一階、地上とは梯子で往き来する。床下は作業場、干草置き場のようだ。

内陸の農村でも一階を二階にせり上げた高床住宅を多く見た。場所ごとに雨季の水位が異なるのだろう。高床の合理性を見た。

村の寺、近くの学校らしき建物が高床で、床の下は村のおばちゃんたちのたまり場。手っ取り早いコミュニティセンターなのだ。

住宅各戸にアンテナがついているから、電力の自前供給のない買電地域でもバッテリー式でテレビの視聴が行き届いているようだ。この住居を見て、かつて大学講師をしていた時の学生が提案した「水田住宅」を思い出した。突飛な構想だったが意味がある。時間があれば、高床住宅の間取りを調べたいところだが、今回は諦めた。

トンレサップ湖の水上レストランは水上生活者が営業。湖上に点々と浮かぶ。水上住宅も調査したかったが、外観を観察しただけ。西山卯三先生なら間取り調査している。

水上レストランへの渡し船乗り場は、高床住宅村近くの樹上住宅村にあり、樹上デッキが張り巡らされ、樹上に青空レストランがある。予約制だろうか客はいなかったが、給仕風の若い女性が数人、手持ちぶさたにたむろしていた。

乗船場に着くと、あちこちから子供たちが物乞いに集まってくる。さほどすれてはおらず、無理強いはしない。いじらしくなるほど、無邪気であどけない。写真を撮った。

・住まい・店 どこにも祭る祠

樹上住宅村では住戸テラスの隅、シェムリアップのまち中では店先の隅に、屋根勾配の強い仏教寺院風（上座部仏教、かつて小乗仏教といった。スリランカからタイ、カンボジア、ミャンマー、ラオスに伝播）タイの寺院建築とよく似た祠がある。シェムリアップのまちで、時折、祠の製造・販売所を見かけた。カンボジアは仏教が国教で信仰のあつい地域だとわかる。

（七）観光＋地域開発ハイブリッド

・日の目を見なかった開発構想

シェムリアップから南東約二〇㎞、ロリュオス遺跡を超え、国道六号とトンレサップ湖に挟まれた草原～樹林帯で、「雨季には水没する約九〇〇〇haの未利用地」が観光開発構想の対象区域である。

当該区域の観光開発構想を政府筋高官から認められたA氏とH氏が事業マネージメントを担当、野田さんと私が開発構想作成を担当した。

政府系関係者への説明のために日本語と英語の二種類の報告書を作成。英文報告書ははじめて、長女の手助けを借りた。英語版で作成期間が一年となった。

最終段階で事業チームの構想の位置づけについて意見の相違が発生し、構想は日の目を見ず閉幕した。

・観光＋地域社会開発ハイブリッド

構想の概要を項目で書き留める。詳細は報告書参照。

ア 六つの地域開発コンセプト

はじめに構想の思想を定め、開発コンセプトとした。

☆知の拠点 （教育・研究開発、人材育成）

☆観光都市 （観光サービス機能配置）

☆環境都市（水の環濠都市の再生）
☆産業都市（農水産業の開発、雇用の場）
☆生活都市（三〇万人都市、福祉インフラ整備）
☆交通拠点（世界標準の交流機能）

イ　開発候補地選定の三つの条件

○造成計画　トンレサップ湖の水質保全
○環濠都市　アンコール千年の知恵・バライ
○遺す計画　遺跡、集落、浸水林の保全

ウ　土地利用構想（ビジョン・用地率）

都市施設用地（五〇％）
　鉄道・幹線道路・供給施設・水施設　一五％
　保存緑地　二〇％　新空港関連　一五％
宅地用地（五〇％）　非造成・保存空地含む
　リゾート・コンベンション　二〇％
　農業・産業・研究開発用地　二〇％（最重点提案）
　生活支援・センター用地（処理場含）一〇％

・開発構想が遺したもの

構想は都市・地域開発計画の基本手順に習い、一五年プログラムを設定、三〇万人が住み・働き・憩うニュータウンの土地利用構想、インフラ、地域の維持・管理システムの開発ビジョンを描いた。

構想は日の目を見ることはなく、今後もないと思う。

しかし、この地域の問題解決をめざす構想作成の経験が私たちに残り、構想の見本が日英版プレゼンとして残る。このことが一番大きい。環境管理しながら開発計画をすべき地域は、カンボジアに限らずアジアの途上国の多くに見られる。そこで活かすことができる。この構想はシェムリアップＳＤＧｓそのものである。

計画作成を通してアンコールとシェムリアップ地域について、卒業研究・設計並みの学習機会、そして何よりも、これに取り組むわくわくするチャレンジマインドを持つ機会をご提供くださったＨ氏、Ａ氏、野田さん、そして背後の関係者の皆様、環境・エネルギー計画に協力したアルパック・サスティナビリティマネージメントグループ（畑中直樹さん）に心から感謝申し上げる。

直近ニュースではビジョンや開発主体は不明だがシェムリアップ新空港が遠隔地に開港し、使い勝手が不便との評判である。私たちのビジョン作成と並行していたと類推できる。

実現に至らなかった構想だが、ご希望の方には秘匿を条件にお目にかけてもよい。

第9章 地域づくりの計画

総計・緑化・産業・観光

全国でも珍しい整然とした名古屋三之丸官庁街

一　総合計画の効用

・国土総合開発計画のおさらい

自治体総合計画（総計）策定義務がなくなった（令五・二〇二三年）。時代の変化を感じる。一〇年循環で自治体は総計の構想・計画を策定した。総計により自治体の企画力が高まった。総計が果たした役割をおさらいする参考として総計誕生の経緯を振り返る。

○国土総合開発法（国総法・昭二五・一九五〇年）により国土総合開発計画、地方総合開発計画が推進された。

○首都圏整備法（昭三一・一九五六年）、近畿圏整備法（昭三八・一九六三年）、中部圏開発整備法（昭四一・一九六六年）により三大都市圏の開発整備が推進された。

○全国総合開発計画（全総、昭三七・一九六二年〜）は国土の均衡ある発展をめざし五全総（平一〇・一九九八年）まで提起された。

○地方自治法改正（昭四四・一九六九年義務）で市町村は全総をガイドに総合計画を策定することになった。

○国土開発庁（昭四八・一九七三年、翌年・国土庁）が国土計画を担い、日本列島改造論はじめ下河辺淳氏が活躍。国土形成計画法（平一七・二〇〇五年）が国総法を継承、全総は国土形成計画（六全総以後）に継承される。

（一）自治体の計画力を育んだ総合計画

総計は地方自治法（地自法）（昭四四・一九六九年改正）により策定が義務づけられ、行政の企画・計画力を高める一方、自治体の計画経験や人材不足のため、多数の自治体の膨大な計画が大学や民間に委託され、大学の自治研究力、民間調査機関の計画能力を高める機会となり、地方シンクタンク育成の背景となった。地自法改正（平二三・二〇一一年）により総計の策定義務を撤廃。

エピソード　京都発　地域計画シンクタンク

アルパックは大阪万博会場計画にかかわった三輪泰司（西山研）・浅田恵弘（故人・名工大・ハーバード・西山研）・霜田稔（早大〜京大上田研）が上田篤教授の仲介で、京大に隣接する長屋で事務所を設立（昭四二・一九六七年）した。

京都の都市科学研究所（米田豊昭所長・榎並公雄専務）がアルパックに先行した。米田所長（通称ヨネチン）は温厚な紳士だった。お二人は京大同学会「天皇事件」で京大を去り、株式会社都市科学研究所を設立。一九七〇年大阪万博計画を経てシンクタンクとして活躍したが、後に事務所は閉鎖された。

解説　列島改造と高度経済成長

団塊の世代には懐かしい「日本列島改造論」（田中角栄著、昭四七・一九七二年）が全国～地方計画を一世風靡した。日本列島改造論（自民党政策大綱が原本）の筋書きは下河辺淳氏といわれていた。

戦後が終わり、池田内閣の所得倍増計画（昭三六・一九六一年）を受け、高度経済成長が真っ盛りの頃であった。この時代だからこそ振り返りたい計画である。

・地方シンクタンク誕生期

地方自治体は全総に習い、地方行政計画である総計（概ね一〇年の構想）を描く。これを担ったのが、大学の他、主としてこの時期に誕生した地方シンクタンクである。

名古屋には社団法人中部開発センター（昭四一・一九六六年、後・合併で名称変更）、一般社団法人地域問題研究所（地問研、昭四六・一九七一年）がある。その後、愛知県では豊橋の東三河開発研究センター（昭五八・一九八三年）や金融機関系の経済調査機関が増えた。中部開発センターは主に国土開発の潮流を受け止め、国土庁、中部財界の支援を受けて設立されている。

地問研は所長の清水静造氏の個人ネットワークから出発したようだ。市町村サービスに力点を置き、愛知県の助成を受けた。現理事長は青山公三さん（名大・NY州大・京都府大教授）である。「ＮＩＲＡ総合開発研究機構」（昭四八・一九七三年総合研究開発機構法）支援で「地方シンクタンク協議会」発足（昭六〇・一九八五年）、地問研清水さんとアルパック金井萬造さん（萬ちゃん）が出会う。名古屋進出のきっかけだった。

・清水師匠の感化

経営に無頓着、借金、離婚を恐れない清水さんだったが、萬ちゃんの手配でアルパック総務坂本さん（元銀行員・定年退職）が名古屋に来て地問研経理を支援した。

ご本人によれば「アーメンやっとった」。引き上げ後、三重で開拓農民運動を経て、仲間が支えあう地域問題研究会が地問研発足の発端とお聞きした。想い出しながら書いているから不正確なことが多い。

清水さんにはよほど人間的魅力があったに違いない。中日新聞論説委員足立省三さん、愛知県企画部安井さん、ＲＩＡ桜井大吾さん、高蔵寺ＮＴ開発計画にかかわった住宅公団ＯＢ津端修一さん、御船哲さんなど清水ファンは枚挙にいとまがない。

清水さんのお話をうかがい、小規模事業所経営での借金や破滅におそれがなくなった。

・都市開発関係法整備の時代

全総の前後、人口・経済の三大都市圏集中時代を迎え、都市開発に関連する一連の法整備が進められた。

都市再開発法（再開発法）による市街地再開発事業（再開発事業）が計画・補償・商業コンサルタント等を育て、高層住宅〜大型商業〜高層オフィスビルの不動産デベロッパーを育成したことと時宜が重なる。言い換えれば、法律が新産業や新業態を育てる。まさに法の重要な派生効果である。

参考　都市開発関係法の例

新都市計画法（昭四三・一九六八年）

市街化〜調整区域、用途・容積制、開発許可

改正地方自治法（昭四四・一九六九年）

市町村総合計画義務づけ

都市再開発法（昭四四・一九六九年）

市街地再開発事業の位置づけ

都市公園法　都市緑地保全法（昭四八・一九七三年）

文化財保護法・都市計画法・建築基準法

三法改正　町並み保存（昭五〇・一九七五年）

改正地方自治法（平二三・二〇一一年）

市町村総合計画義務撤廃

補足　総合計画とは

総合計画は改正地自法（昭四四・一九六九年）（第二条四項）で「市町村は（中略）、議会の議決を経てその地域における総合的かつ計画的な行政の運営を図るための基本構想を定め、これに即して行うようにしなければならない」と定められ、総合計画の基本構想策定が義務づけられた。基本構想は概ね一〇年の行政指針、五年程度の行政計画である基本計画、三年程度の実施計画とで総合計画という。

地自法改正（平二三・二〇一一年）で第二条四項を削除、基本構想策定義務がなくなったが、議会の議決を経て基本構想策定は可能。

アルパックに就職した当時の私は、仕事より労組を優先、五時即刻退社で組合に出かけ、スタッフに迷惑をかけていたから仕事の評価が低く、その結果、当時は希望者がいない再開発担当に配置、花形の総計を担当することはなかった。

糸乗先輩の指導で以後順次、吹田駅前〜京都駅南口〜山科駅前の再開発計画（公共団体施行）にかかわり、そこで地域再生の原理に目覚め、地域プランナーとして生き返った。

（二）名古屋市新基本計画

・行政職員ワーキングに参加

名古屋市景観基本計画の完了後、都市計画課の炭さんから、次期新基本計画ワーキングへの誘いで（昭六一・一九八六年）助っ人参加、土地利用構想図を描いた。

景観計画で市内の地域資源データを持っていたから、マップワークの土地利用構想は描きやすかった。

総計を大学や専門調査機関に委託する自治体が多い中で、名古屋市は職員の自前で実施していた。見習うべき企画・計画力の高い行政である。

結果的には委託として土地利用構想図作成を受けたものの、実際は各局から選抜された職員の新基本計画検討班に、異例だが民間スタッフとして一人だけ参加した。そのことに他の職員から異論が出ない。あったかもしれないが聞こえなかった。

都市景観基本計画で「研究者＋市職員＋アルパック」の熱いワーキングのことが職員に浸透していて、職員外の私の参加が受け入れられたのかもしれない。

土地利用構想図、三年度目は区別構想を、職員討議を経て作成した。

記憶によればワーキングのヘッドは高木勝義さん（財政出身・交通局長）以下、近藤保則さん、炭さん、田村正史さんはじめ多数の職員がおられたがお名前を思い出せない。ご容赦を請う。

この時、研究班の議論で度々語られる職員特殊用語を何度も聞き、覚えた。

トピックス　立っとれん

公務員の立場の保守を意識した内輪の用語で、対議会、対地域・市民などに対して「窮地に陥る・立つ瀬がない」等、行政官独特の危機意識用語と勝手に解釈した。以来、度々聞くことになった。

参考　新基本計画　土地利用構想の協力

・名古屋市新基本計画土地利用構想図作成（昭六一・一九八六年）
・同右　概念図イラスト作成（昭六二・一九八七年）
・同右　地域別計画将来構想図説明図作成（昭六三・一九八八年）

（三）犬山市第四次総合計画

高校同期石田芳弘さん（同志社大）が犬山市長に当選（平

七・一九九五年）した。元々国会議員をめざしていた県議石田さんが市長選に立つべく相談にのり、生まれて初めて地域の選挙応援演説に立つ経験をした。

京都派の石田さんは、本社京都のアルパックを信頼、以後、何かとなく犬山市政の相談を受けた。

・京都流総合計画のご注文

石田市長は、からくり山車行列が祭の華となる犬山本町通の伝統的町並みを残すため、全国でも例の少ない都市計画道路の拡幅をやめることを決断した。

そのため国交省都市局から若手職員を、愛知県からは都市計画・星野広美さん（後　県建築局長～津島市副市長）の出向を仰いだ。政治家石田市長の調整手腕である。

犬山の総合計画は「京都流」でつくってほしいと、たっての注文だった。その理由は、石田市長が同志社大学出身であるため京都学派を尊重、高校先輩の梅原猛先生、建築家黒川紀章先生の指導を仰ぎ、日本モンキーセンター所長河合雅雄先生の思想を市政の参考に取り入れた。

総計審議会で、「人口減少など計画としてありえない」と黒川紀章先生が断言され、計画人口に対する時代認識の差を痛感した。石田さんも困ったに違いない。

総計表紙は「木曽の流れと犬山城」の絵を犬山出身デザイナー石田隆先生にお願いした。県議の体験で高い自治意識を持つ石田市長は市政の憲法となる「自治基本条例」により、公平で開かれた市政を進めるため後房雄先生（名大院法教授、現　愛知大学地域政策部・市民フォーラム21ＮＰＯセンター）の指導を仰いだ。

犬山総計はフルスペック（総計全体を一括）で委託を受けた。このことも含めて分野別計画では関係各課の課長さんに大変お世話になった。

・犬山市総合計画関連でのお手伝い

第四次総合計画策定のための市民意識調査（平八・一九九六年）
第四次総合計画策定（平九・一九九七年）
合併将来イメージ案及び新市建設計画案（犬山市、江南市、岩倉市、大口町、扶桑町）（平一五・二〇〇三年）
犬山市自治基本条例策（平一七・二〇〇五年）
犬山市総計の社内体制は尾関、安藤謙、吉田道子、若手所員が加わり、総力で取り組んだ。市長秘書中村さん等とスタッフの友情が深まった。
後にスタッフの業務中の身体的不調（外見的には異常がわからなかった）が判明し、日常行動に支障をきたすことがわかり、業務管理だけでなく目に見えないスタッフの健康管理の重要性を知らされた。

石田さんは、現在、至学館大学コミュニケーション研究所で客員教授としてまつりの研究を進めている。

市長退任後、今でも何かあれば尋ね、双方に教えを乞う、そういう関係が続いている。

愛知県知事選出馬への協力が極地だった。石田さんとは、何かの機会に紹介されるように、互いに一二歳で知り合った中学以来の「竹馬の友」である。

(四) 東海市総合計画に参加

・ベンチマーク方式の総計

東海市総合計画（総計）にかかわった（平一四〜二七・二〇〇二〜一五年）。私が市民フォーラム21ＮＰＯセンター（ＳＦ21）理事をしていた頃である。

この総計は安藤さんが受注。ＳＦ21理事長の後先生の提唱に市長が共感し、その後ベンチマーク（施策達成の数値目標設定と進捗評価）方式総計を採用した。市政を数値で見える化する総計である。

引き続き後先生推奨の自治基本条例である「まちづくり基本条例」（全国で一二番目）を制定した（平一五・二〇〇三年）。地方自治先進都市（令五・二〇二三年四〇七自治体）である。

・東海市総計でＮＰＯに協力

この総計はアルパック総計プロの安藤謙さん（技術士・都市及び地方計画）を中心に、若手所員が分担、人口や産業など各種計画指標の将来推計等を受け持った。

社会的にＮＰＯが認められ国や自治体の委託によりＮＰＯの経済基盤が確立した。これを見届け、設立以来参加してきたＳＦ21理事を辞任、退会した。

(五) 名古屋都市センターとのご縁

・名古屋都市センター開設に協力

金山地区開発構想（平二・一九九〇年）、財団法人名古屋都市センター（都市センター）設立（平三・一九九一年）、金山南ビル開発コンペ（清水建設グループ当選）を経て、財団法人名古屋都市センター、財団法人名古屋国際芸術文化交流財団（名古屋ボストン美術館運営）、株式会社ホテルグランコート名古屋、公共駐車場の金山南ビルがオープンした（平一一・一九九九年）。

ＪＲ東海道線と中央線、名鉄本線が分岐、熱田に向かう南大津通の交差、市民会館、金山総合駅前に新たな金山南ビルの出現は、まさに復興まちづくりの象徴にふさわしい事業だった。

都市センター（センター）は、復興土地区画整理事業収束を記念し、まちづくりに関する調査・研究、情報収集・提供、人材育成と交流をおこなうことにより、地域の発展に寄与することを目的としている。

ビルオープンから今年で二四年、アルパックも様々な調査や活動をセンターと共有してきた。

まちづくり広場の展示コンテンツ提案をセンターの依頼で展示会社に協力した。展示会社はコンテンツの提供を受け、見せ方を仕立てる会社で、コンテンツを作成するため地元シンクタンクの協力が不可欠だった。

アルパックの所有情報を耳にした青山嵩さんの依頼で、世界の都市比較を取り入れたまちづくりデータ集を作成した（平一〇・一九九八年、五三歳）。愛知や名古屋が世界では国レベルの経済規模を自覚したからこそのデータ集だった。画期的だったと自負している。

藤井由佳さん（調査課長）了解で、都市景観基本計画（三九年前、昭五九・一九八四年）で撮影した全市写真と撮影地点の地図一式を寄付（令四・二〇二二年）。アナログで実用には電子化の措置が必要になる。

・都市計画マスタープラン　都市計画の総計

センターで「都市計画マスタープラン（都市マス）策定調査」（平一一〜一三・一九九九〜二〇〇一年）、「国道二三号築地地区に関する環境整備計画」（平一三〜一六・二〇〇一〜〇四）、「クォリティーライフ21城北全体構想」（平一五〜一七・二〇〇三〜〇五）をお手伝いした。名古屋都市センター堀場和夫さん（消防長・中村区長・副市長、陸前高田市の被災地支援担当）や住都局浅井さんからのお誘いで調査〜計画にかかわった。

都市マスの職員ワーキングで、職員が市域の将来像に関連する過去の実態・調査・計画をさほど意識せず、新規に計画を議論しがちなことに気がつき、地区総合整備計画や都市景観計画はじめ、市のマスタープランでの計画ストックをレイヤーにして、その上に新たな計画課題を重ねて都市マスを検討することが妥当ではないかと、過去からの諸計画を重ねたA3チャートを示して進言した。

市職員、あるいは国も含めて公務員にありがちな、新しいテーマに際して過去のストックのおさらいを軽視し、一様に新しいことをはじめようとする傾向は、今も昔もあまり変わらないと感じる。

前講師杉山正大さんから受け継いだ住都局都市計画課主催

の職員研修で、外野から見た市職員への助言として、普段の行政姿勢として市政の温故知新を訴える「名古屋市都市再生施策の歴史的文脈」を、お話しした（平一八・二〇〇六年）。少し声が上ずっていたかもしれない。

・国道二三号環境対策WS

名古屋南部大気汚染公害訴訟の判決と和解（平成一三・二〇〇一年八月）を受けて国交省名古屋国道事務所（名国）は国道二三号沿道環境施設帯整備のための住民ワークショップ（WS）を開催することにした。しかし、WSの担い手が見当たらない。

名国は担い手を探して都市センター堀場さんに相談。堀場さんも困ったに違いない。駆け込み寺の習性からだろうか、アルパックが相談を受け、住民訴訟と和解の案件に和解済公害訴訟の仕上げの場と考えてお手伝いすることにした。しかし初めてのことで緊張した。

社内主担当を安藤さん、私と吉田がサブとなった。安藤さんは勉強会で知り合いだった曽田忠宏先生（東大建・元住都公団・愛工大建築教授・NPO法人高蔵寺再生市民会議、在東京）と三矢勝司先生（名工大建〜千葉大院、現 名学大准教授）にWSのファシリテータをお願いし、好意的に同意を頂戴した。

こんなに緊張したWSは初めて。和解内容に従い被告の国が原告の住民と一緒に沿道環境施設帯整備の検討を一から全ておこなうことになっている。

第一回には原告住民の皆さんは、弁護士、政党議員、まちづくりコンサルタント（知人）を連れ立ち、懐疑的な雰囲気の緊張した態度で参加した。

「WSとはなんだ、だますのではないか」という声が聞こえた。同業コンサルタントの知人が原告住民側の随行で参加したのは意外だったが、私を見て、かえって先方が躊躇したのではないだろうか。

名国課長さんは（お名前を失念）若いが堂々とした姿勢で、原告団の住民に趣旨を説明し、WS担い手の都市センター、アルパック、ファシリテータ曽田先生、三矢先生を紹介した。若いができる公務員だと思った。

曽田先生、三矢先生は、毎回のWSで住民の懐疑的発言に物おじせず、堂々と環境対策論を進めた。さすが大学教員だと感心した。アルパックの私たちは環境対策の技術的絵解きを住民に提案した。

WSはその都度、緊張した状態が続いたが、賛否や労使の交渉の場とは違い、合意を求めるため、怒号が飛び交うような様子はなく、弁護士の意見や質問は初回だけで、二回以後、次第になくなった。

曽田・三矢両ファシリテータがわかりやすく現状の問題、その解決方策、そのための検討課題を整理し、毎回、参加者の意見をもとに結論をまとめた。

環境整備対策がまとまるまで、こうした状態がしばらく続いた。この貴重な体験が、無冠の安藤さんに技術士（建設部門都市および地方計画）の合格を提供した。

・クォリティライフ21

北区に戦国武将の平手政秀宅址の保全から位置づけられた志賀公園がある。弥生〜鎌倉の土器が出土する遺跡でもある。その西、工業技術院名古屋工業試験所（現 産業技術総合研究所）の志段味サイエンスパークへの移転（平一三・二〇〇一年）の跡地に、名古屋市立大学医学部西部医療センター、陽子線治療センター、重度心身障害者施設「ティンクルなごや」、ウエルネスガーデンから成る「クォリティライフ21城北」が誕生した。

工業技術院名古屋工業試験所の移転跡地利用について、当初、市民経済局冨永和良さんから産業振興系の活用相談があったが、その後、都市センターの堀場さんを介して健康と福祉利用の相談があり、土地利用構想を検討した（平一五〜六・二〇〇三〜四年）。現在、それが実現して西部医療センター（平二三・二〇一一年クォリティライフ21城北に開設・令四・二〇二二年に名古屋市立大学医学部附属病院）になっている。

若宮大通〜都心西　都市高速道路がグリーンベルト化した

二　都市の緑と公園に挑戦

（一）名古屋の緑化と公園

ア　名古屋市緑化推進計画

名古屋市農政緑地局緑化推進課小池敦夫さんから景観基本計画の地形分析を活かし、目に見える緑視の視点を加えた緑化推進計画づくりの協力を依頼された（昭六二〜平元・一九八七〜八九年）。

名古屋の都市空間の特徴は、地形から「沖積平野と丘陵都市」、都市計画から大規模「公園都市」、歴史から「復興都市」と位置づけられる。

緑化推進計画は緑の調査に地形を基礎とした「緑視率（目に見える緑）」を採用したことが特徴であった。

補足　緑被率と緑視率

都市の緑の量は、地を覆う緑の面積の都市面積に対する割合を都市の「緑披率」（または緑地率）として評価することが多い。平面的に緑の量をとらえる緑被率に対し「緑視率」は視覚的に見える緑の指標として、立体の空間領域に占める緑の面積の割合である。いくつかの観測点における計測データで代表させる。

・緑の都市づくり

緑化推進計画「緑のグランドデザイン21」

サブタイトル「人・緑　息づく　ふれあいのまち」と題する計画書は市制八八年を迎えた名古屋市会「都市緑化宣言」と「都市緑化条例」を基にし、都市緑化への市会と職員の強い意気込みを感じる。

名古屋の緑が焼け野原になった戦災からおよそ七五年、熱田の森や東山丘陵の緑が一回り小さくなった伊勢湾台風から四半世紀、名古屋の緑は見事に復興しつつある。その現状を踏まえて二一世紀の名古屋の緑として以下の方向が示されている。

緑の都市像（緑の都市機能）

「すむまち　生き生きとした緑」

「はたらくまち　はつらつとした緑」

「いこうまち　ゆうゆうとした緑」

緑化の基本方向（緑のネットワーク）

まとまりのある緑（緑被の維持・増大）、目に映える緑（緑視の向上）、つながる緑（緑と水の連続性の確保）、市民と育てる緑（緑を育てるしくみづくり）

これを緑の空間構成の概念（コンセプト）として、市と市民の協働を示している。緑の関係者・市職員の熱い思いを感じる計画だった。

名古屋市の都市緑化施策は国の方針に沿い、ほぼ一〇年ごとに緑の基本計画を策定している。緑行政の継続的努力に敬服する。

参考　都市緑化施策の枠組み　国と名古屋市

☆都市緑地保全法（昭四八・一九七三年）

「緑のまちづくり構想」（昭四八・一九七三年）

「名古屋市緑の総合計画」（昭五五・一九八〇年）

「名古屋市都市緑化推進計画

　緑のグランドデザイン二一」（平二・一九九〇年）

「花・水・緑なごやプラン」（平一三・二〇〇一年）

☆景観緑三法と都市緑地法への改訂

☆緑の基本計画制度（平一六・二〇〇四年）

　以後全国の自治体で緑の基本計画策定。

「なごや緑の基本計画二〇二〇」（平二三・二〇一一年）

「名古屋市みどりの基本計画二〇三〇」（令三・二〇二一年）

・緑化推進計画　調査の裏方

担当は尾関、吉田道子（退職）、安藤謙（退職）、田口智弘

（岐大森杉研、現 大阪）。ＰＣ操作が得意の田口が緑視の撮影調査と緑視率の解析・計算方法を考案し、調査に貢献した。助かった。

緑視の調査地点は緑被調査による現況緑被率と都市計画用途・容積地域を重ねて調査地点を区分、その区分から抽出した撮影調査ポイントが一二三地点だった。

撮影は調査地点×二方向の抽出と地点調整で二四五枚となった。

人の目の高さに相当する地上一・五ｍに三脚で設置したレンズ口径一定のカメラ（ニコン）で撮影。緑視解析用に焼き付けサイズをキャビネ版とし、五㎜方眼メッシュに緑の箇所を目視判断でドット、この数を全メッシュで除した割合を緑視率とした。調査は全て手作業・手入力で大変だった。事後談だが、調査方法も写真解析方法もデータ計算方法も全てオリジナルだったから、特許申請に足りうる。そのことに気づかない、ビジネス感覚の欠落だ。緑視調査の結果は、まちで見る緑の実感を上手くとらえていて、我ながら感心した。

イ　長期未整備公園への挑戦

相談を受けた時（昭六二・一九八七年、四二歳）、この長期未整備公園の大変さをあまり理解していなかった。この備忘録を記述する検証のための資料検索で、昭和～平成～令和の今でも全国の自治体の行政課題として続いていることを知り、今更ながら驚いている。

・再開発型公園整備事業への実験

再開発型民活事業方式で未整備公園整備が可能と思って提案した民活方式が名古屋市に受け止められた。現在のＰＦＩ方式に似た事業方式の先駆けだった。

困難な都市整備の解決手法やしくみの提案が「まちの町医者～ドウ・タンク（ドウ・タンクとはまちづくりと連携した活動をするシンクタンクの意味、自称）」の本務と考え、怖いもの知らずで都市計画公園の長期未整備を打開するテーマに挑戦した。実施が困難な長期行政課題の一つだったからか、一も二もなく受け入れられた。

このテーマに一二年挑戦、結論は川名公園、米野公園の二つの公園で整備実現に至っている。長期間の調査で、親しい住都局職員からは「同じネタで笑いを取る芸人のようだ」と茶化された。

参考　長期未整備公園　調査経緯

都市計画公園緑地推進調査（昭六二～平二・一九八七～一九九〇年）

再開発型公園　構想・計画・事業推進調査（平二～五・

堀川〜白鳥公園〜熱田公園〜名古屋中心部から見る濃尾平野の西北部

一九九〇〜九三年）

都市計画公園緑地全体事業計画（平六・一九九四年）

未整備公園整備方策・事業推進基礎調査（平六〜九・一九九四〜九七年）

川名公園事業推進調査（平八・一九九六年）

米野公園事業推進調査（平一〇・一九九八年）

・**長期未整備公園の現状**

長期未整備公園緑地は「名古屋市が施行者となる公園緑地で、都市計画決定後長期間経過しており、区域内に買収が必要な民有地が存在している公園緑地」と定義される（名古屋市緑の審議会、平一八・二〇〇六年）。

長期未整備公園緑地は名古屋市だけでなく全国にあり、同様に都市計画道路にも未整備が多い。この備忘録の検証で全国的課題であることに気がついた。

名古屋市「長期未整備公園の都市計画の見直しの方針と整備プログラム」によると、長期未整備公園は、私が参加した頃で四二地区、その後の整備や都市計画見直し第一次で四〇公園（一一五〇ha、平一九・二〇〇七年）から第二次で三二公園（九九六ha、平二九・二〇一七年）に八公園（一五四ha）減少、徐々に整備が進んでいる。

調査でわかった長期未整備公園の何が問題なのか、主観であるが書き留めておく。

①目標に到達しない公園面積

都市公園法運用指針（国）の中間目標は一〇㎡以上／人口一人。都道府県別ではこれに近づいているが、名古屋市は（緑の基本計画二〇三〇）七㎡／人口一人（令二・二〇二〇年）で、公園目標面積に至らない。未整備公園の整備が期待される所以である。

②長期化する地権者との合意形成

都市計画公園予定地には土地所有者、借地使用者、建物所有者、居住者など、多数の関係地権者がおり、都計公園指定を知る人もいるが、知らない人もいる。

未整備都市計画公園の整備には多大な買収・移転を伴い、移転の結果、近隣関係の断絶など、関係者はさまざまな不安を長期に抱えていた。このため事業化に際しては、関係地権者と名古屋市の合意形成が長期化することが予想される。

③財政に影響する事業費

公園整備費は用地買収・補償費、借地代（借地公園）、施設整備費、維持修繕費である。未整備公園は九九六ha（平二九・二〇一七年）ある。名古屋市の整備プログラムのように一〇年計画で地道に進めるのが道理だ。

しかし防災などの課題は緊急性が高いからＰＰＦＩ（公園の民活事業）方式や再開発型の民活による事業促進が不可欠だ。国や行政は重要課題と思っていても市民には知られない。だから市民に向けた啓発が必要なのだ。

ウ　ランドスケープ・アーキテクトの自覚

振り返ると思いの他、公園計画を数多く担当した。このためランドスケープ・コンサルタンツ協会中部支部事務局で名古屋市ＯＢ飯田さん（飯沼コンサルタント・解散）から「あんたとこ名古屋市の公園・景観受注が多いんだから入会すべき」と強くお誘いを受けた。

それまでは建築系地域計画屋として少し斜に構えていたが、ランドスケープの職能団体に入会することで、広義の「ランドスケープ・アーキテクト」に目覚めた。

藝大建築同級の八木ちゃん（初期黒川紀章・アーバンデザインコンサルタント～独立・八木造形研究所）、故 高野文彰さん、金清典広さん、村田周一さん（ともに高野ランドスケーププランニング）、萩野一彦さん（ランドプランニング）、京都時代に一緒に都市のデザイン研究まち歩きをした吉田昌弘さん（大阪・空間総研）との再会はじめ、優れたランドスケープ・

アーキテクトと出会ったのが自覚の目覚めの発端になった。

(二) 名古屋周辺都市の公園

ア 知多の遊歩道と街区公園

・佐布里パークロード

知多市から依頼された梅の名所、丘沿いに農家が残るのどかな集落から佐布里《そうり》池(愛知用水貯水池)に至る「佐布里パークロード」の設計監理が、名古屋市以外の公園計画のはじめだった。

元ちゃん(故 後藤元一先生、名造短助教授)が監修、教え子・岡崎美穂が造園専門事務所の協力で、初体験だが設計~積算~監理を担当。優秀なスタッフだったが、後に退職する。

完成後、眞弓浩二さん(造園家・株式会社アルダー環境設計室)から「田んぼの中の長い道が単調にならず、地域植生を活かしたのどかでよい遊歩道だ」とおほめをいただいた。後藤先生のアイデアとその弟子岡崎の努力のおかげ。尾関の役割は起終点を象徴する木製ゲート提案で締めた。

・岡田街区公園

岡崎退職後、知多市岡田で街区公園の設計・監理を依頼された。設計条件は地元意向の把握、施設に三河材の使用(県推奨)だった。

担当は仙田満(東工大院建築教授)研究室出身の西村研二が担当。後に退職(不動産鑑定士に転職)。

岡田は知多街道から内陸に入った知多木綿産地の集落。近代建築の郵便局や菓子問屋などが残っていた。

町並み保存を知多市に提案、所有者と名古屋のNPOの協力で医院が保存された。放置された町並みだったが、今は町並み保存が活性化、観光化している。

公園は集落の西のはずれで、盆踊りやゲートボールなどの活動に手頃な広さ、排水のよい正円のグラウンドと修景緑地とし、三河産木造トイレを設置。結果は好評だった。造園専門事務所の協力を得て、西村研二が設計監理を担当した。

知多市からは後に地域施設の計画・設計を受けるが、公園設計は受注できても建築の実施設計は業界営業のしがらみに阻まれて受注できなかった。詳しくは、前述参照(本書四四ページ)。落札を期待していただいた市職員には申し訳なく、入札がらみの悔しい思いを残した。

・女性プランナーの活躍

社内の知多市担当は岡崎が担当する以前には男性の修士や実務経験者がいたが、若いが誠実で意欲的な岡崎さんの姿勢が市職員の信頼を得て、先輩所員を越えて仕事の相談を受けるようになった。

岡崎さんの気配りが市の担当者を和ませ、報連相《ほうれんそう》の言葉は拙くも、内容は確かで、男女差、学歴、年齢を越えて、彼女から伝わるところが多かった。さすが、元ちゃんの推薦だけある。

社内では吉田さん、岡崎さんの他、科学・産業・技術分野を開拓した小竹暢隆さんチームに伊藤克恵さん（岐大・転職）、伊藤陽子さん（愛教大）、名古屋市経済局冨永さん推薦の井上典子さん（金城大）、計画分野では農学部出身の植松陽子（旧姓田下・岐大）さん、森杉先生紹介の交通計画劔持千歩さん（岐大土木）、総務小西さん、アシスタントなど一〇名以上の女性スタッフは男性数を凌駕する女性雇用の先駆的シンクタンクを自負していた。

イ　おかざき自然体験の森

岡崎市は西三河の産業・歴史・文化の中心都市。徳川家康の生誕地、松平の故郷は矢作川上流の豊田市松平郷にある。

東海道と交差する矢作川中流域の支流・乙川は掘割式で広い高水敷と緑の堰堤の親水性が高く、風景が美しい。

名鉄東岡崎駅を降り、乙川を渡って市役所・繁華街に行く。堰堤の松、桜の大樹が美しく、川のゆったりしたうねりにのどかさを感じる。

乙川の手前で岡崎名物「うむどん」（太目の冷やし素うどん）を所望して橋を渡るのを岡崎行の常とした。私は乙川が好きだ。

・里山に学び、共生を図る

岡崎市から検討委員会運営とともに、旧名称「レクリエーションランド構想」、現「おかざき自然体験の森」（調査構想・平七～九・一九九五～一九九七年、設計監理・平九～一三・一九九七～二〇〇一年、五〇～五六歳）について、延べ七年、長期のご指名を頂戴した。感謝に堪えない。

調査前半の構想づくりは津端修一先生（故人）、伊藤晴彦さん（故人）、堀越哲美先生（名工大院建築教授～現愛産大学長）、前中久之先生（名城大農・後 大阪府大教授）のご指導を、ヒアリング、懇談会、現地踏査でいただいた。

対象地は岡崎市八ツ木町池ノ上付近の約一〇〇ha、薪炭利用された雑木林に覆われ、下流にため池、休耕中の水田がある谷筋を含む典型的な里山地帯である。

構想検討には検討委員会の先生方と現地調査で対象地を歩き、放置され密集する雑木林の藪漕ぎをしながら、里山の役割、伝え方、課題を熱く議論し。里山の理想的な再生の考え方が構想としてまとまった。

雑木林学会を岐大林進先生や木文化研究所の仲間と創設した水野一男さんの参加で、里山とは何か、現状、保全と活用を重層的に考える基礎を自覚した貴重な機会だった。

前半の構想作成は名古屋事務所で尾関、吉田、安藤、小島（協力社員）が木文化研究所所長水野一男さんの助言を得て実施、後半五年間の設計・監理は本社中根（退職）、西田（退職）、水谷、建築スタッフが担当した。

構想段階の議論が設計に継承されたのか、その後、ランドスケープチームの報連相がなく、不安だった。

三　先端を求める　産業技術振興

（一）科学・技術・産業・観光〜テーマ開拓

建築系計画シンクタンク・アルパックに所属しながら「科学・技術・産業」分野、これと連関する観光分野、中でも「産業観光」を提案したのはなぜだったか。それには以下のような積み重ねがある。

アルパック創業の頃、三輪さんが京都市から清水焼団地や原谷工業団地づくりを依頼されていた。

中小企業の工業団地計画だが、協同組合化の発想を伴っていたから産業組織論に近い。その頃、清水武彦さん（京大・京都市OB・相談役）にお世話になっている。

中小企業の組織化は蜷川京都府知事（元中小企業庁長官）府政の基本姿勢であったと聞く。一貫した姿勢が「革新政党にも反対された革新」といわれた所以である。

建築界では山口文象先生が戦前に創業したＲＩＡ建築総合研究所が先駆者である。戦後の復興期、全国で中小企業組合団地の設計を手掛け、防災街区造成事業に始まる市街地再開発事業のパイオニアとなった。共同化事業の先導的設計集団として尊敬している。

補足　三輪さんのこと

上司を肩書で呼ぶことはなく、創業者を三輪さんと名前で呼んでいた。それがアルパックのよさだと皆、知っていた。

創業は三輪泰司（昭六・一九三一年生 九二歳、生粋の京都人）。京大西山研、院卒後西山先生指示で河村建築事務所や和設計事務所など東大建築関係者と交流。海外視察後、NT計画等を経て、上田篤先生（京大建築教授）仲立ちで大阪万博会場計画にかかわった三輪、浅田恵弘（故人）、霜田稔の三人でアルパック設立（昭四一・一九六六年）（前述）。

入社直後、三輪さんが取りまとめ、挿絵をお手伝いした関西グループの「二一世紀、国土の設計」が内閣総理大臣賞を受賞（昭四六・一九七一年）。

京都の産学連携で三輪さんを中心にアルパックが全社的に取り組んだ関西学術文化研究都市の実現支援で京都を越え、関西全体に大きく貢献した。

社外では京都工芸繊維大学住環境学科設立以来教鞭をとり、後に京都造形芸術大学（現 京都芸術大学）設立を支援、環境デザイン学科長を務めた。

他に、京都商工会議所やロータリークラブでも活躍した。京都大学工学博士。

生粋の京都人三輪さんは、本田味噌が本家筋。天皇を守護する私兵の家系らしく、第二次世界大戦後、京大学生だったが御所周辺の町衆として葉山御用邸周囲に民宿し私的に天皇警護に当たった。京都人でなくては語れない秘話である。

・アルパックの産業振興取り組みの底流

産業振興はアルパックにとって地味でマイナーなテーマだが、伝統分野でもあった。アルパックの産業への取り組みの底流は創業者三輪さんが持つ京大西山研以来の社会組織論による地域と産業の関係形成、更に時代の創造にかかわる人と企業社会の成長発展意識、現代的に言えばベンチャー育成やソーシャル・アントレプレナーとしての熱い価値観がアルパックの底流にあったと勝手に解釈している。

アルパックとは新分野開拓が所員必須条件の事務所であった。西山研以来の三輪さんの発想、先輩の糸乗貞喜さん、霜田稔さんの地域産業育ての考え方に共通する。その一筋を名古屋が引き継いだ。

・新分野開拓と藤原宣昭さん

藤野良幸先生（『水問題の原点』著者・都市調査会専務理事）

のお世話で水問題に挑戦するため、藤原宣昭（故人・大阪府大博士）さんが入社した。肥満体の人だった。

前日発売された流行歌を翌日には唄う才を持ち、カラオケが抜群に上手い、仕事ができる人だった。

大和盆地の環境容量を末石富太郎先生（京大教授、後阪大）指導で推計、京都市受託業務で、都市の家庭ゴミの発生予測と処分方法を現地調査での臭さをこらえて確立した日本の都市ゴミ政策立案のパイオニアである。

アルパックの新分野開拓は、社会の改良に情熱を持って取り組む人、個人の強いモチベーションがあってこそ成立する。藤原さんはその典型の人物だった。

互いに飲んべえだったから、飲むために仕事を切り上げ、梅田ガード下、十三線路わきの焼き鳥屋で飲み、千里の藤原宅にしばしば泊めていただいた。薄味の味噌汁と漬物がおいしい朝ごはんをいただき、藤原宅を出る時、お子さんから「また来てね」と言われる様子を微笑ましく思ったが、後に自分が同じ体験をするとは夢にも思わなかった。

（二）名古屋で科学・技術・産業へ挑戦

・小竹暢隆さんと研究開発ネットワーク

科学・技術・産業への挑戦が建築系シンクタンクのアルパック名古屋で可能になったのは、この分野に意欲を持つ小竹暢隆さんの入社とその周囲の民間企業、研究者、行政職員のネットワーク形成による。

小竹さんの紹介者はＪＣ愛知ブロック協議会役員（名古屋ＪＣから出向）だった岩口孝一さん（元フジタ社員・後独立・福祉施設プロデューサー）の紹介だった。

小竹さんは東大院化学専攻、大手化学メーカーに勤め、その後、名古屋の企業に勤めるが訳あって浪人。

来る者拒まず去る者追わずだが、アルパックで何がしたいか、考えを聞いておきたくて、アルパックで何がしたいか、入社コンセプトは明確に「サイエンス領域のジャーナリスト」の答えに、ジャーナリストが社会に創造的であるのか気になったが、正直よくわからなかった。

何でも許容するアルパック、過去の例は、自分の居場所は自分で開拓するものと激励、アルパックの仲間になった。それ以上の詳細はいつかご自身で語ってもらおう。

(三) 中部産業活性化センターとの出会い

「科学・技術・産業」分野に挑戦できたきっかけは、財団法人中部産業活性化センター(CIAC)との出会いで、そのおかげでアルパック名古屋の科学・技術・産業分野が育てられた。

事務所開設初動期のトヨタ財団委託(山岡さん指導)による産業技術記念館の構想で「欧米のサイエンスミュージアム調査」から、都市の産業・企業文化の証「科学技術・産業博物館の必要性」を学び、その推進者に育てられたこととよく似ている。

CIACとは、当時の急激な円高による産業構造の変化に対応し、持続的な地域経済の発展に資するため、経産省所管、中部五県を対象(中部電力管内)として民間企業、経済団体、行政の協力で財団法人中部産業活性化センターを設立(昭六二・一九八七年)。民間では中部電力株式会社、東邦ガス株式会社、トヨタ自動車株式会社の支援が大きく、人事派遣でも三社が貢献した(中部五県、長野・静岡・岐阜・三重・愛知)。

・中部地域産業の現状と課題　調査

CIAC設立の年「中部地域産業の現状と課題に関する調査」(昭六二~三・一九八七~八年度)を受託した。中部電力(中電)清水健司さんからの指示だった。特命だったと思う。

調査は中部五県の県庁を順次訪問、関係部局・企画部門にヒアリングし、産業データを収集した。

五県という広域圏を対象に調査・解析する初めての機会で、中部圏に対する認識が一気に広まった(五県に滋賀・福井・石川・富山を加え中部九県)。

アルパック名古屋開設から五年、景観基本計画、名古屋市新基本計画などの実績しかなく、知名度もないアルパック名古屋がなぜ選択されたのか。まったくの幸運だった。しかしやる気は満々だった。

・企業の方々に支援された

先に書いたように、アルパックの選択は幹事会社中電の清水さんの判断が大きかったと思う。選択基準がないから、清水さんは名古屋市経済局や中部経産局にヒアリングされたのだろう。

名古屋市経済局の冨永和良さんがベンチャーマインドを持つアルパックを強く推薦してくださったに違いない。

加えて清水さんには産業系シンクタンクを育てるベンチャー育成マインドがあったと思われる。だから既存の調査機関が他にもある中で、名古屋地域では五年目の新参者アルパック名古屋を選択されたのだろう。

清水さんの紹介で中経連開発委員会のレポート、中電企画・用地の調査を紹介され、退職後の生き方に関する職員研修企画（担当柿園良文さん）のお手伝いもした。

名港ブルーボネットは構想当初にご相談いただき、後に中電社員提案募集で実現した。ありがたいお得意様だった。

東邦ガスの舟橋さん（後に本社役員）には東邦ガスの都市デザイン事業をご紹介いただき、知多LNGのマイナス一六二度を活かす相談を受け、捨てられるマイナス一六二度を活用する「世界に例のない極地体験ランド」を提案したが、話が突飛で実現はしなかった。

トヨタ自動車の鬼頭さん（名大経済・山男）には調査テーマの企画、予算準備で冨永さん、小竹さんの相談にのっていただいた。研究者とコラボし、調査・研究するこの仕事が面白く、出向期限が来ても本社に延長申請し、CIACに残留された。

CIACを支援する企業の皆様、研究者の先生方、冨永さんはじめ名古屋市経済局、久保泰男さんはじめ愛知県産業労働部、中部経産局の応援、小竹さんの意欲、この組み合わせでアルパック名古屋が科学・技術・産業に挑戦できた。二度とないことと感謝している。

（四）月尾先生から学ぶ

「中部産業活性化ビジョン」（CIACビジョン、平元〜二・一九八九〜九〇年）策定に「月尾先生をビジョン検討の座長にお願いできないか」と、清水さんからご相談を受けた。願ってもない機会と即座に研究室を訪問、ビジョン検討の座長をお願いし、了承を得た。

この頃、名古屋市「高度情報化に対応した都市政策・都市計画・都市基盤整備推進に関する調査」（昭六二〜平二・一九八七〜九〇年）を、月尾先生を囲み、日本開発銀行飯倉企画調査課長を交え、羽根田さん、冨永さん、山内正照さん等と進めた。月尾教室である。

エピソード　月尾先生・SASとの出会い

月尾嘉男先生（昭一七・一九四二年生・旭丘・東大建築博士、余暇開発センター〜名大建築〜東大院教授、総務審議官等歴任）はSAS名古屋呼びかけ人である。

SAS（システムズ・アナリスト・ソサエティー）とは故平松守彦元大分県知事が経産省電子政策課長兼情報処理課長の時（昭四四・一九六九年）、情報化社会の到来に向け三〇±五の若者に日本の縦割り社会を越えた横断的交流を呼びかけ設立（SAS創立宣言・昭四六・一九七一年）。平松知事にＳＡＳ九州大会でお話をうかがった。「大分県人の怠惰さを打破するため、一人一塾運動を進め、自分はＰＣ塾に参加している」とお聞きした。

初期のメンバーが全国に散り、北海道・東北・神戸・大阪・九州で地域ＳＡＳを設立した。ＳＡＳ名古屋は月尾先生が名大に赴任、名古屋の知人に声をかけスタートしたものである（昭五一・一九七六年）。

名古屋で勉強会を求め、杉山正大さんに相談、会員羽根田英樹さんを紹介された。事務局加藤さん（名大～熊本東海大教授）転勤に伴い、川本代表幹事の依頼で事務局を引き受け、毎月一回無報酬で例会講師を依頼し、会場をセットするアテンド役を一〇年続けた。この体験で講演会マネージメントを身に着け、講師を依頼するネットワークができた。

・科学・技術・産業のテーマ開拓

月尾先生の意見で、ビジョン検討テーマごとに新進の若手研究者の助言を得ることになった。

新進研究者は名大学部・学科長の先生方に紹介を依頼し、テーマは研究者と相談で決めることになった。

参考　研究者とテーマ　例

横井茂樹先生　ＶＲ／ＡＩ　仮想現実感
福田敏男先生　ＭＭ／ＮＭ　超微細加工技術
梅崎太造先生　ロボットとセンサー
高田公理先生　ＶＩ／ＩＴ　観光産業

三五年前に今話題になっているテーマを掲げている。胸が熱くなって当然だった。

・ＶＲ／ＡＩ　仮想現実感　横井茂樹先生

ヴァーチャル・リアリティー、仮想～人工現実感。今は将棋の対戦予測シミュレーションにも利用されている。情報映像系で横井先生に相談した。

・ＭＭ／ＮＭ　マイクロマシン　福田敏男先生

ナノマシーン、超微細加工技術、血管内を手術するロボットが話題に。世界のトップ四大学で教鞭をとる国際的ロボット開発研究者福田先生と相談した。

・ロボットとセンサー　梅崎太造先生

親指承認や顔承認のセンサー技術が実用化されている梅崎先生と相談。ロボットは二足走行にこだわらない。中部大～名工大に移籍、東大特任教授等大活躍。大の日本酒党。

・ＶＩ／ＩＴ　観光産業　高田公理先生

観光文化論の京大理学部出身高田公理先生（愛知学泉大、後に武庫川女子大、佛教大）に相談。観光はビジターズ・インダストリーに、産業観光はインダストリアル・トレイルというカタカナで新概念を提起。高田先生の相方に名大院都市環境学建築の片木篤先生が同席。

私は観光振興に力点を置き、「産業観光」のテーマ開拓に至る経緯として、高田部会を主にフォローした。

・サイエンス&テクノロジーに染まる

産業・技術振興にかかわる中部圏での期待分野のテーマと研究者に出会い、酒を酌み交わし熱く議論する。

まるで文明開化を迎える幕末のごとき状況、サイエンス&テクノロジーに染まらないはずがない。

アルパック名古屋はこの備忘録に書いたように、CIAC、これを支える企業、名大、名工大はじめ様々な大学と分野の研究者の方々、中部経産局、愛知県産業労働部、冨永さんはじめ名古屋市経済局職員など、多くの方との交流・情報交換・ご指導により科学・技術・産業の分野開拓にかかわることができた。まったく皆様方のおかげである。

（五）ビジョンに続く先端技術・産業振興

平成初期、先端技術・産業の開拓が地域〜都市間競争の様子を呈し、大学発ベンチャーが話題になった。

アルパックは小竹さん、伊藤克恵さん、伊藤陽子さん、福井守さんが担当。丸山先生（日福大経済教授）や冨永さん（名古屋市・都市産業振興公社）の助言で、先端技術・産業調査やキャンペーンをおこなった。以下主な例を書き留める。

参考　平成初期　先端技術・産業振興計画　主な例

・中部産業活性化センター

人工現実感技術拠点形成と産業化方策（平三〜七・一九九一〜九五年）

次世代産業に関する調査研究（平五〜八・一九九三〜九六年）

産業遺産データベース構築に関する調査研究（平六〜九・一九九四〜九七年）

医療・福祉・健康関連産業育成に関する調査研究（平八〜一〇・一九九六〜九八年）

産業技術博物館構想実現化に関する企画立案（平九〜一〇・一九九七〜九八年）

バイオメディカルセンター構想に係る調査研究（平一〇〜一一・一九九八〜九九年）

・愛知県　情報通信関連産業振興基礎調査（平九〜一〇・一九九七〜九八年）

・名古屋市、財団法人名古屋市工業技術振興協会都市型産業振興調査（平四〜九・一九九二〜九七年）

・名古屋市　財団法人名古屋都市産業振興公社インバース・マニュファクチュアリング研究会運営（平七～一〇・一九九五～九八年）

志段味ヒューマンサイエンスパーク建設推進調査（平九～一一・一九九七～九九年）

この調査では志段味ヒューマンサイエンスパーク（HSP）当初の核として期待された名工大大学院移転の中断に代わり、ドイツの国際的シンクタンクを志段味HSPに誘致を目論んだ。

小竹さんをはじめ名古屋市経済局と一体となって努力し、何度もドイツにまで通い、誘致実現直前までいったが、残念ながら、不成立だった。

海外シンクタンクの名古屋への進出目的は、トヨタ系企業からの研究開発受注であったと聞いた。

そのマーケティングが見込めなかったのだろう。

四　地域が生きる観光への気づき

（一）三大都市　不揃いの観光データ

「中部地域産業の現状と課題に関する調査」で観光振興のため、中部五県と三大都市の観光施策・統計を比較した。三大都市以外の観光統計では地域の観光の現状がつぶさにわかり、将来予測の手がかりがあるが、三大都市には施策立案に必要なデータが整わない。すなわち、観光の軽視が統計を見て一目瞭然だった。

高度経済成長期の日本ではモノづくりが重視され、サービス産業が軽視された。観光は重要産業と自他ともに認める京都や地方県などを除き、「飲めや歌えのどんちゃん騒ぎ」、産業施策の低位と観光が理解され、三大都市ではまともな統計がとられていなかった。

・名古屋市宿泊客調査

観光統計を施策の素材とする京都市の例に倣い「統計のないところに施策は立たない」と、名古屋市の観光担当者に統計の必要性を訴え、財団法人名古屋観光コンベンションビューローで「宿泊観光客調査」（平九・一九九七、平一二

〜一三・二〇〇〇〜〇一年）が始まった。目立たないがアルパック提案の地域貢献である。

（二）産業観光　新シーズの目覚め

・ビジターズ・インダストリー

　ＣＩＡＣビジョンは観光分野で強いインパクトがあった。中部産業活性化ビジョン観光分野の主査高田公理先生の概念規定（コンセプト）が面白かった。

　観光は「ビジターズ・インダストリー」、日本語で「旅行者産業」というのが適当そうだが、カタカナが施策を考える上でイメージャブルな、高田マジックである。

・インダストリアル・トレイル

　産業遺産は、愛知を中心とする中部地域には、発電所、港湾、近代初期の工場などの他、内藤記念くすり博物館、博物館明治村、構想立案に協力したトヨタ産業技術記念館、自動車のトヨタ博物館、セントレア・小牧・各務原の航空博物館、東濃・瀬戸・常滑の陶器博物館など産業・技術博物館が集積している。

　この観光化が産業技術記念館構想にかかわって以来、アルパック名古屋が提案したい地域独特の観光プログラムであった。そこで中部独特の観光シーズと自認する「産業観光」は、高田語で「インダストリアル・トレイル」と表現された。コンセプトは「産業の歴史をたどる道」というのか、見事な英語（カタカナ）表現である。

・ビジターズ戦略ビジョン

　ＣＩＡＣビジョンを受け名古屋市経済局と財団法人名古屋観光コンベンションビューロー（ビューロー）は観光施策を明確にするため「二一世紀初頭の名古屋圏の姿とビジターズへの対応」（平七・一九九五年）調査をおこない、名古屋市とビューローで「名古屋市ビジターズ戦略ビジョン・名古屋世界的な交流拠点都市を目指して」（平八〜一〇・一九九六〜九八年）を提言した。

　ここでは二〇一〇年にビジターズ（訪名人口・インバウンド）五〇〇万人都市を目標に一六のプロジェクトを提案した。その筆頭に産業文化観光の振興が掲げられた。

　今から思えば五〇〇万人は桁の少ない控えめ目標だった。隔絶の観があるが時代認識としてやむを得ない。

　ビジョン懇談会座長にはＪＲ東海須田寛会長、副座長に木村一男（株式会社国際デザインセンター専務取締役）、樋口敬二（名古屋市科学館館長、中部大学国際関係学部教授）にお務めいただき、委員（以下の方々の敬称・所属省略）には阿久津

一、安藤隆、伊神幹、石森秀三、梅島一嘉、小方昌勝、岡本真理子、桐山徹郎、佐伯進、佐藤久美、関谷崇夫、高橋紀夫、内藤明人、野中治彦、平井敏夫、福田敏男、丸山優、水野みか子、モンテ・カセム、リチャード・ハリス、登内洋人、三木常義、高木勝義の方々、専門部会委員（重複除く、敬称・所属省略）には、石田正治、柴田廣次、水野誠子、山脇一夫、後藤み代、鈴木常彦、織茂基由、藤吉孝紀、牛場春夫、大角佳生、高野巖、宮川努の各位にご参加いただいた。

須田さんはこれを機会に産業観光のキーパースンに飛躍された。ありがとうございました。

経緯を知る丸山優先生には「産業観光は尾関さんのパテントだよ」といわれたが、大元は高田公理先生が名古屋に遺した観光振興のコンセプトである。

（三）産業観光　分野開拓の妙味

産業観光は今や世界中で競われている。

名古屋で産業観光確立のきっかけは栄生にできた赤煉瓦の織布工場を再生したトヨタ産業技術記念館、これに先立つ長久手のトヨタ自動車博物館、豊田市の鞍ヶ池記念館である。どれ一つとっても日本でこれに勝る規模の企業博物館はない。

これらには財団法人トヨタ財団プログラムオフィサーで企業メセナ研究者だった山岡義典さんの考え方が入っている。その指示で産業技術記念館の調査・構想にかかわった。こうして見ると山岡さんが名古屋の産業観光の基礎、サイエンス・テクノロジー・ミュージアムの流れを掘り起こした先駆者だったといえる。

景観計画で地域の歴史・産業・文化資産の保全を位置づけ、名古屋市歴史まちづくり戦略では、瀬口哲夫先生発案の歴史的界隈を活かし、観光と連動して地域再生につなぐ方向を提案した。地域そのものが産業博物館のようなまちが名古屋都市圏である。

丸山先生に何度も言われたように産業観光はアルパックが様々な方々と協働して分野開拓したテーマだった。その「糊しろ」は大きい。

この地域の人々にとって、産業観光は気がつかない隠れた魅力資源なのだ。産業観光が魅力化される物語化、環境の仕立てが必要なのだろう。

この地域で一般市民に問えば、「産業観光ってなんのこと？」と言われるに違いない。そういう現実を自覚しつつ、これから大きく飛躍することを願っている。

第10章　本丸御殿復元を志す

縁がつなぐまちづくり

名古屋城公園と天守、復元された本丸御殿に並ぶ見物客

一　名古屋城本丸御殿復元と市民運動
ナゴヤ金しゃち連物語

（一）市制百周年と記念国際行事

日本で市制が施行されて一三五年（明二一・一八八八年、旧法律第一号市制町村制公布。翌年、全国四〇市で施行、昭二二・一九四七年、地方自治法により市制町村制廃止）。日本の自治近代化の法の一つである。

名古屋市は市制施行百年（平元・一九八九年）を記念し世界インダストリアル・デザイン会議を誘致。あわせて世界デザイン博覧会（デ博、国際博覧会条約〔ＢＩＥ〕に基づく世界博）（会長：加藤誠之トヨタ自動車会長、総合プロデューサー：栄久庵憲司ＧＫグループ会長、藝大ラグビー部先輩・故人）を開催した。

名古屋はオリンピック招致敗北（昭五六・一九八一年、〔ソウル五二票：二七票名古屋〕）の残響が尾を引き、東京オリンピック（昭三九・一九六四年）、大阪万国博覧会（昭四五・一九七〇年、大阪万博）に次ぐ、名古屋での国際イベント開催が強く望まれていた。

名古屋城・白鳥公園・名古屋港の三会場をつなぐ世界デザイン博覧会（デ博）が企画された背景である。

（二）本丸御殿復元市民活動の系譜

ア　「ナゴヤ金しゃち連」をつくる

市制百周年の三年前、名古屋城本丸御殿再建をめざすナゴヤ金しゃち連（金しゃち連）を設立（昭六一・一九八六年、四一歳）。金しゃち連には本丸御殿再建に共感した市職員、銀行員、電力会社社員、大学研究者、建築家、能楽師、からくり人形師、広告業、新聞記者、放送局ＯＢ、印刷業、飲食業等、多様な職種の方々が集まった。この多様さが興味深い。金しゃち連活動費の財源として、大人も学生も参加しやすい月一杯のコーヒー代一年分、三千円（当時）を会費に会員を募った。

イ　異業種・異分野コミュニティ

代表は大津年正さん（故人・東海銀行ＯＢ）にお願いした。賛同者寺澤宏さん（中部電力）から、熱い叱咤激励を頂戴し

復元された本丸御殿から望む天守

た。錦三丁目、レダ（ママ小島のりこさん）を溜まり場にした文学愛好の方々が最初の応援団だった。

言い出しっぺの方々がフォローすることを条件にナゴヤ金しゃち連事務局を引き受けた私は、立ち上げの場に同席した。一〇人ほどの集まりだった。

金しゃち連の言い出しっぺは名古屋市職員で本丸御殿再建を提言した自主研究グループ「ＭＡＴＯＫ」（故 神谷東輝男、青木公彦、英比勝正、尾崎数計、加藤正嗣、羽根田英樹）の方々である。

事務局を依頼される前、市制百周年に何をすべきか検討していた総務局企画課の「名古屋城整備基本構想」（昭六〇〜六二・一九八五〜八七年、四〇〜四三歳）をお手伝いした。これが金しゃち連事務局の品定めだったと思う。

補足　再建か復元か

旧国宝名古屋城本丸御殿について初動期は再建と表現した。復元（林功による復元基準、当初と同素材・同技術・同意匠）の水準が高く、容易ではないから再建（意匠は同じだが、素材、技術は当初にこだわらない）が妥当としていた。しかし、文化庁は復元だった。

ウ　最初の本丸御殿復元論

名助役として親しまれた故 浅井岈一さんにお世話になり、昔のことをお聞きした。天守のＲＣ（鉄筋コンクリート）再建（昭三四・一九五九年、一四歳）は、焼野原だった名古屋が復興する市民の心の支えになった。この時、本丸御殿復元の話があった。これを本丸御殿復元第一次の話とすると金しゃち連は本丸御殿第二次復元運動にあたる。

郷土史家でＲＣ天守再建時の名古屋市建築課長だった水谷盛光さん（中区長時代、町名変更の区民説明で苦労）から、「天守の非常階段が許せない」と退職した建築士の市職員がいたとお聞きした。再建天守はお城博士の城戸久先生提案でＲＣとなり、日本建設業連合会がわが国の良好な建築資産の創出を図り、文化の進展と地球環境保全に寄与することを目的に優秀な建築作品を表彰するＢＣＳ賞を受賞（第二回、昭三六・一九六一年）した。

商工会議所・名古屋都市再開発促進協議会「歴史と文化の保存に関するシンポジウム」で西澤泰彦先生（名大院環境学教授、旭丘高校旧校舎保存で座り込み）は、「ＲＣ天守は保存すべき優れた建築で、登録文化財指定に十分かなう」と指摘された。現天守は形態を遺して機能を歴史博物館に替え、身体障害者が入館できるよう昇降機を付け、耐火性を持った天守とした創造的再建だった。十分保存に値する。

エ　本丸御殿再建ＰＲと市への寄付

金しゃち連設立以後、本丸御殿ＰＲで障壁画テレカ（五種類）や消失前御殿写真の絵葉書、本丸御殿千社札シール（酒類ボトル等想定）などを本丸御殿のＰＲと資金集めのために作成し、機会あるごとに宣伝に使用した。

金しゃち連会員は東海銀行社員、中部電力（中電）社員、名古屋市職員を核に、他の会員合計で毎年およそ一五〇万円程度の会費を頂戴したが、ツール作成などの費用がかかり、寄付の余裕はなく、故戸田会員が毎年一〇〇万円程度を提供、西尾元市長及び松原前市長まで、名古屋城整備基金への寄付を続けた。

オ　特筆したい名古屋青年会議所の応援

本丸御殿再建のＰＲで「本丸御殿ってなんだ、そんなもん聞いたことがない」という反応をしばしば投げかけられた。本丸御殿について説明すると「本丸御殿はわかったが、私が知らんのは、あんたのＰＲ不足が悪い」という「知らないことの典型的言い訳」のような批判を度々受けた。

そこで、「本丸御殿ガイド手帖」をつくったり、名古屋城管理事務所（担当、鈴木さん）に協力、本丸御殿の図面集やPRリーフが作成された。

公益財団法人名古屋青年会議所（JC：都市別全国組織、地元企業後継者などの集まり、四〇歳で卒業）が本丸御殿再建に共鳴、東海銀行支店を巡回、焼失前の写真と図面で本丸御殿PRを開催した。知られざる美談である。

名古屋市制百周年記念事業委員だった吉田春樹理事長（第三〇年度、昭五五・一九八〇年・名古屋青果）が本丸御殿再建を提言したのが発端かもしれない。

カ　市民の夢を交換する「夢いちば」

デ博翌年、隘路を打開すべく名古屋JC理事野畑幹徳さんに加藤正嗣さんが相談。デザイン博で高まった市民活動PRの場、お互いが知り合う夢の交換「夢いちば」を開催することにした。目的は以下の三つ。

①市民団体が集まり、自己紹介、PRする。
②各団体が協力可能なことで交流する。
③県内の市民自主活動を冊子にまとめ紹介する。

金しゃち連のねらいは本丸御殿再建に多くの市民団体の共感を得ることだった。会場設営と開催資金調達（数百万円）はJCが担う。資金調達は市民グループには見えないJCならではの下支えの大仕事だった。市民グループ募集は金しゃち連の役割である。

当日ブース出展参加団体は五〇ほど。市民グループの口コミで情報を集め、紙面参加を含む約二五〇団体の主張と紹介をのせた冊子『WHO'S WHO』が各界に大好評。NPOの確認資料として役立った。

夢いちば第一回（平二・一九九〇年、四五歳）、JCは松村豊久委員長（弁護士）以後、毎年の委員長は水野敬三、梶野剛弘、田邊清隆、柴田芳樹、大野蔵彦、杉本達哉、酒井友義、松任孝之、丹坂和弘の各氏（順不同）が担った。丹坂和弘さんは堀川まつりを成功させ、堀川・納屋橋地区のまちづくり活動を継続する。

夢いちば実行委員長の私は八年で交代（平九・一九九七年、五二歳）、創遊クラブ会員で後のボランティア・ネイバーズ会員、故木野秀明さん（名大建築・鹿島建設設計部）に引き継いだ。

市民PRでマスコミに登場、その周知力が大きいことを知った。ある時、NHKの夕方ニュースで本丸御殿を紹介。放送終了後、玄関で呼び止められた。放送中に私の保育園（四五年前、五歳頃）の浅野先生（高蔵寺にお住まい）から電話。

テレビで私とわかったそうだ。ＮＨＫに駆けつけた知人もいた。報道の力はすごい。

キ　能管協奏曲本丸御殿とＪＣパワー

ホテルキャッスルホテル天守の間（三〇〇〇人・建て替えで解体）で、名古屋ＪＣ主催、浜田一馬作曲・指揮「能管協奏曲本丸御殿」初演が、能管藤田六郎兵衛（故人・尾張藩能楽師藤田流家元）とナゴヤネオフィルハーモニー管弦楽団で初演（平四・一九九二年七月二二日、四七歳）。

大竹敬一理事長（株式会社大竹製作所社長）、井上隆司副理事長（故人・サンデーフォーク・プロモーション社長、愛知万博イベント共同企画）、梶野剛弘担当理事・委員長（料亭とり要）、委員一〇名ほどで、催事企画、実施、資金調達、ＣＤ作成を担当した。その手際の見事さに感心した。

この様子を加藤吉次郎氏企画、テレビ愛知『本丸御殿がよみがえる』を制作・放映、優れた番組をたたえる前島密賞（公益財団法人通信文化協会）を受賞した。

ＪＣは優れた地域組織である。年代は四〇歳卒業、大企業社員は少なく、地場の跡取りさんが多い。時に酒を覚える組織と揶揄されるが、それは大人になる過程での緊張の息抜き副産物。老舗の御曹司が委員会に所属する縦割り組織で一糸乱れず社会貢献をする。必然的にまちづくりの実践的理解が深くなる。

エピソード　能管とオーケストラ

作曲家浜田一馬は東京の音大で声楽を学び、藤田六郎兵衛は名古屋音大で声楽を学んだ洋楽符が読める笛方邦楽師である。

浜田は能管の限界を超えて作曲、六郎兵衛は高い空気摩擦音で能管を吹き、プロとしてできないと言わなかった。その演奏姿勢に感動した。

ク　ＮＰＯ設立と普及に貢献

夢いちばには子育て、障害～高齢福祉、環境、防災、文化、歴史継承など、さまざまな自主活動グループに呼び掛けた。口コミで多くのグループが集まった。このグループの多くがＮＰＯ法制定に伴い自治体にＮＰＯを申請、認定を得て、現在も名古屋地域の中核的ＮＰＯとして活躍している。

東京でＮＰＯ法制定に向けて尽力され、日本ＮＰＯセンターを設立した山岡義典さん（元トヨタ財団・産業技術記念館構想で指導、後に法政大院教授）が、市民団体とのＮＰＯ法制定に向けた情報交換で来名（平七～八・一九九五～六年、五〇歳頃）。ナディアパークのアルパック会議室をＮＰＯ法の市民勉強会に提供した。

勉強会には、自立する道具の会で夢いちば常連のモンテ・カセムさん（国連地域開発センター、後に立命館大学副学長）、後の市民フォーラム21NPOセンター代表後房雄先生（名大名誉教授・愛知大教授）、大西光夫さん（後にNPOボランティア・ネイバーズ代表・顧問）などがいた。

「夢いちば」は名古屋でNPOが羽ばたくインキュベータになった。NPOは夢いちば企画では予期しなかった本丸御殿再建キャンペーンの付帯産物だった。

当時、アルパックでは小竹暢隆（東大院・東レ・地元企業～AR）さんが、地域産業組織論の視点でアメリカのNPOに注目、情報収集していた。これがNPOの理解に役立った。産業組織論ではなかったが。

アメリカのNPO活動は盛んで歴史も長い。日本で顕在化してくるのは、中心市街地衰退からの再生の動きである。阪神淡路大震災（平七・一九九五年）がNPOの契機となったといわれている。

（三）障壁画復元模写　林功が遺したもの

ア　藝大の寮友・林功君との再会

本丸御殿障壁画復元模写の先駆者である林功さんのことが最近はどこにも触れられない。この備忘録であえて特筆する（以下、林さんの敬称略）。

ある日、東京出張の帰路、新幹線車中で藝大同期の日本画家、林功と隣席、互いに奇遇に驚いた（平二・一九九〇年、四五歳）。愛知県立芸術大学（県芸）に赴任することになり名古屋に向かうところだという。県芸赴任の目的は「名古屋城本丸御殿障壁画復元模写」と聞き、喜んだ。即刻、車中乾杯。

林は藝大大学院で保存修復を学び、重要文化財の障壁画復元模写第一人者として活躍していた。名古屋城本丸御殿復元は建物より枚数が多い障壁画復元に時間がかかると聞いていたので、市が障壁画復元模写を始めるということは御殿復元も遠くないと確信した。

林とは石神井寮で同じ釜の飯を食った仲間。私たちが在学中（一九六〇年代後半）、今のセンター入試の先駆け、能検（能力検定）テストの藝大への先導的導入に学生の多くが大学自治と芸術教育の創造性喪失を危惧して反対、林は日本画学生の中で能研反対の旗頭だった。

名古屋城（博物館相当施設）学芸員で狩野派障壁画の研究者奥出賢治さんから「障壁画復元模写第一人者として林功氏に本丸御殿障壁画復元模写を委ねた」とお聞きした。奥出さんの眼力に敬服した。

・林功からの聞き覚え

林は画家個人として手練れの復元模写専門画家を組織し、文化庁の元で瑞巌寺はじめ重文の障壁画復元模写を担当したが、名古屋城本丸御殿の場合は県芸日本画復元模写研究会とおこなうことになり、片岡球子客員教授の期待を一身に背負って県芸に赴任、当初講師、後（平六・一九九四年）助教授としてこれにあたった。

補足　御殿障壁画　なぜ復元模写か

焼失前の名古屋城は日本の城郭国宝第一号だった。第二次大戦末期、名古屋大空襲（昭二〇・一九四五年五月一四日）により東南隅櫓・西北隅櫓などを遺し、大半を焼失した。

本丸御殿障壁画は空襲による焼失を免れるため、直前に御殿から取り外すことができた障壁画を疎開、一〇四九面が残り、国の重要文化財（重文）に指定（一〇四七面）された（二点指定漏れ）。

重文に指定された障壁画は文化財保存が第一義となるため、温湿度と照度一定の条件の下、人手に触れないよう保管されることになる。

御殿が復元されても厳しい環境管理から重文の障壁画を常時御殿に展示することはできず、常時は復元模写した障壁画を展示することになる。二条城も同様である。

復元模写した障壁画を偽物とする意見があるが、正確ではない。復元模写は狩野派が障壁画を制作したと同様の画法・体制でおこなわれる。

復元模写を学び、技を極めた専門画家（藝大院保存修復修了）が、当初の障壁画に近い紙、膠、顔料、筆を厳密に選択し、原画から忠実に模写して描く。現代に描かれた障壁画である。

文化庁のもと重文復元模写を光学・化学分析を用いておこなった林の手法は、その原則を同時代・同素材・同技術によることとし、復元模写の新境地を開いた（林功からの聞き覚え書き）。

イ　思いもよらぬ林の苦労

本丸御殿障壁画復元模写の企画・制作は画家＋研究者の両面の実績を持つ林でなければできなかった。

この理解は林招聘の発案者、名古屋城の奥出賢治学芸員の他に多くはなく、その難しい状況を県芸日本画、秦誠先生（後に教授）がバックアップした。

後に林は助教授になるが、着任以来、苦労の連続だった。林が障壁画模写について、写生模写（例：県芸法隆寺金堂障壁画模写）と復元模写（例：名古屋城本丸御殿障壁画）の違いを説明したことも理由の一つかもしれない。

大きな作品制作のためマンションに移ると、早速「まだ早い、職員宿舎に戻れ」と大先生から指示が来る。林はテラスハウスの宿舎に戻って故障した風呂釜や壁をセルフ修理し、制作を続けた。現場を見て移住に納得した。

職員住宅には故 河村暢夫ＩＤ（インダストリアル・デザイン）教授（藝大工芸〜トヨタ、ラグビー部先輩）、芸術学科森田義之教授（藝大二年後輩、県芸四〇年誌編集）が住んだ居住性の高い吉村順三風小住宅とテラスハウスの極小住宅があった。テラスハウスはＲＣ打放しローコスト設計。公務員住宅の設計指針によるのだろうか、居住空間の格差は大きかった。

本丸御殿障壁画復元模写講演会を金しゃち連で開催。聴衆からは復元模写がよくわかったと大好評だった。

愛知万博海上の森事業最中に急逝した水野一男さん（岐大、木文化研究所）紹介で金しゃち連に参加した故 夢童由里子さん（人形作家）も、林の話に頷いた。

この様子が地元新聞やテレビで報道されると、翌日「講演などまだ早い」と指導の言葉。大先生の本心は、後進を指導者として期待する林への親心、老婆心だったと拝察する。しかし林の一挙手一投足が、即刻大先生に伝わるという異様な状況が不可解だった。

他大学から声がかかり教授でも遜色ない業績の林の現状に、東京の友人たちが心配し、東京に帰れと叫ぶほど。林を知る藝大の仲間の多くが、心を痛めていた。

「講演で市民の前に引き出し大先生には小言をもらい、昇進に影響させ申し訳ない」と詫びる。「心配いらない、自分のことは自分でする。讒言《ざんげん》など気にせず、いつでも声を掛けてくれ」とまるで演歌の台詞。錦三カラオケ・サロンで流行歌など唄って気を紛らわした。

ウ　中国　交通事故で急逝

県芸菅打楽器助教授武内安幸さん（後述・飲み友達）から林先生が中国の交通事故で重体、中国軍の病院で治療中と知らせ（平一二・二〇〇〇年一一月、五五歳）があった。数日後、亡くなったと聞き、強い衝撃を受けた。

中国で未公表の石窟壁画を調査中、その調査に復元模写の第一人者として招聘された。中国調査団の画家たちと休日に誘われてスケッチ旅行に行き、帰途、運転ミスで事故、運転手と林が大けがを負い、中国政府が救命に力を入れ、装備の整った軍の病院で治療を受けたが内臓損傷による臓器不全で死亡と知らされた。

東京山手線沿線の寺であった葬儀に取る物もとりあえず駆けつけた。多くの藝大の仲間が集まった。

この間の林の苦労を知る仲間は「林の怒りの爆死だ」というものさえいた。

その後、愛知芸大関係者の努力で、事故後の関係手続きが無事におこなわれたと聞く。とりあえず一安心だった。

エ　本丸御殿障壁画復元模写、その後

林功による本丸御殿障壁画復元模写が始まった時、林とともに藝大大学院で保存修復を修めた何人かの手練れの画家たちが参加していた。

文化庁の依頼で数々の重要文化財（重文）復元模写に携わった林曰く、大学院修了の技量では復元模写は難しい。植物の葉茎などの勢いある線は、熟練でないと一筆では描けないと語っていた。その手練れの中に、現在、復元模写の指導者である加藤純子さん（津島神社社家、藝大院保存修復吉田研究室出）がいる。

生前の林と源氏物語絵巻（徳川美術館蔵）復元模写に携わっていたと林から聞いたことがある。

他に日本画一年先輩の谷中武彦さんが「俺も本丸御殿やっていたんだよ」と、望月菊麿（藝大院鍛金、金属彫刻家）個展会場でお目にかかった時にうかがった。

その後、加藤さん指導の下、加藤さんと県芸保存模写研究会で復元模写が進められ、本丸御殿竣工時（平三〇・二〇一八年）には未完の一部（天井板絵、疎開できず消失した壁付絵）を残し、障壁画が本丸御殿に飾られた。

林功が五五歳の志半ばに中国の交通事故で急逝して今年（令五・二〇二三年、七八歳）で二三年。本丸御殿復元は完成した。障壁画の復元模写はまだ続いている。しかし、忘れられたように林功のことは語られない。

エピソード　日本画の復権

在学当時、卒業制作が「目方で評価される」というゆがみを正すことが林の信念だった。第二次大戦後、藝術たらんがため、日本画が油絵のような厚塗りをした。

四百年を超える名古屋城障壁画が、取り扱いで多少傷んでいても、生き生きとしている。一方、戦後五〇～六〇年の日本画大家の厚塗り作品が、割れて修復しなけれ

ばならない状況にあることに強い危機感を林は持っていた。だから日本画の原点に戻る、それが復元模写に取り組む林の基本姿勢だった。考えて行動する画家だったのである。

(四) 金しゃち連改組　新たな出発

ア　酒の本丸御殿をつくる

本丸御殿の認知は徐々にひろがったが、再建の見通しは立たない。御殿がすぐにはできないから、酒で本丸御殿をつくろうと金虎酒造専務の水野康次さん（現 会長、東海高ラグビー部初代主将、中高同期）を金しゃち連世話人に誘い、酒の本丸御殿の醸造を依頼した。

水野さんはなかなか首を縦に振らなかった。商品化の見通し（確実な需要）が立たない、酒づくりは一過性イベントとはほど遠い実業だ。そこを無理して頼んだ。

金虎専務の水野さんが父親の善兵衛社長に相談、同意を得て新酒の醸造が可能になった。水野さんがテスト見本を三種ほど用意、味見で皆の意見を聞いた。

水野さんは名古屋市西区にある愛知県食品工業技術センターの助言を得て、試行錯誤で製品化を進め、試作酒第一号に到達した（平二・一九九〇年、四五歳）。

この時の酒は、実は不味いと不評だったが、新酒を開発した関係者にとっては不味い・旨いは関係なく、ひとえに本丸御殿復元に先んじる酒ができた喜びで一杯。ただ、うれしかった。

ここから水野康次さんの酒づくりの苦闘が始まる。酒のうまさ、日本酒度（甘辛さ）、酒米、精米度合い、麹、これらが仕込みを重ね、旨い新酒をつくることになる。

今は金虎に新進の若手杜氏木村伸一さんが参加、全国の品評会で金賞を獲得するまでに育ったが、開発当時の仕込み手は蔵元の水野康次さん独り、杜氏は越後の季節職人の高齢者だっただけに、新酒をつくるには不安が絶えなかったに違いない。

イ　天守にかかる月をめでる

一〇月名月の日、天守にかかる満月を背景に、能楽師笛方藤田流家元藤田六郎兵衛が笛を奏でる「月見の宴」を企画、この時の乾杯用に新酒づくりを急いだ。世話人会で新酒の名前を建物に先駆する「本丸御殿」と命名することとし、月見の宴の乾杯でお披露目となった。

曇り模様の当日、満月は危惧されたが、天守の金しゃちに月がかかる頃、雲が風に散らされ、仮設舞台で羽織袴の藤田六郎兵衛が吹く能管が清々しく響き渡った（平四・一九九二年一〇月、五七歳）。

満月の夜のニュースタイムに格好のネタ、地元ＣＢＣ経由でＴＢＳが全国ネットに配信した。

そして、何よりも念願の清酒「本丸御殿」をお披露目できる運びとなった。銘酒「本丸御殿」誕生である。

ウ　春姫登城　金しゃち連の改組

本丸御殿ＰＲでは、「御殿とは何か」と説明を求められるから名古屋城本丸御殿の歴史、建築意匠、構造、材料、間取り、障壁画など御殿の特徴を説明する。設立以来、建物の説明を続けてきた。

水野一男さんの紹介で世話人に加わった夢童由里子さんが、建物だけで人の話がないのは面白くないと、夢童さんの著作『夢童由里子の世界　尾張徳川をんなの群像』が紹介された（平五・一九九三年頃）。尾張徳川のおんなたちと本丸御殿との接点を探る中で初代藩主徳川義直公（徳川家康九男）に紀州浅野藩から一三歳で嫁ぎ、二之丸御殿に移るまでの期間、本丸御殿に住んだ春姫が浮上、再建運動に登城した。

春姫の尾張徳川義直への輿入れが華やかだったことから春姫の輿入れ道中を模した「春姫道中」（後の本丸御殿フォーラムの春姫道中とは異なる）をしようと話は弾んだ。

春姫人形を輿に載せ、大須から名古屋城まで練り歩くことにし、春姫を載せる輿を金虎水野さん、木文化研の水野さん、橘町尾関和成さん（元名古屋ＪＣ副理事長・からかみ屋）が手作りしたが、夢童さんの完成ＯＫが出ず苦労した。

準備しながら京都の「十三参り」を想いだした。室町問屋と嵐山虚空蔵さん（京都時代の仕事のお客様）とが、七五三以後成人式まで、着物を着る行事がないことから七五三に習って一三でお参りする行事を設定したという。

春姫輿入れが一三歳だから「十三参り」を真似た。会員のお子様や私の次女も参列。私は足軽最後尾を拝命、行列の最後についた。この事態に慌てふためいて右往左往する仲間がいたが、私は仏の境地だった。

その後、夢童さんの要請（後述）に従い金しゃち連を本丸御殿フォーラムに名前を改め、組織を改組、旧世話人は事務局から離れた（平七・一九九五年頃）。

夢童さんの要請は次の三つだった。

一　金しゃち連の名称を止める。

一　金しゃち連制作グッズを使用しない。

一　夢市場とは関係しない。
折しも金しゃち連設立以来一〇年、この間の金しゃち連を振り返ると、本丸御殿再建のいくつかの成果が確認できる、一つの節目に来ていた。

・本丸御殿再建運動の成果を評価

○本丸御殿復元の市民認知が広がった
○本丸御殿復元の検討調査がはじまった
○御殿障壁画の復元模写が進んでいる

など、金しゃち連の目的が大筋整っていた。目的が同じ別の人たちが新しい広がりをつくることを期待して、本丸御殿フォーラムに次のステップを委ねた。

この変化を金しゃち連の「無名の市民ボランティアネット型（共感の連）」から、本丸御殿フォーラムに見る「カリスマ・リーダー型」への転換と区分できる、と書いてみたが、夢童さんの心情を察すると、自身のアイデンティティ春姫が大イベントに発展し、事業も拡大したことから、中高年のおっさんに委ねる金しゃち連では心もとなかったのかもしれない。

金しゃち連の措置を独断では決められないから、当初の言い出しっぺ、元の世話人、友人の安田文吉さん（東海同期）に報告がてら相談した。夢いちばはフォローを継続し、事務局を木野秀明（前述）さんに交代した。

組織改編のはざまで「仏」の心境になる機会を頂戴した。そのことをありがたく感謝している。

エ　河村市長　本丸御殿復元見直しを提案

河村市長が初登場した時、市長発案で「本丸御殿復元見直し市民討論会」が市公館で開催された。公募で市長が選定した発言者は復元推進五名、中止五名である。推進は石田芳弘（元犬山市長・衆議院議員・東海同期）・河野いわお・高倉康人・中西啓俊・私。市長司会で全員が意見を発表。中止の意見には、私が逐一、丁寧に反論をした。最後に市長が参加者に賛否を問い、復元推進に会場の大半が手を挙げた。

終了後、横の方から、誰か木造天守と言ってくれんかなとのつぶやきが聞こえた。

オ　お力添えを頂いた物故者の方々

本丸御殿復元を支援、物故された方、お名前を記し、お礼とともにご冥福をお祈り申し上げます。

激励いただいた名古屋市元助役　浅井峅一さん
郷土史家・元中区長　水谷盛光さん
金しゃち連初代代表　大津年正さん

多額の寄付を頂いた　熱田の戸田さん
障壁画復元模写の道を開いた日本画家　林功さん
建築家・ＪＩＡ　中建築設計事務所　廣瀬一良さん
別格棟梁　伊藤平左衛門先生（藝大日本建築恩師）
能楽師笛方藤田流家元　藤田六郎兵衛さん
創作日本舞踊家　山路曜生さん
本丸御殿再建提案者　神谷東輝男さん
ＪＣ副理事長（サンデーフォーク社長）　井上隆司さん
愛地球博海上の森事業中に逝去された水野一男さん
夢いちば二代実行委員長（鹿島設計部）木野秀明さん
春姫生みの親・人形作家　夢童由里子さん
金しゃち連目付け・からくり研究者　高梨生馬さん
からくり人形師　八代玉屋庄兵衛
酒席の溜まり場ジェムソン　小木曽義治さん
金虎酒造　水野明子さん（前 会長善兵衛氏夫人）
　　　　　水野悦子さん（現 会長康次氏夫人）

この他に、金しゃち連と本丸御殿を支援し逝去された多くの方々、心からご冥福をお祈りいたします。

二　音楽で舫《もや》うコミュニティ

酒蔵コンサート物語

（一）ちょっと愉快な酒蔵コンサート

二〇世紀最後の一二月六日（平一二・二〇〇〇年、五五歳）、北区山田町金虎酒造で第一回「ちょっと愉快な酒蔵コンサート」を開催。以来、一時中断後の再開（平二九・二〇一七年）まで一七年延べ三〇回継続した。

コンサートの発端は名古屋城本丸御殿再建をめざし、組織改組したナゴヤ金しゃち連の本丸御殿再建の意志を継承するにはどうしたらよいか考えていた時、ふと金虎の酒蔵が小さな木造教会に似ていることから、生音が生きたコンサートを思いついた。

酒席で御殿再建に共鳴した県芸音楽教官武内安幸さんと、名酒吟醸本丸御殿を仕込んだ金虎酒造水野康次さん（前出）同意のもと、金管・木管の五重奏を交互に酒蔵で開催する企画に、演奏家一〇人が共管した。

酒蔵（酒粕絞・樽貯蔵場）はパイプ椅子（近藤産興借用、後買取）で最大二〇〇人の収容規模、屋根は木造トラス（西洋小屋造）、ヨーロッパの小さな教会と似て、アコースティックな五重奏を聴くには手頃な大きさだった。

補足　金虎金管・木管五重奏団

金虎金管五重奏団の奏者たち

Trp. 武内安幸（国音大・ベルリン芸大大学院。バイロイト音楽祭、県芸教官）
　藤島謙治（武蔵野音大〜名フィル、鹿児島国際大）
Hrn. 野々口義典（京都芸大〜名フィル）
Trb. 初　駒井小百合（国音大〜フリー）
　後　田中宏史（武蔵野音大・インディアナ大〜名フィル）
Tub. 安元弘行（藝大〜東京フィル〜県芸教官）、他

金虎木管五重奏団の奏者たち

Fl. 村田四郎（京都芸大〜名フィル〜県芸教官）
Ob. 和久井仁（藝大〜県芸教官〜N響）
Cl. 前半　北野美幸（県芸〜同教官）
　原田綾子（藝大〜リヨン国立音楽院〜県芸教官）
Fg. 青谷良明（京都芸大〜名フィル）
Hrn. 阿部映里奈（県芸〜フリー）
　野々口義典（前掲）

補足　金管と木管の違い

金管　吹口が金属マウス、Ｈｒｎは金管・木管の両方に入る。五重奏はＴｒｐが2本。
木管　吹口がリード（葦）、Fl は歌口に息を吹き込む

（二）尻上がりに盛り上がるコンサート

聴衆が五～六〇人も集まれば成功と、はじめは見くびっていたが、開けてみれば一〇〇人、最盛期には二〇〇人を超え、尻上がりに盛り上がった。広報は私のメールと蔵元金虎の町内広報、飲み屋での口コミ、実はこの口コミが大きな効果があった。事前予約で軽食・つまみを仕込む。申込みが二〇〇名になるのに時間はかからなかった。それには理由がある。

・酒蔵コンサート　満足の楽しさ

演奏、日本酒（金虎）飲み放題、お弁当とつまみ（ビールは有料実費）、会費は当初の頃、大人三〇〇〇円、最終大人四〇〇〇円。受験生（結構人気）・子供（禁酒）二〇〇〇円とリーズナブルな設定。演奏家同伴は招待。

経費は企画・広報・会場ともに無償奉仕。演奏者謝金とアゴアシ（食事・交通費）、酒（飲み放題で膨大な飲酒量を金虎負担）・弁当・肴・当日バイト代が主な支出。締めて次回事務

費が残る程度。

コンサートの余韻と盛り上がりは、そのまま、後の交流会に引き継がれ、お開きになっても席を立つ客はなく、やむを得ず、タケちゃんの蛍の光ソロで閉幕。その勢いで錦三に流れた方もある。二度とないだろう酒蔵コンサートの愉快さ、自慢を交えて書き留める。

酒蔵コンサートが愉快だった訳

「あんな楽しいコンサートはない、ぜひ復活を」といわれる。どうして愉快だったのか、振り返ってみた。

その一　多彩・多様な客層

①地縁第一、地元関係者

金虎酒造の町内やおじい様・おばあ様のお友達、地元北区長・職員、大曽根区画整理事務所、酒の保税監督者・国税事務所の方々（監視役か）

②飲食店　飲み仲間の連　洋酒酒場ジェムソンのマスター夫妻と客・浅井さんと仲間、国立医療センター内海院長、寿司の幸楽大将と客・辻村先生、水産仲卸の加藤さん一家、ピアノーラ村上マスター（幸楽大将と高校同期）、池下河童のママと客。

③金しゃち連仲間　故水野一男さん、眞弓さんなど木文化研究会員、ＪＣのＯＢ・柏屋紙店尾関和成さん。

④新酒の会仲間　定年後も東京から駆けつけた「新酒の会」会長白井さん（元住軽金）、出身地の熊野の魚を差し入れた東さん、茶原さん（新酒の会事務局）。

⑤文化関係　音楽評論家（東京）、飯尾中日新聞論説委員、松原名古屋市長、中電火力センター所長三田敏雄さん（後に社長〜会長、東海ラグビーＯＢ）、ロボット工学世界的権威福田名大教授、佐藤久美さん（名古屋国際工科専門職大学教授）、日本建築家協会愛知の仲間。名古屋市総務・住宅都市・市民経済各局の仕事仲間。

⑥東海関係　同期三九会の仲間　ラグビー部ＯＢ、体育教師伊藤達彦先生夫妻は毎回参加

⑦県芸学生たち　会場設営（バイト＋教官の五重奏を聞く）の県芸管打楽器学生がおよそ一五人ほど。

以上、大半つながりのある聴衆で気心が知れている。司会はお神酒入り尾関の「べしゃり」で緊張なし。

その二　聴衆が成長するコンサート

楽章の変わり目で拍手が入る。拍手はどこで入れるか、タケちゃんが懇切丁寧に「拍手は細かく早く、盛り上げる」と教える。回を重ねると、楽章変わり目の拍手が止まった。聴衆が成長するコンサートなのだ。

酒蔵コンサート・木管五重奏

その三　楽器・奏者を愉快に紹介

酒蔵コンサートは、クラシックどころかジャズもロックもはじめて演奏会を聴く客が多い。そういう聴衆を集めた不思議なコンサート。奏者の紹介かたがた楽器の解説を入れた。子供でも喜ぶような身振りを入れて解説。ＮＨＫで中継すれば良かった。

その四　曲目の粗筋を面白く解説

奏者が演奏した曲を解説するのが聴衆にはわかりやすくて良い。金管タケちゃん、木管ワクちゃんが一曲ごとに解説、他の奏者が合いの手でツッコミ、会場が沸く愉快なお笑いステージだった。

その五　終わりのない交流の宴会

コンサートに続く宴会は奏者・聴衆一体で盛り上げ。サーカスはじめ、様々な舞台外演奏の場数を踏んでいるタケちゃんが、ニイニ・ロッソのトランペット曲を吹く、高年の聴衆は大喜び。この拍手は許される。

縁もたけなわ、タケちゃんがラッパで酒席の私の芸を誘う。立って両手を広げドミンゴ擬き「虎のパンツ」（伊フニクリフニクラ替え歌・藝大コンパ芸）、「ラ・ノビア」（伊語）を唄う。低めテノールが酒蔵に響き、タケちゃんのペット伴奏と合う。こんな様子だから宴会が終わらず、消費される酒は膨大で金虎が泣く。これが人気で聴衆を呼ぶ。再開の要望があるが、見通しが立たない。

・飛び入りミュージシャン　リーナー

太閤通口まちづくり協議会（太閤通口まち協）椿フェスタで出会ったストリート歌手・島袋李奈（沖縄出身・車部品季節工の合間に刈谷で路上ライブ）の弾き語りに圧倒され、酒蔵コンサートに拉致（平二六・二〇一四年頃）。

コンサート二次会で弾語り。その歌唱力に感動したワクちゃん「学生に聴かせたいよ」と呟く。僕は「ぜひ東京で、プロの目に触れるべき」と後押し。今、横浜を基点に活躍、CDも数枚送ってくれた。感性が高くプロの力を持つタレントだけに活躍が期待される。

・チンドン弁天や　スージー

「デラ」（太閤通口地区アイドル、主催者中村さんは太閤通口まち協幹事）出演のマルナカ屋上テラス（バーベキュー）で幕間に女性の流し「チンドン弁天や」、元はジャズバンド。高い音楽性に着目して投げ銭。演歌・ジャズ・映画音楽・ビートルズと約五〇曲を暗譜。これだけでもすごい。

クラ鈴子は県芸院・原田綾子（藝大～リヨン仏国立音楽院、県芸准教授・金虎木管五重奏団）先生の弟子。原因不明の難病、チンドン弁天やに入団が気分転換と紹介。

本人は、治療とレッスンを欠かさず、病を克服した。

弁天やはプロ集団だから定価がある。商店街イベントにはギャラが出るから紹介したが、酒蔵コンサートではギャラが払えず、スージー（金城二十四金・ジャズバンド）個人を東海同期の金虎飲み会に招待。

海外（伊・仏・英・米ジャパンフェスタ）にも挑戦。その意欲を評価。大須演芸場で年一回公演、昨年は福岡・名古屋・東京でガールズ・チンドンフェスティバル主宰。時折劇場・映画に協力出演、大いに期待している。

（三）武内安幸さんとの出会い

事務所がナディアパークにあったころ、広い会議室があった（高家賃で贅沢）ので、いろいろな集まりに会場を提供した。小竹暢隆さん（元アルパック所員、名工大院教授・退官）が会員のワーグナー協会名古屋勉強会を二、三度開催。

・ワーグナー協会名古屋勉強会

バイロイト祝祭音楽祭トランペット奏者（一九九四～二〇〇一年、日本人初）武内安幸さん（タケちゃん）が講師で来場。話題はバイロイト音楽祭の歴代指揮者、曲目、出来栄え、金管楽器の歴史（ヤマハから木製トランペットを借用）などをお聞きした。

ワーグナー設計のオペラハウスのオーケストラピットは舞台より下で歌手の声が客席に直接届きやすいようにしてある。オペラハウスは公演に必要なあらゆる機能（例えば靴屋、衣装屋など）を備えた小さな都市、バーがあって出番以外の奏者が飲んでいる、出番を忘れた奏者の失敗談は面白かった。日本とは異なる環境のドイツでの修行など興味深い話で盛り上がった（推定平八・一九九七年頃）。

・タケちゃん再会　飲み友達の出発

初めての出会いから暫くして「県芸教官に赴任、名古屋にいる」と知らせがあった。早速、住吉の「出雲」で一献。今は武平町通北で本格割烹を営業。溜まり場が幸楽に移るまで、出雲は飲み助の溜まり場だった。

高級割烹をめざすしげちゃん（島根出身の父親を継ぐ二代目料理人）にはタケちゃんや私たちは迷惑な客だったに違いない。

今更ながら申し訳なかった。以来、何かにつけてタケちゃんや県芸音楽教官、今は一線で奏者として活躍する県芸管打楽器学生諸君と飲む機会がしばしばあった。それが酒蔵コンサートを立ち上げる縁になった。

(四) 住吉のタニマチ　幸楽・田中の大将

コンサートの後は「打ち上げ」がつきもの。ウインド・オーケストラ（吹奏楽団）は伏見電気文化会館や白川ホールが多かったから、打ち上げは錦三か住吉の大型居酒屋。一〇～三〇人くらいなら幸楽が刺身・寿司・ビール・酒（金虎）を学割セットにしてくれた。

大将は文化のタニマチだった。大将が住吉の素敵な店を紹介してくれた。印象的な店をご紹介する。

ア　秘密の隠れ家　住吉　シガーバー

住吉で最も印象的な店・マスターはシガーバー・スピリッツ、早稲田康幸さん。定額で安心な夜中の隠れ家、所狭しとベネツィアンマスク、照明の灯は蝋燭だけの怪しげな店。猫が一匹。早稲田さんには県芸コンサートにも酒蔵コンサートにもご来場いただいた。

イ　気さくなピアノバー　住吉　ジュネス

幸楽筋向かい、エトワール栄ビル四階ピアノバー・ジュネス、青木ママは大将の紹介。演奏し唄う人の溜まり場。楽器や楽譜持参の客がいる。時にはシャンソン、カンツォーネ、ジャズボーカルのレッスン会場。織田正太（昭一九年・早大・元電通）さんは、司いつ子さんに習い、ご夫婦でコンサート。ジュネスは、普段、木須さんなどピアノ弾きがいる。店置きギターで唄う曲は指が暗譜している「花まつり、風に吹かれて、五百マイル、灰色の瞳、異国の人」。これが青木ママに気に入られた。

ウ　錦三　マイルス

ＳＡＳ名古屋川本さんに同行、錦三のジャズ・ライブ・バー。グランドピアノを円形カウンターで囲んだ客席。オーナーのサックス 故 松原さんは当時名古屋で五〇人ほどの残り少ないキャバレーのバンド経験者。

アルパック名古屋開設一〇周年（平四・一九九二年）、パーティーの演奏を依頼。サックス松原・ピアノ花田・ベース山下・バイオリン寺井尚子・唄しのぶちゃん。松原さん亡き後、今は、イクラママで営業。

エ　ピアノーラ　元ナベプロ　村上さん

幸楽の大将と東邦高校同期の村上マスター。東邦野球部投手。高校からレッスンで東京に通い、ナベプロでデビュー。日劇ウエスタンカーニバル出場の化石的歌手。同僚森進一の唄に圧倒されて歌手を諦め、苦労して錦三でピアノバー開業。ピアノーラも高校同窓の縁で、幸楽の大将も応援。

オ　日本一奥行の狭い店　志知

伊勢町通の白雲禅寺門前から南大津通に続く路地の伊勢町通南角に縄のれんの志知がある。ここの丸干しは脂がのって旨い。東西の客人、この狭い店を皆珍しく喜ぶ。

・寿司の幸楽　田中大将　住吉への貢献

田中大将は第一に芸道のタニマチだった。相撲の大鵬親方、相撲甚句の元関取大志、歌舞伎の市川笑三郎、名妓連スナック。タケちゃんの愛用になってからはクラシック管楽器奏者の溜まり場になった。音楽家優遇があったと思う。

第二に住吉の魅力ある店を飲兵衛客に紹介したこと、つまり地域の飲食店が共存共栄するつながりの先導者・アントレプレナーだったこと。

たたき上げの寿司幸楽大将・田中さん。実は、出雲の重ちゃんとは父親同士が縁戚だった。

店は花板の古川さん、松ちゃん（松本さん・トランペット修行）に支えられた。大将もおかみさんも一年前に鬼籍に入り、店を閉めた（令四・二〇二二年春）。居場所がまた一つなくなったと思うのは、私だけではない。

（五）広小路ルネサンス

・広小路モール化イベントの相談

広小路を歩行者と公共交通のトランジット・モールをめざ

す「広小路ルネサンス構想」キャンペーンの相談が名古屋市からあった（平一五・二〇〇三年・五八歳）。

広小路の歩行者系モール化は、半世紀ほど前から名古屋の交通研究者、行政職員の悲願と景観基本計画策定時、広小路モール化の報告書を拝見し、聞いていた。

世界の都市の交通事情、メインストリートと比べて、広小路のモール化はぜひ進めるべきことと共感した。

ミュンヘン（ドイツ）やウィーン（オーストリー）などヨーロッパの都市、ミネアポリス（アメリカ）のニコレットモール、大府井大街（北京）などその都市の中心的目抜き通を歩行系通りとする例が世界に多くある。ヨーロッパかぶれの地域計画家、まちの町医者、広小路や南大津通のモール化に強い関心を持っていたから、即座に応援企画を立てた。それが広小路音楽彩だった。

・音楽が舫《もや》う　広小路音楽彩

依頼は名古屋市と名古屋商工会議所による広小路ルネサンス実行委員会（平一五〜一七・二〇〇三〜〇五年、五八〜六〇歳）。事務局は名商、廣瀬、田口、山形の各位、名古屋市都心再生の担当は炭、山田、横地、坂本、鈴木、高山の各氏など。メンバー構成からこの施策に、名古屋市がいかに力を入れていたかがわかる。


構想は民間交通業界一部の不同意で実現しなかった。

広小路音楽彩は笹島〜東新町、約四㎞の間の公開空地等に、管打学生とインディーズを交互に入れ、広小路通をミュージック・ストリートにすることだった。

補足　公開空地

総合設計制度により敷地に高い容積を適用する際、防災等、市民が利用可能な空地を敷地に指定する。この指定された空地を公開空地という。従来閉鎖的だった公開空地の活用促進をねらった。

・学生の管打楽器とインディーズ

県芸管打楽器の学生出演をタケちゃんに相談、名古屋音楽大学（名音）北川先生にも相談し、意欲的なＴｒｐ奏者一名を推薦された。県芸打楽器女性チームは幼児から高齢者にも受ける優しく愉快なパフォーマンスで道行く人に受けた。ＮＨＫのＥテレで十分使える。

インディーズ系バンドはハートランドカフェの斎藤さんに相談。ＣＤやグッズ販売許容と引き換えにバンドに出演してもらうことにした。斎藤さんは元ミュージシャン、今はプロモートに専念している。

バザールは全国一の出展参加規模を持つクリエーターズマーケット主催の相羽寿郎さんにお願いした。

全体調整と設営は株式会社ゲイン水谷さん（退社）と相談。アルパック担当は福井守さん（退社）を中心に、河野麻理さん（転職）などがかかわった。

・締めれば大赤字　広小路音楽彩

受託額を超える外注をし、まったく予算管理ができていなかった。締めてみればスタッフの給与も残らない大赤字。

（六）もう一つの溜まり場、池下界隈

県芸音楽教官の先生方から、しばしば池下付近でお誘いを受けた。県芸音楽教員の官舎が池下駅近くの県営住宅にあったからである。

その職員住宅閉鎖には職員採用時の条件が違うと一悶着あったが、多くの教官は早々に転出、最後まで残ったのはタケちゃんだった。

チェリスト天野武子先生（藝大音校一年先輩、多治見・金城OG、ご主人は藝大建築二年先輩）とも池下で会食した。天野先生の助っ人で、音楽のサテライト会場を探すご協力をした。タケちゃんからは駐車場整備や女子寮の民活建て替えなど環境整備の相談にのり、助言していた。

そのしがらみで池下の県芸音楽教官溜まり場だった鉄板焼き「河童」にしばしば招かれた。

河童のママは地下鉄池下駅近くの広小路沿いでブティックを経営していたが現在地に移転、鉄板焼き居酒屋に転業。先年、ご主人が亡くなったが、夫人は元気に営業を続けている。金虎酒蔵コンサートの常連客でもあった。「河童」でほろ酔いになった後は、地下鉄池下駅前北のビル一階カラオケスナック「ウイング」に連れ立って行き、だみ声を張り上げた。池下は飲食店の集積が多く、池下は地下鉄東山線で今池に続く繁華街でもあった。ウイングの客層は料金が安いから若者も入りやすい。ご夫婦で今も営業を続けている。

以前は錦三で店を出していたが、高齢のため自宅に近い池下に引っ込んだ。

マスター（京都洛北高ラグビーOB）は、父上の転勤について名古屋に移住し、以来名古屋定住者。東惑クラブ（昭二三・一九四八年、東京で世界初の四〇歳過ぎラガーの不惑クラブ設立、同年関西で惑惑クラブ、二年後九州迷惑クラブ、昭二七・一九五二年、東惑クラブ誕生、全国に拡大）所属の後期高齢どころか八〇代の本格ラガー。マスターに度々お誘いいただいたが、さすがに私には体をぶつけ合うラグビーへの復帰の自信がなく、ゲーム出場はお断りしている。

三　広がる地縁のまちづくり

協議会まちづくり物語

（一）名古屋都心のまちづくり協議会

エリアマネージメント（エリマネ＝街区を越えた地域で、維持・運営・監理などをおこなう。必ずしも町内会とは一致しない）が、取り組まれる時代になった。

名古屋の錦二丁目七番街区では市街地再開発事業をきっかけに、都市再生法人として再開発地区の共有管理と周囲のまちの運営をおこなう画期的なエリマネ会社を立ち上げた。母胎は錦二丁目まちづくり協議会である。

栄ミナミにも都市再生法人のまちづくり会社がある。

ここは再開発のような拠点事業はないが、栄三丁目を中心に二丁目にかけての広い範囲で、デジタルサイネージ、シェアサイクル、パークレット、有料駐輪場を運営し、まちの維持管理に貢献している。母胎になったのは栄ミナミまちづくりの会である。

・都心に連坦する任意のまちづくり協議会

名古屋市地域まちづくり活動では四二団体が登録認定されている（令五・二〇二三年六月）。この制度設計に、脇田裕二係長のお手伝いをした（平二六・二〇一四年頃）。

筆者の調査（一〇年ほど前）では、名古屋市都心では制度以前に任意のまちづくり協議会（まち協）が大須を除いて一二地区・団体あり、名古屋駅西から東新町まで広小路と錦通を軸に、任意のまち協が連坦している。現在は前述の登録認定を受けている団体が多い。このエリマネは官制協議会ではなく、地元発意の任意であることが全国で見ても画期的である。

・名古屋都市再開発促進協議会の支援

都心のまち協を支援すべく、名古屋都市再開発促進協議会（名古屋商工会議所所管）でまちづくりプラットホームを開催、地区の活動交流をおこなってきた。

エリマネ委員会（委員長尾関・委員：加藤春夫さん・清水建設・転勤、河崎泰了さん・竹中工務店、委員会改組）が取り上げ、南部茂樹先生（都市構造研究センター・URCA国際委員・尾関同委員）を仙台から招き、「ＢＩＤ」と「メインストリート・プログラム」について勉強した。

その後、村山顕人先生（名大院環境学研究科・後 東大院都市

工）にもご相談した。名古屋では当時の住都局長入倉憲二さんがＢＩＤを名古屋市に導入できないか強い関心を示されたが、まだ実現していない。

南部さんによると、総務省とＵＲＣＡ（一社・再開発コーディネータ協会）の協議で、総務省は「制度適用に問題はなく、自治体が法定外目的税（特定地区の固定資産税の上乗せ徴収）のために地区の線引きができるかどうか」との見解を紹介された。

コンサルタントの若手にエリマネをやってみたいという希望が多いそうだ。語源となったＢＩＤやメインストリート・プログラムの経過を省いてエリマネの言葉だけが流布している。その経緯をよく理解してほしい。

補足　ＢＩＤ　Business Improvement District

一九七〇年、カナダのトロントで始まり、アメリカ、ドイツなど欧米都市に拡大。地主合意の得られた一定の地区を対象に、行政が固定資産税に数パーセント上乗せして税を徴収、その分を地域に還元、地域の運営委員会が防犯・美化・観光などの費用として使用する。税制を利用したエリアマネージメント費の捻出方法である。

補足　メインストリート・プログラム

アメリカの歴史保存活動を展開するナショナルトラストが地域の再生のため、活動団体の認証制度を設けた（昭五二・一九七七年）。半世紀前である。

認証を得ると寄付や州・自治体から助成が得やすくなる。認証のためのいくつかの基本事項があり、例えば活動はボランティアだが有償の専任マネージャーが必須とのことを聞いて、なるほどと頷いた。

ＢＩＤとともに中心市街地再生に活用されている。毎年三月全米活動地区およそ二〇〇〇地区以上が集まるコンベンションがおこなわれている。ぜひ参加したいが開催時期が年度末では難しい。ロスと姉妹都市の名古屋だから行政職員が交流し、制度活用をしてほしい。

（二）荒子の里協議会

・地域まちづくり活動団体助成の創出

地域まちづくり活動団体助成について、名古屋市住都局脇田裕二さんから相談、制度設計に協力した。

相応しい地域コミュニティのある地区として、名古屋市歴史まちづくり界隈をモデルに地域振興の効果が予想され、まちづくりの可能性が大きく、地域とのつながりがある荒子集落地区と円頓寺地区を推薦した。

荒子は従来、市の施策とのかかわりが少なく、地縁的しがらみの複雑さもなく、候補として認定され、私たちが助成団体の立ち上げに協力した。

・荒子の皆さんとの出会い

名古屋駅からあおなみ線（貨物線を旅客化）で三つめの駅、そこが荒子駅である。荒子は荘園時代からの歴史を持つ地区で、前田利家の出生地でもある。荒子駅前広場には馬上の若き武将利家像とお松の像が置かれ、金沢との交流で兼六園の梅が移植されている。

一二〇〇体、日本一の円空仏で名高い観音寺は前田家の菩提寺で、『尾張名所図会』に境内の姿が描かれている。

名古屋で最古の室町後期木造（重文）多宝塔がある。境内の東、駐車所脇に地域資料館が建設され、地域の伝統行事、文化財「おまんとう（馬の塔）」といわれる尾張地域特有の祭事の馬飾りが一体収蔵された。

観音寺門前は、槇の生け垣、共通の玉石積み地盤、茅葺き農家が二棟残り、路地を遺した集落を伝える。

荒子の皆さんとの出会いは、市から区役所を通して学区役員の皆さんに声がかかり、茅葺き民家に住む奥村和子さん（会長・昔からの町で町内に同性が多い）、地域ＰＲに熱心な洋菓子の小島祐助さん、きしめんの吉田麺社長吉田孝則さん、中川区の魅力発信隊の牧野政子さん、観音寺住職はじめ、様々な方々が荒子集落から近い中川区役所に集まり、私たちはまちの魅力を向上させるための地域づくり協議会の必要性を訴え、何回かのＷＳを重ね、荒子の皆さんの同意を得て「荒子の里協議会」が設立された。区政や祭など地域コミュニティがしっかりした地区でもあった。

・総合的な地域振興　荒子まちづくりの期待

荒子の歴史を活かすまちづくり協議会の提案（私たちが作成）に大きな異論はなく、地元の皆さんの賛同を得た。こういう町には言葉にはならない不思議な縁のつながりが働いていると感じた。

地域ビジョン作成をお手伝いし、視察に同行、イベントを通して荒子の皆さんと親しくなった。継続的なまちの研究に大学連携が必要と考え、名古屋大学環境学研究科宮脇先生、高取先生（現 九大）をご紹介した。

まちの歴史には円空、重文や茅葺きがあり、お馬頭がある。生け垣や社叢林、市街地内農地の緑がある。生業的農業はじめ名古屋を代表する麺業、和洋菓子など、小規模ながら地域産業がある。観光がある。生活がある。総合的な地域振興ができるまちだ。

（三）名古屋駅太閤通口まちづくり協議会

・リニア中央新幹線への期待と不安

二〇二六年開通（当初）をめざし、リニア中央新幹線（リニア）工事が進められている。開通は途中経過の事情で遅れそうな気配である。

名古屋商工会議所のご縁で河村満さん（太閤ビルオーナー）や田中和夫さん（食品製造卸販売）との往来があり、リニアをきっかけに、名古屋駅太閤通口まちづくり協議会（まち協）設立に名古屋市アドバイザー派遣で参加（平二四・二〇一二年）して、早一一年になる。

まち協は名古屋駅太閤通口の正面の椿町一、二丁目の町内の範囲を対象に、住民、地主、店舗経営などの個人と、ホテル、ビル賃貸業、駐車場、地下街、金融機関、商社、専門学校など法人会員が参加する。

区域内には愛知県警中村警察署がある。心強い。

初代会長は元名鉄副社長西川富夫さん、現会長は太閤ビルオーナー河村満さん。河村さんや副会長大竹敬一さん（大竹製作所・大竹パーキング）は、名古屋ＪＣのＯＢである。

設立の年、秋一一月に第一回椿フェスタを開催した。このまちには祭を実行する人材、パワーがある。

・椿まちづくりビジョン

リニアの開業を控えて、不安と期待が入り混じる中、リニア開通後、二〇一五～三〇年をめどとするまちづくりの目標と行動計画「椿まちづくりビジョン」（平二七・二〇一五年）を作成した。

ビジョンづくりに向け、昼夜のまち歩き、来街者・住民への千人アンケート、会員の意見集約のワークショップを重ね、まちづくりのストーリーを組み立てた。

地区にある専門学校の学生さんの手になる「まちづくりイメージアニメ集」、町内有志が所有する現新幹線開通前からの「椿町の生い立ち写真集」を編集、イベント風景には地区に拠点を置くアイドルグループ「デラ」と中村浩一さんの協力を得た。まちぐるみ、みんなの手になるビジョンである。

ビジョンの目標は、いつでも・誰でも・安心安全、訪れたくなるまち「名古屋駅太閤通口」が基本だが、リニア開通後、リニア駅上部の公開緑地「シンボル広場」、これを核に椿町内の十字の骨格道路を歩行系の道とする「ツバキ・ウォーク」を提案、名古屋駅太閤通口ウォーカブルまちづくりの提案である。

・用地買収にいち早く協力

計画公表後、用地買収がおこなわれた。駅舎工事用地にかかったまち協会員の地権者は、いち早く買収交渉に協力し、現在はリニア駅舎の地下工事が進んでいる。

名古屋市からは東西駅前広場整備案が示され、名古屋駅西太閤通口駅前は愛知・名古屋で開催予定のアジアオリンピック・パラリンピック（令八・二〇二六年）のメインゲートとして、リニア開業に先行して駅前広場を仮整備する暫定整備がはじまった。

暫定整備のため、まちの完成像はまだ不確定である。

・姫路駅前整備に見る都市づくりの姿勢

姫路といえば姫路城、そのお城を駅から真正面に眺望する広いシンボル道路「大手前通」は、両側の広い歩行者空間がバス主体の車の通行空間を挟むように整備されている。ここを協議会有志で視察した。

駅との交点は、西側に大手前通に続くバス・タクシー溜り、東側に歩行者専用アーケード商店街から続くサンクンガーデンを設置、地下街に動線を導いている。

駅舎一階は駅南北に通り抜け、視線が貫通している。西川前会長が名古屋駅の伝統的空間として訴えられてきたことと同じである。大手前通地下に駐輪場が設けられ、大手前通りには不法駐輪は見られなかった。

この様子から、姫路市の都市づくりの姿勢、これを基にした国との連携はじめＪＲ西日本や山陽電鉄、バスなど交通機関、市と商店街との見事な連携の結果としての都市整備であることが読み取れる。

・都市の顔＋駅西まちの営み　世界に誇るまちづくり

都市の駅前整備は、百年の大計で志を大きく持つべきである。今更ながらだが、姫路駅前を見て痛感した。

百年の大計は太閤通口まち協西川富夫初代会長（元名鉄副社長）が常々いわれていたことである。

名古屋市、ＪＲ東海、太閤通口まち協はじめ地域～地元は、世界に開かれた名古屋の顔、椿町の営みが名古屋と地域の誇りとなるまちをめざし、その実現のために関係者の連携・協働が必要だ。

些細な利害にこだわらず、都市の顔をつくる、大きな気持ちの共有が必要だ。それぞれの立場で、悔いを遺さないまちをめざしたい。

この備忘録校正のさなか、西川前会長が鬼籍に入られた。これまでのまちづくりへのご指導とご鞭撻に感謝し、心からご冥福をお祈り申し上げる。

第11章 まちの歴史を伝える

白壁アカデミア 手の知物語

開山以来 335 年の歴史を伝える八事山興正寺の杜

一　よみがえる歴史のまちづくり

（一）史跡整備と後藤元一先生

・史跡小牧山緑地設計

仕事は史跡を保護する緑地の修景設計（昭六二〜平三・一九八七〜九一年）だった。後藤元一先生（元ちゃん、詳細後述）が企画・指導、実務は本社中根さんに引き継いだが、報連相がなく状況把握できず困った。

元ちゃんが環境デザインを教える名古屋造形短大（現 名古屋造形大学）が小牧市にあり、文化財調査委員ということもあって、行政から緑地設計を相談されたと思われる。元ちゃんからは優秀な教え子（岡崎美穂さん）をスタッフとして紹介された。若いが意欲的で感心した。

補足　小牧山城とは

名鉄犬山線小牧駅から西、小牧市役所の北にある小高い山が小牧城跡。桶狭間の戦い（永禄三・一五六〇年）で今川義元を破った織田信長は、美濃の斎藤道三攻略のため小牧山に城を築き（永禄六・一五六三年）、清須から移住。美濃を手に入れた（永禄一〇・一五六七年）信長は、岐阜稲葉山城（後の岐阜城）に移住、その後、城下町は衰退した。

・史跡　高天神城整備計画

高天神城はJR東海道新幹線掛川駅から約八㎞ほど南、一三世紀に砦があった古い山城で、戦国時代、武田信玄・勝頼と徳川家康の争奪戦で有名である（令和五年NHK大河ドラマ舞台）。

優美な山の姿から鶴舞城と呼ばれ、続日本百名城（一四七番）に選定（平二九・二〇一七年）された。発掘調査で郭跡やこれを囲む土塁、生活雑器が発見されている。

合併前の大東町教育委員会により、発掘調査がおこなわれ、資料が多く残されていた。

調査は元ちゃんの紹介で、大東町の文化財高天神城跡を活かした観光振興計画として受託した（平九〜一一・一九九七〜九九年、五四歳）。

史跡の城郭、保全を基本にした調査の委員には城郭史専門の服部英雄先生、千田嘉博先生、後藤元一先生（元ちゃん）など五人の文化財専門委員が参加、史跡の保全はしっかりした位置づけがおこなわれた。

灌木の小山の歴史環境整備には植生把握が必要と考え、雑木林研究会の水野一男さん（故人・木文化研究所）に山歩き同行と植生の助言をお願いした。

　高天神城跡は遠州灘沿い、海際の位置にあるが、愛知・三河海岸部と気候が近く、臨海性の地被類や低木の植生が類似し、山歩きでは、松、ミツマタも見られたように覚えているが、記憶は怪しい。

　集落の生け垣には槇が多用され、門囲いの装飾を兼ねて使われていた。名古屋辺りではあまり見かけない。槇を変形加工した立派な門構えが着目された。

　槇は駿河～三河～尾張で体験した農村の生け垣に共通し、遠州～三河の方言（じゃん、だら、りん）だけでなく気候の似た地域農業文化のつながりを考えさせられた。

　整備計画は廓など発掘後の史跡の保存と合わせて、高天神社の参詣と城跡を巡る回遊散策路、駐車場、手洗い所、休憩施設の整備が対象だった。

　計画から四半世紀近く過ぎ、大東町は掛川市に合併して今はない。ＮＨＫ大河ドラマで何度も放映された高天神城跡はどうなっているだろうか。

（二）重要文化財　保存活用計画

ア　重文 八百津発電所　保存活用計画

　飯田喜四郎先生の紹介で公益財団法人文化財建造物保存技術協会（文建協）から岐阜県八百津町が実施する八百津発電所保存活用計画の紹介があった。

　発電所（明四一・一九〇八年着工、明四四・一九一一年運転開始）は約半世紀前に運転終了（昭三九・一九七四年）。八百津町は郷土資料館として利用（昭五三・一九七八年）していた。今回それを発電所資料館に改める。

　八百津発電所は木曽川水系電力開発黎明期の小規模水力発電所で発電機とともに重文指定を受ける予定で、文建協設計監理で保存修復工事が進められていた。

　重要文化財（重文）指定を受けるためには保存活用計画が必要であり、八百津町が文建協に相談して、保存活用計画の作成をアルパックに依頼された。

　保存活用計画は八百津町の要望をもとに修復工事の条件や歴史資料館としての留意事項を踏まえて展示計画を作成。引き続き展示設計・監理を担当（平八～一〇・一九九六～九八年）し、八百津町には大変感謝された。施行から四半世紀過ぎ、メンテが気がかりな時期だ。

イ　重文　山口県旧県庁舎・議事堂活用計画

八百津発電所保存活用計画と同じ頃、文建協の近藤光雄さん（名古屋出身）から連絡を頂戴した（平八・一九九六年）。山口県旧県庁者・議事堂は大正の木造庁舎で、設計は妻木頼黄（大蔵省臨時建築部部長）、設計主任武田五一、大熊喜邦が担当、施工は京都の大岩組、後期ルネッサンス様式の県庁・議事堂（大三・一九一四年）である。

これまで私には縁のなかった近代初期建築家、妻木頼黄、武田五一と、時を超えて出会うご縁になった。

山口県教育委員会担当は浅田さんだったか？　お名前が出てこない。親切な方で調査の進行は助かった。

活用計画案には不足する会議室、資料室の他には特に山口県の要望はなく、県民意向把握のためにお願いし、県民各界の意見交換を開催した。委員長は山口芸術短大福田東亜教授（故人）。委員は教育委員会のご推薦で県民各団体から参加いただき、おかげで計画案が纏まった。

県庁舎　ジオラマ博物館のような県政資料館、ギャラリー、会議室、市民団体室などの提案があった。

議事堂　議会資料館となっているが、議場の形態を活かしたコンサート・小劇場、子供議会などの活用を提案した（平九～一〇・一九九七～九八年）。保存改修後の現地を見ていないから、現状はわからない。

・歴史の町　山口

現在の山口県庁舎群は旧県庁舎・議事堂の隣接地を拡張したところにある。敷地面積は一二万四八五〇㎡、旧県庁舎・議事堂敷地のおよそ五倍はあろうかと思われる。堂々とした庁舎群である。

周辺は毛利藩の城下町、山手の歴史・文化ゾーンである。城下町はゆったりとした空間にゆとりのある住宅街で、椹野《ふしの》川支流、一の坂川に沿って緩やかな南下がりの傾斜地である。県庁の近くには室町時代に大内氏によって建てられた国宝五重塔と池泉回遊式庭園のある瑠璃光寺やザビエル記念堂がある、山口市の歴史コア地帯である。時間が許せばゆっくり城下町を観光すべきだった。

近くにはアルパックが再生のお手伝いをした煉瓦倉庫を活用した山口ふれあい館（山口市、本社高坂さん担当）の評判がよく、県庁の近くだったので、現地視察した。おかげで仕事がしやすかった。

（三）市民団体と行政の取り組み

・登録文化財　半田赤煉瓦　活用構想

名古屋から知多美浜町に移転、後に半田に校舎を拡張、更に東海市にも校舎を持つ日本福祉大学は狭義の福祉だけでなく、知多半島総合研究所を持ち、知多～伊勢湾の歴史・産業・生活・文化・観光について総合的に研究に取り組む広義の福祉研究・教育をしていた。地域に根差す大学として素晴らしい活動である。

知多観光開発を先導した山本勝子知多半島総合研究所副所長。ご主人の丸山優教授は、令和四・二〇二〇年春、鬼籍に入られた。アルパック助言役として大変お世話になった。

補足　丸山優先生

丸山先生のお話では、横国大～京大院池上研、イタリア・シチリア島パレルモ大学留学。研究分野は産業組織論。かつて弊社で産業・技術分野を担当していた小竹さんとの関係が先生との発端である。私とは白壁アカデミア、中部産業活性化ビジョン、名古屋市ビジターズ戦略、中部新空港コンセプトワークなど、限りなく助言をいただいた。

・保存活用の経緯

カブトビール（丸三麦酒）工場として建設（明三一・一八九八年）された半田赤煉瓦は、戦後、日本食品化工のコーンスターチ工場だったが新工場建設で撤退、財政事情が厳しい中、半田市が買収（平八・一九九六年）した。

そんな時、丸山先生の紹介で馬場信雄さん（中埜酢）、榊原純夫さん（半田市企画課・後に市長）、永田創一さん（建築家）などの委員で検討中の赤煉瓦ファクトリーパーク整備委員会で赤煉瓦活用の構想づくり支援（平九～一一・一九九七～九九年・五二～四歳）を依頼された。

舞鶴に習い半田赤レンガ倶楽部を設立。即刻、私も会員に参加。構想は赤煉瓦建物を保存・活用、ヤードを赤煉瓦運営の財源とする事業フレームだった。

・妻木頼黄、武田五一との出会い

半田赤煉瓦は米国と独に留学、日本にビアホールを紹介した明治三大建築家の一人、妻木頼黄が設計した。山口県旧県庁舎・議事堂は妻木頼黄のもと武田五一と大熊喜邦が設計した。半田とつながる縁があった。

名高専（現 名工大）で教鞭を執った武田五一設計の春田鉄次郎邸が白壁に遺る。春田邸は保存・活用され、大正期の戸建て集合住宅として保存・活用が期待された春田文化住宅は取り壊され、結婚式場が建てられた。

文化財にかかわる業務を担当しなければ明治~大正の大建築家、妻木頼黄、武田五一の足跡に触れる出会いはなかっただろう（山口県旧県庁舎保存活用計画で出会う）。

・地域再生のモデル　一般社団法人半田赤煉瓦倶楽部

丸山先生はじめ一般社団法人半田赤煉瓦倶楽部（平一四・二〇〇二年）の皆さんは、赤煉瓦工場建築の保存修復と並行して、カブトビール復活。半田産の酢を活かした江戸前握り寿司の原点といわれる江戸期の尾州早すし復元（当時の寿司ネタは保存のため「生」ではなく、「漬け」だったと丸山先生）はじめ、飲食にかかわる名物開発を進めた。これぞ地域観光開発のセオリーといってよいお手本である。

実践的経済学者の丸山先生は、名古屋でお目にかかると、必ずこの食の開発を熱心にＰＲされた。毎回、半田からマイカーで来名され、カブトビール復刻の時は、ビールを数本ご持参いただいた。

一般社団法人半田赤煉瓦倶楽部は、歴史の再生でトータルに地域活性化を図る素晴らしいコミュニティである。なかなかまねのできないことだ。

（四）研究助成機関と行政の共同取り組み

・楊輝荘の保存・活用

一般財団法人地方自治研究機構（地自研）と名古屋市の共同で楊輝荘の保存・活用を検討する「近代建築物・庭園の保全と活用に関する研究に伴う基礎調査」（平一七~一八・二〇〇五~六年）がおこなわれた。

調査機関の選定はプロポーザルで、調査実績と調査企画が評価され、アルパックが担当することになった。

補足　一般財団法人地方自治研究機構

地自研（平八・一九九六年設立）は日本財団から助成を受けて調査研究をおこなう政策シンクタンク。

役員は省庁出身者が多く、調査研究実務は専任研究員の他、民間シンクタンクの優秀なスタッフが出向で派遣されていた。

楊輝荘担当は佐々木一彰さん（野村総研から出向、現独立）。経験豊富で助言は的確だった。京都佐々木酒造がご実家と聞き、親しさを覚えた。長男の佐々木一彰さんはシンクタンク、次男は俳優、三男が跡を継ぐ。京都に限らず伝統産業継承でよく聞く話である。

・揚輝荘との再会

この調査は揚輝荘と私の二度目の出会いとなった。

はじめての時、伊藤家奥様のご案内で園内を一巡、聴松閣、伴華楼などを拝見した。伊藤家が開発した中層集合住宅が丘の中央に二棟建ち、品のよいおしゃれさに好感を持った。

・揚輝荘　都市開発的保存方式

その後、住宅開発事業者が伊藤家居住部と集合住宅を除く揚輝荘全体を取得し、分譲住宅敷地以外の庭園・緑地・近代建築を名古屋市に寄付する方式で揚輝荘を保存することになった。思わぬ開発的都市計画制度活用による優れものの保存方式である。

名古屋市都市計画課・建築指導課と住宅開発者（住友不動産）とが調整した結果と推察する。知恵者が考えたのだろう。この開発的保存方式に興味ある方は、名古屋市にお訪ねください。勉強になります。

・保存活用　応援団

名古屋市は、建築物と庭園の保存改修調査と整備を進めた。千種区は城山・覚王山の歴史を活かす街づくりを進め、揚輝荘が活用されることになっていく。

揚輝荘の応援団には、白壁アカデミア以来、近代建築保存を進める神谷さんの意志を受け継ぐ水谷さん、牛田さんなど愛知建築士会の会員が参加した。

その他、ここに集まってきた方々には、ある特別の曰く、コミュニティとの関係があった。揚輝荘の現役時代を知る松坂屋OBの方々である。

（五）保存・活用のコミュニティ

半田赤煉瓦と揚輝荘の市民による歴史文化資産維持保全活動から、両者に共通する人の輪が見えてくる。

赤煉瓦倶楽部半田の皆さんの結束は固く、強い企画力、実行力がある。その理由をメンバーの人たちの構成から考えてみると、地域型公民パートナーシップがベースにあるように私は思う。

発端は半田市の（仮）赤煉瓦ファクトリーパーク整備検討委員会有志による「半田赤煉瓦倶楽部」結成（平九・一九九七年）が大きい。そこに至る以前から赤煉瓦を保存し、市が土地建物を買い取ることになる流れをつくった人たちの動き、市職員（後の市長も）、地元企業社員、大学研究者、建築家など地域の公民連携による市民コミュニティだ。

その後、建物の修復と共に、一般社団法人（平二六・二〇一四年）とし、建設当時のカブトビールを復刻、現在に至る。

郷土の歴史を自らの誇りとする人たちである。

・名古屋らしい保存・活用コミュニティ

揚輝荘の指定管理者になった「NPO法人揚輝荘の会」は佐藤允孝（昭三六〜平一〇・一九六一〜九八年松坂屋勤務）さん、鬼頭伊之助（松坂屋社員の時、聴松閣を担当）さんなど名古屋の老舗百貨店、松坂屋本店に勤めたOBによる組織であった。お二人ともよく存じ上げている。

開発を機に民間に移管、住宅開発部分を除く近代建築と庭園が名古屋市に寄付された。楊輝荘に強い愛着を持つ松坂屋OBの方々が指定管理者となり保存活用と維持管理に参加されることになった。

強い愛社意識を持った企業OBコミュニティの方々に予期せず出会った。松坂屋への愛社の思いは他に代えがたい、名古屋ならではと感心した。

一般社団法人半田赤煉瓦倶楽部とNPO法人揚輝荘の会に見る共通点は地域とご自身の歴史に対する強い愛着と誇りを持った方々であること。歴史にはそういう人々の思いがあってこそ、掘り起こす意味がある。その後、指定管理者は「城山・覚王山歴史文化の杜まちづくり共同体（公益財団法人名古屋まちづくり公社、公益財団法人名古屋市みどりの協会）に替わっている。

二　名古屋市歴史まちづくり戦略

・景観緑三法

一五年ほど前、歴史まちづくり法制定を耳にした。正しくは「地域における歴史的風致の維持及び向上に関する法律」で、国交省＋農水省＋文科省（文化庁）の協調で制定される画期的な法律である。

要旨は重要文化財（重文）ないしは重文を持つ歴史的建築物と、周囲の緑の環境を一体的に歴史的風致として維持・向上を図る（重点区域）ことを目的とする法律（平二〇・二〇〇八年、六三歳）である。

町並みや集落などの面的な景観の維持・向上を支援する法律として期待が高まった。

補足　景観緑三法

景観緑三法は都市、農山漁村等における良好な景観形成を図るための「景観法」「景観法の施行に伴う関係法律の整備等に関する法律」「都市緑地保全法等の一部を改正する法律」三法の総称。

景観法（平一六・二〇〇四年）は、名古屋市都市景観条例（昭五九・一九八四年施行）の景観施策の考え方・計

画の構成と、ほぼ共通する内容となっている。

・歴史まちづくり法への期待

都市郊外や農村集落地域を歩くと、鎮守の森に出会う。鎮守の森には、古い社寺など建造物の文化財と伝統的な祭や行事が共存し、建造物と緑と水の環境、祭が一体に継承されている。

この法律は重文が前提となる制約があるものの、単体の建築や町並みを超える面的な景観まちづくりに取り組むために、大変有用性の高い法律として期待した。

新法制定に際し、都市景観行政先進都市・名古屋市がどう対応するのか、住宅都市局～都市計画～景観担当の幹部だった方々を訪ねて意見交換した。入倉、田宮、炭、山田、山内、横地の各位などである。さほど古い話ではない。不正確さはご容赦を願う。

・歴史まちづくり戦略

新法を受け住都局に「歴史まちづくり推進室」（歴まち室）を新設、名古屋の歴史まちづくりの総合的指針「歴史まちづくり戦略」（歴まち戦略）を策定した。

歴まち法では「名古屋市歴史的風致維持向上計画」を様式通りまとめることになる。その前に、歴史まちづくり戦略は、名古屋市として歴史まちづくりに取り組む基本姿勢を示したものである。

「名古屋市歴史的風致維持向上計画」は国交省資料（平二六・二〇一四年「歴史まちづくり法に基づく五年間の成果」）では名古屋市は全国四三番目。直近では八八都市が計画を策定している（令五・二〇二三年二月国交省）。

これは全国の市町村一七四七（令四・二〇二二年）のうち、わずか五パーセントにすぎない。

しかも、歴まち戦略のような都市の歴史まちづくり基本方針を持つのは名古屋市以外にはあまり聞かない。

国の法に基づく政策であっても名古屋市独自の位置づけをおこない、政策を進めるのが、都市計画の優等生名古屋市政の伝統である。

・「歴まち戦略」の意義

名古屋市歴まち戦略は「歴史都市環境整備のマスタープラン」としての意味があると考えている。

歴史的環境を持つまとまりのある地区を名古屋市独自に「歴史的界隈」として位置づけ、地図情報化した。

歴まち戦略の要として、今後、歴史的界隈を啓発していくことが歴史まちづくりに不可欠な課題である。

「歴史的界隈」を有効に活かすためには、規制・誘導・事業を伴う都市整備が必要だと思う。

・歴まち戦略　計画の意味

以下歴まち戦略の計画の意味を紹介する。

一、歴史の見える化　時代の分節化と地図情報化

名古屋　都市史の四分節（名古屋の歴史大区分）

①城下町以前

②城下町名古屋の形成と発展

③近代産業都市への飛躍

④戦災からの復興

名古屋　八つの歴史時代物語

①幕開けは伊勢湾誕生　推定数百万年前～

②太古の物語　およそ一万～数千年前

③尾張国造り物語　およそ二千年前頃～

④荘園と集落形成物語　およそ一千年以上～

⑤戦国武将の故郷物語　およそ五百年頃～

⑥名古屋城と城下町物語　およそ四百年～

⑦近代一　産業文化都市物語　およそ一五〇年～

⑧近代二　ハイカラ文化物語　同　右

⑨復興都市物語　七八年～

二、戦略目標は「語りたくなる名古屋」

「語りたくなる名古屋」のため、歴史を見える化した地図で表現した。子供に名古屋の歴史を理解しやすい素材として開発した。理解してもらえるだろうか。

三、「歴史的界隈」の位置づけ

歴まち戦略の意義は、建物・緑と水・祭や催事などの文化を一体に捉える「歴史的界隈」を位置づけ、公表したこと。

戦略策定有識者懇談会瀬口座長が推奨し、これに賛同して取り組んだ。従来の保存は建築の街並みと緑地を別個に位置づけた。しかし、界隈は町並み・緑地・文化を有形・無形一体の対象とする。これが画期的である。以下、名古屋市歴まち戦略の構成を紹介する。

参考　名古屋市歴史まちづくり戦略の枠組み（Ⅰ～Ⅳ）

戦略Ⅰ　尾張名古屋の歴史的骨格の見える化

戦略Ⅱ　世界の産業文化都市名古屋のまちづくり資産を活かす

戦略Ⅲ　身近な歴史にしたしむ界隈づくり

戦略Ⅳ　地域力で歴史的資源を「まもり・いかし・つなぐ」仕組みづくり

・歴まち戦略　誕生にかかわった方々

歴まち戦略策定のため、住宅都市局に「歴史まちづくり室」（平二一・二〇〇九年）を新設。都市景観基本計画時に新設の「景観室」（昭五八・一九八三年）以来、四半世紀（二六年）後である。名古屋市は歴まち室を新設、有力な職員を配

置し、歴史まちづくりに力を入れた。

初代室長山内正照さん、二代室長横地玉和さん、その元に優秀な職員が集まった。記憶によると（敬称略）、常包、栗原、坂崎、多賀、永原、八木、若杉の各位、優秀な職員が意欲的に歴まち戦略に取り組んだ。

歴まち法制定の情報にはじまり、名古屋市の歴まち室新設、歴まち戦略立案まで、三年がかりで名古屋市住都局と相談を重ね、その結果、歴まち戦略にかかわる三件の業務を受注した。アルパックは尾関、安藤（退職）、福井、木下、中村（退職）で担当。地図情報化を担った木下さんの奮闘が大きい。期限がある中での作業は市職員への依存が大きかった。

一方、アルパック内で業務分担偏重による遅滞が発生、体制修正できず、歴まち室にご迷惑をおかけした。受託者の教訓として備忘録に書き留める。

歴まち室職員の奮闘のおかげで、歴まち戦略がまとまり、「名古屋市歴史的風致維持向上計画」に引き継いだ。

参考　歴史まちづくり戦略　関係会議等

・歴まち有識者懇談会委員（平二一・二〇一〇年）

座長　瀬口哲夫　名古屋市大大学院芸術工学研究科教授
委員　赤羽一郎　名古屋市文化財調査委員会委員長
石田正治　中部産業遺産研究会副会長
西澤泰彦　名古屋大学大学院環境学研究科准教授
原田さとみ　タレント・エシカルコーディネータ
松尾直規　中部大学工学部教授
水谷智彦　愛知建築士会建築まちづくり特別委員長
村山顕人　名古屋大学大学院環境学研究科准教授
森田優巳　桜花学園大学学芸部教授
安田文吉　南山大学文学部教授

・名古屋市歴史まちづくり戦略策定プロジェクトチーム
（平二一～二三・二〇〇九～一一年）

座長　山田雅雄　副市長
委員　鈴木邦尚　市民経済局長
田宮正道　住宅都市局長
入倉憲二　前任　住都局長
村上芳樹　緑政土木局長
伊藤　彰　教育長
佐合広利　前任　教育長

三　白壁アカデミア　手の知物語

（一）歴史的建築物保存と白壁地区

ア　歴史的建築物調査と映像記録

名古屋市神谷東輝男さん（故人）に誘われ、松坂屋創業の伊藤家夫人との相談がてら揚輝荘を初めて訪問した（平五・一九九三年頃、四八歳）。

伊藤家夫人から、鈴木禎次（名古屋高等工業学校〔現　名工大〕建築科教授）設計の伴華楼二階和室は徳川さんから拝領したとお聞きした（伴華楼については松波秀子〔元　博物館明治村学芸員〕さんが詳しいと思う）。

伴華楼の建築年代の観察からは、徳川園時代の徳川屋敷（大政奉還後、尾張徳川家は東京に移るまでの間、徳川園に住まわれた）からの移築と推定できる。

名古屋市は市内の近代建築の「ハイビジョン映像化」（住宅編、広小路編）を企画、その支援（平六～七・一九九四～九五年）のため名古屋市神谷さんの指示で現場映像収録に同行し、協力した。

名古屋市が設立した株式会社ハイビジョン・ワールド（閉鎖）に近代建築映像化を依頼（制作ＮＨＫエンタープライズ、ナレーション黒田あゆみ）。この制作を支援した。

脚本家（ＮＨＫエンタープライズ）とは栄四「ジェムソン」（店主　半田出身小木曽義治さん（令四・二〇二二年、鬼籍）と郡上出身の悠紀子夫妻、都市計画・建築関係仲間のたまり場・閉店）で、親しく杯を交わした。さすがＮＨＫ、見事な番組になった（問い合わせは名古屋市へ）。

その後、名古屋市の「近代建築現況調査」（平一〇・一九九八年）に携わった（担当西村・退社）。

近代建築の調査では現況に保存状態の目視評価を加えた。おかげで名古屋の近代建築データに新たな視点を加えることができたが、報告書の出来栄えが悪いうえ、業務管理が悪く、資料を散逸し、反省多々な業務であった。

イ　名古屋の町並み保存地区

名古屋市教育委員会は文化財保護条例（昭四七・一九七二年）に基づく町並み保存要綱（昭五八・一九八三年～平二二・二〇一〇年廃止）により「有松」「白壁・主税・橦木」「四間道」「小田井」の四地区を町並み保存地区に指定。

「有松」

東海道、池鯉鮒・鳴海の間の宿、絞問屋の町並み、重伝建地区、町並み整備とともに来訪客が増加。令和四（二〇二二）年、国際芸術祭会場になった。

「白壁・主税・橦木」（白壁等）

城下町東の中級武家町、敷地規模平均六〇〇坪、近代に武家屋敷から企業家、陶磁器商、官僚が住み、和洋折衷住宅、料亭などに変わった。教育環境はじめ住宅立地がよく、マンション化の圧力が強い。

「四間道」

道の東は城と同時に築造された上町の清州越七人衆の商人町、西は下町で地盤が低い。

「小田井」

青果市場があった西枇杷島から犬山、岩倉を結ぶ江戸期整備の岩倉街道、平入りの商家町屋、水害を避け、石垣の上に建つ水屋がある。

ウ　歴史的建築物　所有者の悩み

町並み保存地区指定により、歴史的建築物は、ある程度維持・保存されていた。

反面、歴史的建築物の所有者にとっては建物の老朽化に伴う修繕費、相続対策、地価高騰に伴う固定資産税増大、住宅デベロッパーなどによる売買・建て替え圧力の高まりなどで、所有者は歴史的建築物の維持に困窮する状況に置かれていると推察できる。

このことは町並み保存地区にかかわらず歴史的建築物所有者共通の悩みだと思われる。

相続が発生し、所有者によっては納税のため、歴史的建築物を解体撤去し、売却されるケースを見てきた。

このことを解決する一助として、歴史的建造物の土地・建物の現状維持・保全を条件として、相続税の執行を歴史的建造物が維持・保全される期間に限定して猶予する特例的対応が必要だ。市街化区域内農地の措置と似た考え方である。

歴史的建築物が未来永劫に維持・保存されれば、相続税の適用は連動して未来永劫に猶予される。つまり民間の管理でありながら、実質的には公共の財産になったことと同等の意味を持つ。そうでもしなければ、このままでは相続税制が歴史的文化を破壊するという法の矛盾が正されない。

相続法の改正（令元・二〇一九年）で配偶者居住権が認められるなどの改善があったが、相続税の執行猶予にはつながらない。

省庁からの提案は出ないだろうから、議員立法ででも法改正をおこなうべきだと考える。残念ながら、どこからもこの声が上がらない。いかがでしょう。

（二）白壁アカデミア物語

ア　白壁　近代建築の保存活用

白壁地区（白壁）は敷地が平均六〇〇坪、尾張藩中・下級武士の住居跡に上級官僚、銀行家、陶磁器貿易商、紙業、豊田家や盛田家など近代企業家、電力事業者（福沢桃介、川上貞奴）などが、アールヌーボー様式を採り入れた和洋折衷様式が特徴の白壁ハイカラ住宅に住んだ。

尾張藩の治世下、白壁は名古屋城東、『鸚鵡籠中記』で知られる尾張藩の下級武士、朝日文左衛門が住んだ武家屋敷町で、屋敷は遺っていないが武家様式を遺す敷地割、尾張独特の石垣（亀甲積）、側溝石蓋（玄関先側溝の石蓋）、門、黒板塀と見越の松に往時の雰囲気をしのぶことができる。

武家屋敷跡は敷地が中規模の分譲集合住宅に適した規模（約六〇〇坪）で、栄から至近距離、文教環境がよく、生活利便性が高いことから、八事〜南山、城山〜覚王山と並び、人気の高い住宅地で、分譲集合住宅への転換圧力が高く、一層、保存が危惧されていた。

建物の保存修復は所有者の違いにより保存方法にも違いが生じる。

民間所有の場合は所有者が自ら保存・修復するのが基本だが、名古屋市が寄付を受け所有する場合は、市が保存修復し、修復後の運営管理に指定管理者制度を活用する。民間所有物を市が預かる場合は市が直接、保存改修できないため、都市整備公社（まちづくり公社）が代わって保存活用をおこなっている。

参考　白壁地区　保存活用の例　七題

旧豊田佐助邸　民間所有企業（アイシン）による耐震補強後、名古屋市が所有者から無償借用し、保存改修後、名古屋市まちづくり公社が公開・管理している。

春田鉄次郎邸　表の道路側に住まいを新築、奥の武田五一設計旧邸を保存改修後、名古屋市まちづくり公社が賃借・管理、フランス料理レストラン「デュポネ」が主要部を賃借、残りの部分を市民団体等に再賃貸して活用している。

春田文化住宅　所有者の意向にあう保存方法が見あたらず民間結婚式場に変わった。一棟でも遺したかった。

二葉館　福沢桃介、川上貞奴の住まい跡を名古屋市が所有者（大同特殊鋼）から解体後の資材を譲り受け、現在地に移築、城山三郎はじめ名古屋のゆかりの近代文学資料を収集・展示する文学館を併設、指定管理者制度により民間が公開している。

井元邸　陶磁器貿易商井元家の書院住宅、庭と応接の洋館、住居の和館が一体となった大正建築。

当初、白壁アカデミア（後述）メンバーの伊藤晴彦さん（晴さん）が幹事となって井元家と協議、使用ルールを定め、晴さんが筆頭店子、他に四人の共感者が「橦木館」の店子として暫定活用（後述）した。

後に所有者が土地建物を市有地と交換し、名古屋市が所有、改修整備後、指定管理者制度を活用し、新たな市民団体が運営・活用している。

百花百草　この地で生まれ育った岡谷篤一さん（城下町以来の老舗、株式会社岡谷鋼機代表、名古屋商工会議所元会頭）が、門、玄関・表座敷・茶席、前庭を保存、奥庭をイングリッシュガーデン、母屋をミニ・コンサートルームに改築、有償で市民に公開保存している。ピアニストをはじめ常時管理する女性三人、企業文化事業の常、採算は合わないだろう。施設管理は岡谷不動産。

所有者が自主的に保存改修、公開する例で「中部建築賞」（平一九・二〇〇七年）を審査員として推奨、他の審査員の賛同を得て授与された。

加藤邸　陶磁器貿易商の屋敷で、洋館はなかった。座敷と茶室が一体になった書院様式の母屋が特徴で、書院座敷の縁側に、蹲《つくばい》と並ぶ巨大な敷石と植栽が特色の庭と有機的につながる魅力的な建築であった。

この保存・活用のための自主組織「自習舎」を所有者と女性の仲間を中心に立ち上げ、建物と庭を文化事業やイベントに活用する努力を重ねた。しかし、建物の維持が困難だったため、母屋の一部と蔵を保存し、残りの敷地がマンションに建て替わった。

イ　井元邸・加藤邸からの発信

初期井元邸活用（橦木館と呼んだ平八・一九九六年〜）と加藤邸応援団自習舎が、市民による市民塾「白壁アカデミア」設立につながる白壁地区保存活用の出発点になった。

晴さんが亡くなり、当時の詳細確認はできないが、初期橦木館の活用について現 橦木館ホームページに「五つの店子による活用」として簡単な記載（平八〜一五・一九九六〜二〇〇三年）がみられた。

私の記憶によれば、初期橦木館五つの店子による活用期が

「白壁地区の保存と橦木館の活用にかかわる最も熱い時期」だったと覚えている。

・井元邸活用のきっかけ

始まりは井元さんから桜井治幸市議を介して名古屋市の神谷東輝男さん（建築局）、池田誠一さん（総務局企画課）に相談が寄せられたこと（平七・一九九七年春）だったと聞く。

井元さんが相続に際し、保存のために市有地との交換を相談したことが「橦木館物語の始まり」である。

井元さんは固定資産税程度の賃料で市民利用への活用を考えておられた。自ら町並み保存と活用に努力する高い見識を持つ所有者である（東海中高同窓）。

名古屋市神谷さんが、この話を白壁応援団に相談。いち早く手を挙げた晴さん（京芸大～トヨタ車体。デ博で退職しJIDA事務局長、デザイン事務所開設、トヨエースをデザインした自称トラック野郎）が責任者として井元さんと貸借契約（固定資産税程度の賃料）し、個々の部屋に他の団体を店子（貸借）とする暫定利用協定を締結して五人の店子が誕生した（平八・一九九六年）。

ウ　初期橦木館　店子五人組の活躍

個人所有建物を任意で第三者が活用する取り組みとして、事故を起こさないよう晴さんが細心の注意を払い慎重に貸借・使用ルールを決めた。

・洋館一階　兼松春実さんが図書とカフェ「自由空間」を開設。

・洋館二階　小栗康生さん（JIA会員）が設計事務所を開設。

・和室居間　晴さん、水野誠子さん（劇団気まぐれ）が台所、居間の店子、

・和室座敷　一部屋は高橋博久先生（博久さん、名工大建築助教授・住環境会議主宰）が店子。

他の店子と連携して住環境やまちづくりに関する学習会を開催し、大広間は学習・イベント等で市民やNPOが活用できるスペースになった。

神谷さん、晴さん、兼松さん、小栗さん、博久さんは名古屋住環境会議（博久さん主宰、事務局尾関、いつの間にか自然活動停止）のつながりがあった。

店子で劇団気まぐれ（金城OG）の水野誠子さんは橦木館店子期間中（平八～一五・一九九六～二〇〇三年）、ここで「まちんなか演劇祭」（一九九八年～日本演出者協会愛知支部「名古屋まちんなか演劇祭」、二〇〇〇年産業技術記念館で）開催。

脱劇場の画期的取り組みで、店子の期間中は続いたが、晴

さん亡き後、檀木館が指定管理者に代わり、店子五人の話は聞こえてこなくなった。

晴さん・博久さん・兼松さんから曽田先生〜延藤先生とネットワークがつながり、大きなうねりになった。

初期檀木館の晴さん型運営はいささか独善的だったが、活動を型に嵌めないやり方で、開放的な市民コミュニティ活動を育んだ。兼松流にいえば、「自由空間のインキュベータ」だった。

任意の合意による井元邸の初期檀木館店子時代のエネルギッシュな活用は珍しい事例だったと思う。

エ　延藤安弘先生とまちの縁側育くみ隊

博久さん・兼松さん、曽田先生などの縁で延藤安弘先生を招き、スライドトーク「幻灯会」が開催された（平一二・二〇〇〇年頃）。残念ながら白壁アカデミアなど町並み保存支援の裏方で気ぜわしく、私は幻燈会を拝聴できず、詳しくはわからない。幻燈会には三矢さん、坪井さん、名畑さんなど延藤先生の教え子が集まり、檀木館を支えようとする「（仮）檀木館育くみ隊」の動きが芽生えた。

その頃、加藤邸まりさん、仲間の土屋節子さん、気まぐれ山内豊佳さんなど加藤邸活用をめざす「自習舎」が重なり、白壁への熱い思いが渦巻いていた。

その中で「NPOまちの縁側育くみ隊」が延藤先生を代表に誕生（平一五・二〇〇三年）した。

まちの縁側育くみ隊は、檀木館店子時代の閉幕とともに、活動拠点を、東区を経て錦二丁目に移した。移動のきっかけは錦二丁目で再開発を考えていた長者町の小池さん、山口さんからの相談だったと聞く。

ここからまちの縁側育くみ隊が飛躍する。相談を受け、まちの縁側育くみ隊が錦二丁目再開発の勉強会やまちづくりビジョンを提案した。そういう経過があったからこそ七番街区再開発の共有（共用）＋専有空間をコミュニティの核「まちの会所」とする画期的なエリアマネージメント会社発足につながる。

まちの縁側育くみ隊については、詳細は関係者にお尋ねください。間違いがあれば、ご容赦ください。

補足　延藤安弘先生と私の縁

京都在勤時、コミュニティ・ハウジング論の先達として延藤安弘先生を尊敬していた。Uコート以後、熊本大に移られ、その後接点はなかった。

延藤先生を偲ぶ会で、名畑さんから「尾関が一番、この地域を歩いている」と先生がいわれたと聞き、大変恐縮した。

延藤先生の経歴を拝見し、先生との小さな共通点に気づいた。先生が京大院絹谷研所属の四カ月後、西山研後継の絹谷裕規先生がオランダで不慮の交通事故で亡くなり（昭三九・一九六四年）、急遽、巽研究室所属となったと経歴にある。延藤先生の研究、人生観に計り知れない衝撃だったろう。

藝大建築三年時（昭四二・一九六七年・二一歳）、二年だったかもしれない。神田古本街で絹谷先生遺稿集『生活・住宅・地域計画』（勁草書房）に出会った。この出会いが運命のように突飛と思われそうな私の卒業制作（昭四五・一九七〇年）「千万町（高校がない三河山村地域をフィールドに）青年ユートピア集住計画」（提出名とは異なる名称）に勇気を与えた。

絹谷先生遺稿集（延藤先生執筆可能性あり）との出会いから、新たな住宅計画論を学び、卒業制作への強い刺激と飛躍になった。延藤先生の生前にこの関係を知っていれば、ハウジング論の意見交換ができたと思うと残念でならない。何事も二歩・三歩遅いのが私の致命的欠陥なのである。

オ　市民塾　白壁アカデミアの始まり

市内の近代建築を神谷さんの指示で悉皆調査していた時、池田誠一（総務局企画課）さんから誘いを受け、異論なく白壁地区近代建築保存まちづくりの議論に加わった。背景に「文化の道」（松原市長案）の発想を持つ企画課先導のまちづくりムーブメントだった。

参加した市職員は覚えきれないほど大勢だった。企画課は池田誠一さん、加藤正嗣さん、建築は神谷東輝男さん、川口泰男さん、中神俊士さん、松井明子さんはじめ多数が参加した（記載ない方、ご容赦ください）。

参加者は白壁住人谷岡郁子（至学館理事長・後に衆議院議員）さん、経済研究者・故丸山優先生（日福大教授）、故伊藤晴彦さん（晴さん）、言葉を哲学する安藤真澄さん（京大・電通名古屋）、スペーシア井澤知旦さん（名工大、名学院大名誉教授）、山内豊佳さん（劇団気まぐれ）、アルパック安藤、尾関が参加、参加者がアカデミアに賛同した。

近代建築のお屋敷が多い地区だから、白壁地区を「知の交流拠点」とし、県内大学が共同利用する「白壁アカデミア構想」が谷岡先生を中心に浮かび、愛知学長懇談会を通して県内大学学長に声をかけ、趣旨に賛同を得たものの、各大学間で事業化のタイミングが合わず、構想は立ち上がらなかった。ことの詳細はいつか池田誠一さんが書かれると思う。

カ　白壁アカデミア　市民による市民塾

白壁地区近代建築活用として「市民による市民塾・白壁アカデミア」が浮上、以下の硬派な活動を始めた。

・アカデミアが取り組む「市民塾」

①「学長リレー講座」

県内大学学長さんによる講演・学習会

②飯田喜四郎先生の「建築歴史講座」

③「現地交流講座」町並み保存地区に出かけ現地の方と交流する。

④白壁地区「住民まちづくり活動支援」

住民の住環境保全や地区計画の勉強会、アンケートなどを牛田さん（愛知建築士会）を中心に支援。

キ　会員による「自主講座」

全体講座の他、「自主研究講座」を会員が受け持つことを決め複数の講座がスタートした。ボランティアの維持は難しく大半短期で終了した。若気の至りだった。川口さん主宰の「マジック講座」は人気が高かった。

結局、アカデミア閉鎖まで講座を続けたのは池田誠一さんの「古道講座」と、私が同僚木下さんの協働を得た自主研究講座「手の知」だけだった。

池田さんは新聞社や放送局の文化教室で「古道講座」を継続、古道テーマの講義をもとに何冊か出版され、初志を持続させている。

この集まりに誘われた時「池田さん、配置転換があっても、活動を止めずに最後まで続けてくださいね」と、失礼なお願いをした。結局、池田さんは最後まで続けた。

参考　アカデミア閉鎖時の世話人

池田さんはじめ井澤さん、牛田さん、田村さん、松岡さん、松下さん、水谷さん、村瀬さん、尾関の九名だったと覚えている。

(三)　自主講座「手の知」物語

「本丸御殿復元」をめざす金しゃち連同志は、匠の伝統技を学ぶ講座「手の知」を立ち上げ（平一〇・一九九八、五三歳）、以来閉幕（平三〇・二〇一八年、七四歳）まで二一年続けた。アルパックの木下博貴さんの協働と受講生となった常連会員のお付き合いがなければ続かなかった。振り返れば、よく続いたもんだと思う。

補足　手の知とは

「大脳は指先と連結し、経験の感覚を指先が記憶、職人の指先の記憶が作用して、新しい手仕事の技を高める」、という手の知の経験連鎖の発想で、職人に共通する手の知の技と定義した。世話人会で谷岡さんが「それってアスリートにもいえるよね」と賛同、手の知は言葉遊びを超え、職人、芸術家、アスリート共通の知の概念になった。

自主研究講座「手の知」は二一年間、講座一六〇回、以下八つのテーマシリーズ、行先はおよそ約一五〇カ所（重複あり）、結果は新たな観光開発のネタ探しになった。この情報整理はまだ途中、未完である。お楽しみに。

第一期	匠の技研究	五期	五〇回
第二期	尾張の茶庭	三半期	一五回
第三期	尾張名所図会今昔巡り	九半期	四五回
第四期	尾張・三河の仏像	二半期	一〇回
第五期	東海道と町並み	半期	五回
第六期	歴史界隈と食文化	三半期	一五回
第七期	八幡詣で	二半期	一〇回
第八期	尾張モノヅクリの里	二半期	一〇回

ア　第一期　匠の技研究　削ろう会

研究講座「手の知」は尾関の呼び掛けで望月義伸さん（伊藤平左衛門建築事務所）、宮大工杉村幸次郎さん（江戸から名古屋城築城に参加した浅草屋工務店継承）、水野一男さん（木文化研究所）と水野康次さん（金虎酒造）、尾関和成さん（柏弥紙店）と私の苗字ペアが金しゃち連を継承、左官岡田明廣さん（花咲か団）、板金、石工など、木の匠にかかわる豪華職人講師で出発した。

杉村さんには手入れのよい鉋で大工が削る「削りくず」は薄板ではなく繊維になること、岡田さんには左官の「鏝の使い方」を教わった。望月さんには「地盤を固める版築」を学んだ。この流れで杉村さんが伝統を受け継ぐ全国の堂宮大工と匠の技を競う「削ろう会」が誕生、後に匠の大工イベントとして全国展開する。

匠の講座、五年間五〇回、一流職人による高度な塾だったが、市民への普及が難しく五年で幕を閉じた。

エピソード　伊藤平左衛門先生

伊藤先生は平左衛門襲名前、要太郎といった。愛知一中、東大建築、藝大教授、中部大教授を務め後進を指導。東京・名古屋に社寺建築の設計事務所を開設、古都奈良はじめ全国の古社寺の改築・新築に携わっておられた。

先生には本丸御殿復元のご心配をおかけし、加子母村（合併で中津川市）木曽備林（尾張藩直轄御領林）見学に同行。以前、名古屋市建築局尾崎さんが西岡常一棟梁に御殿復元相談の手紙を送ったところ、「名古屋には伊藤平左衛門先生がいるから相談したらよい」との返信をいただいていた。

藝大の日本建築史、奈良の古寺実測、古美術研究でご指導を賜り、卒業後、身の振り方まで心配をおかけした。御殿復元完成前に鬼籍に入られ、残念でならない。心からご冥福をお祈りする。

イ　第二期　尾張の茶庭

匠の技研究の次期講座シリーズを庭にした（平一五・二〇〇三年、五八歳）。作庭家で研究者でもある野村勘治（東農大、重森三玲先生に随行、全国の名園を実測調査、愛・地球博日本庭園監修、白壁在住）さんを講師に「名古屋城の庭園」を出発点として日本の庭園史～大名庭園、白壁住宅の庭から市内旧家別荘～尾張の旧家の庭園をはじめ「尾張の茶庭」について現地で学習した。解説は講談のように立て板に水、上手い。

名古屋城では「二之丸庭園」、「御深井御庭」が知られる。尾張には江戸や京の大規模庭園は徳川園以外にはない。社寺の本山がなく、町家・別荘の庭、白壁武家屋敷跡の住宅など小規模な茶庭が多かった。

補足　尾張の銘石　佐久石

茶庭には各地の銘石を集めて配置するが、尾張の茶庭には「佐久石」が使われる。軟石が波に洗われ、表面に無数の丸い凹凸ができた蘇州獅子林の石に似ている。尾張徳川の儒教思想で中国風景色を取り込んだ名古屋城二之丸庭園に使われた。

二之丸庭園が佐久石を使う原点だとすると、尾張の茶庭の源流は名古屋城二之丸庭園となる。そんなことを野村勘治さんと歩きながら学んだ。

尾張藩は茶の湯が盛んで、武家から町民に茶の湯が伝搬した。京から千家高弟、後に松尾流宗匠を招いた。

茶席のある庭は宗匠の指導でつくる。庭は深山奥山への景色を写し回遊式路地に作り込んでいく。飛び石配置を習ったが、一朝一夕に覚えられるものではない。

有松、津島、一宮、稲沢などの名邸のお庭を拝見。一年半でおよそ一五程の庭園を学んだ。尾張茶庭シリーズからはアルパック木下さんが参加。資料作成、案内、当日ガイドを講座終了まで対応した。

参考　尾張茶庭〜近郊庭園　見聞録

白壁佐助邸、かもめ（旧中井家）、徳川園、名古屋城・二之丸庭園（整備中）、東山荘、有松服部邸、津島堀田家、蔵元長珍（坪庭）、桑名諸戸邸（東・洋式、西・和式）、彦根玄宮園、他、庭園を視察した。

ウ　元祖大名庭園　御深井御庭と戸山園

尾張徳川の庭園は江戸下屋敷（新宿）「戸山園」、名古屋城「御深井御庭」が従来にない斬新な大庭園だった。

戸山園は池泉回遊式庭園に東海道小田原宿の町並みを再現、客を招く宴には模擬小田原宿を営業し、もてなした。江戸のテーマパークである。

戸山園は故 小寺武久名大教授著『尾張藩江戸下屋敷の謎』（中公新書）に詳しい。時折、現代の小説に、戸山園のミステリーな世界が描かれる。

園内には早大、戸山高校、戸山住宅、戸山公園、新宿区役所、花園神社を含む広大な庭園であった。早稲田大学キャンパス整備で、地下から滝の石組が発見された。後に名古屋徳川園の池泉整備に戸山園遺構の滝の石組を活用。江戸発尾張の移転保存である。新しく築庭された石に比べて、戸山園から移転の石は黒ずんでいるからわかりやすい。

野村先生によれば下深井御庭、江戸戸山園が先駆けとなり、各地の大名が競って庭園を造った。「尾張の庭は元祖大名庭園」だった。

エ　第三期　『尾張名所図会』今昔巡り

『尾張名所図会』を頼りに、幕末〜明治初年の風景の遺るまち巡りを再開した（平二〇・二〇〇八年、六三歳）。

補足　『尾張名所図会』とは

『尾張名所図会』は（天一五・一八四四年）と（明一三・一八八〇年）出版。江戸後期は旅ブーム、「東海道中膝栗毛」（享二・一八〇九年、十辺舎一九）、「東海道五十三次」（天四・一八三三年、作画・歌川広重）が出版。「おかげ参り」が流行。飢饉、打ちこわし、幕府財政改革。黒船来航と不安な世情だった。

『尾張名所図会』は尾張藩学者岡田文園著、尾張藩画家小田切春江作画、前編を枇杷島橋・橋守役、野口市兵衛家八代目、後編は名古屋書肆・永楽屋、片野東四郎が刊行。前編版元野口家は私財を使い果たし、後編永楽屋は愛知県の資金援助を受けて刊行された。

第一節　尾張名所図会を歩く（訪問地区別報告省略）

幕末尾張の風景を伝える四五地区（九期五地区）を探索し

熱田神宮　熱田の森

堀川・国際会議場・白鳥公園～名古屋港を望む

た（平二〇～二四・二〇〇八～二〇一二年、六七歳）。
その一　はじめは名古屋城から
名古屋城、白壁界隈、美濃街道、本町通橋町、大須
その二　城下町と街道
美濃街道、幅下、円頓寺、五条橋、堀川泥江縣神社
その三　城下町を歩く
大須、矢場地蔵・若宮八幡・伏見～栄の路地・丸の内
その四　熱田～笠寺、荒子を歩く

宮の渡〜湊町、神宮、古墳、笠寺観音、荒子観音
その五　東海道〜佐屋街道を歩く
大高、鳴海、有松、呼続、万場〜岩塚
その六　飯田〜中馬街道、堀川
川名城、八事、御器所、月見坂、桃巌寺、堀川、四間道
その七　中馬〜水野〜瀬戸街道
高針新宿、大森、龍泉寺、深川神社、長母寺〜金虎酒造
その八　鎌倉街道〜岩倉街道
津島神社、甚目寺観音、国府宮、稲沢、犬山〜針綱神社、
その九　再び名古屋城下に戻る
名古屋城、熱田、四間道〜円頓寺、橘町〜南寺町

第二節　『尾張名所図会』を遺す名古屋の見どころ

名古屋市内　『尾張名所図会』の姿が遺るところを紹介。

東区白壁北「長久寺」　片山神社に近接、金城中学一帯。名所図会の姿がよく残る。名古屋台地北端、西北の眺望がよい。

東区矢田「長母寺」　本堂と庫裏の様式を遺す。矢田川・庄内川合流点に近い台地北端、北の眺望がよい。

名東区高針「蓮教寺」　雑木林だった区画整理の住宅地、寺の境内が地形・樹木ともに遺され、名所図会そのままの姿を遺す。中馬街道高針新宿の北。

緑区大高「春江院」　大高城の城跡に隣接する丘陵地の東にたたずむ西〜北垂れの境内に、本堂と庫裏の並ぶ寺が遺る。近年、文化財修復がおこなわれた。

昭和区　八事山「興正寺」　名所図会に描かれた配置をよく遺すが、境内周囲を民間に譲渡、重文級の庫裏をRC建築に建て替え、五重塔前に大仏を無造作に設置、歴史環境が大きく損ねられた。名古屋幕末の象徴的景観だけに、この破壊は残念でならない。

第三節　名所図会を片手に　尾張を歩く

観光振興のため、あえて公共交通を利用した。
津島市「津島神社と天王祭（発祥）」
一宮市「尾張一宮真清田神社と門前町」
両社とも由緒ある立派な神社、門前町、祭があり、観光地の素養を十分持っているが、地元の観光への気配りが足りないように感じる。都市の活性化。再生のためにも社寺を大切に、重要な観光要素としてほしい。
稲沢市「尾張国府と社寺群、美濃街道」
尾張国府跡、広く寺院・史跡が分散。移動環境の視点で、巡回バス、シェアサイクル等を活用したい。
あま市「甚目寺観音とマルシェ」
尾張四観音。奈良時代創建、楼門式山門は重文。主婦

が運営する朝市とマルシェが月一回、賑わう。

犬山市「都市計画道路の廃止と城下町」

　石田市政で本町通の都市計画道路廃止と町並み保存で観光化が進んだ県内最先端観光開発地。本町通のテナントや景観との調整など、今後の気配りが必要。

補足　『尾張名所図会』にみる透視画法

『尾張名所図会』はアイソメトリック図（等角投影図）法と同じ上から社寺を眺める鳥瞰図として描かれ、全体が立体的でわかりやすい。等角投影図法は源氏物語絵巻にも使われ、情景説明として工夫された画法である。配置が正確に描かれていることに驚く。幕末に透視図など西洋伝来画法を作画者が学んでいたのかもしれない。

参考　神社の藩塀は尾張造

　尾張の神社には鳥居から入って正面を見ると、本殿を隠すように縦格子の藩塀（目隠し）が立つ。「尾張造」と望月義伸さんにお聞きした。

オ　第四期　尾張・三河の仏像

　熊田由美子さん（当時県芸教授・県文化財審議会委員、藝大二年後輩・退官）と会食する機会があった。中世木造彫刻＝仏像を研究と聞き、講師を依頼、通算一年、愛知の中世木造彫刻、仏様を学んだ（平二五・二〇一三年）。

荒子観音寺　円空仏一二〇〇体以上
橘町栄国寺　阿弥陀如来
八事山興正寺　本尊大日如来
大須長福寺・七ツ寺　観音菩薩と勢至菩薩
豊橋普門寺　本尊聖観音像
岡崎　滝山寺　本尊聖観音像
稲沢　国分寺と仏巡り
熱田〜金山巡り　金山の鉄地蔵
長母寺　本尊阿弥陀如来像

熊田先生の愛知の仏像学習機会を聴講し、感謝感激。持つべきは友だ。これに食が加わり「愛知仏像巡り観光コースの開発」となった。

　このコンテンツ、初めての実験講座だから一般には知られていない。普及する伸びしろは大きい。愛知県の観光担当にお知らせするとよいかもしれない。

カ　第五期　東海道と町並み

「手の知」は、はじめ匠を学ぶ講座だったが、要望に応えて歴史観光＋旨いもの巡りに変貌した。その結果、観光の成立要件を発見することになった。観光は「見る・触れる、知る・感動する、味わう・喜ぶ」ことが基本の三要素である。

補足　名古屋の観光が育たない理由

愛知・名古屋の観光資源は素材と看板だけのところが多い。決定的欠点はお茶するところが付近にないこと。

これではお客様を案内できない。観光振興には市民が自ら観光する～地域を楽しむ～お招きする気風が重要。名古屋はこれが弱い。市民の地域観光意識を育てよう。

・勝手知ったる各地の観光概要

手の知を始めて一五年（平二六・二〇一四年、六九歳）、地区の様子が変わって当たり前。何度も歩き、勝手知ったる各地の概要を書き留める。地点重複あり。

有松　広重・東海道五十三次の町並みが残る。重伝建地区で、改修が進む。味は寿限無庵が開拓者、今は店が充実。まちが観光を育てた。

大高　東海道の宿場、知多街道分岐点、旧大高城下の農村集落、三軒の酒蔵、鄙びた町並み、素朴さが私は好きだ。地酒を楽しみたい。

鳴海　芭蕉ゆかりの豪商下郷家屋敷（屋号千代倉）が残る。宿場町だが街道商家は滅失して少ない。丘に並ぶ寺が特徴的。食は一日八食のそば千代倉、鰻の浅野屋。和菓子の菊谷重富がある。

笠寺　熱田台地に向かう丘の上に立つ笠寺観音笠覆寺、一里塚とともに多宝塔が東海道からのランドマーク。保存・増改築（令四・二〇二二年）、食は駅周辺の鰻、うどん屋、スイーツがある。

堀川クルーズ　宮の渡～納屋橋、船中弁当会食。船上宴会を開催。近年、堀川検定、ＳＵＰなど、人気が上がっている。

キ　第六期　歴史界隈と食文化

新たな名古屋観光の発掘をめざして名古屋の隠れ場所を訪ねた。通好みのディープな場所にはまる。

中村大門　西大須旭廓を大火から中村に移転（大一二、一九二八年）、最盛期（昭一二・一九三七年）には遊郭一四七軒、娼妓二〇〇〇人を抱える全国最大級の廓となった。大正期だから名所図会には記録はない。

不況で全国から集まった建築家が建物を建てたが多くは取り壊された。大正期遊郭街の名残がわずかに残る路地裏飲屋街がディープな名古屋を伝える。

旧遊郭「牛わか」の建物をリノベした蕎麦屋「伊とう」が開業して一〇年、大正を懐かしむよい店である。

堀川納屋橋　『尾張名所図会』上巻筆頭に廣井官倉。東陽倉

庫を中心とする納屋橋再開発テラッセ。納屋橋は現橋に架け替えて（大二・一九一三年）百年、都市景観重要建築物。かつては多様な風俗が集積し、ゲイの拠点でもあった川湊、ディープな風情を醸す。

栄・住吉町　城下町の旧三業地。町の間所の名残、路地が遺り、盛り場情緒を伝える。近年、路地・路地裏が開発でなくなり、なじみの小規模店舗が減っていくのが飲兵衛には寂しい。

東の寺町　城下東に配置された。道路が北向きに東に傾斜した町の視覚が特徴。都心に隣接、集合住宅開発もあり、隠れ家的飲食店が増加。寺町全体が『尾張名所図会』に描かれる。他の絵図にも描かれる糸瓜《へちま》薬師が印象的。落語会を開く含笑寺の活動がユニーク。

覚王山界隈　中馬街道の峠道に寺社が集められた。日タイ友好で建立され、タイから贈られた仏舎利を持つ日泰寺建立（明三七・一九〇四年）を契機に形成された住宅・学園町。仏教全宗派輪番で管理。東山水道塔がランドマーク。参道のスイーツ店が人気。木造リニューアルの覚王山バー、少し観光化したおしゃれなまち。

荒子観音前集落　名古屋市周辺は組合土地区画整理事業で市街化を促進。路地を遺した旧集落地が多い。茅葺き農家、槙の生け垣、玉石地盤を遺す観音さん前の荒子集落は名古屋郊外の典型的な農村集落市街地。名古屋市と荒子門前集落の再生を応援している。

観音寺重文多宝塔、一二〇〇体の円空仏、お馬頭（伝統催事）、地域が歴史資料館を建設。広場横に和菓子「もち観」の円空最中が名物。評判のきしめん「吉田製麺」は荒子製、地元できしめん食べどころを開業（休業日注意）、荒子の里協議会が、まちの魅力発見・発信をしている。旧農村集落地の観光化は最高の地域再生だ。

ク　随時出張講座　新幹線で関西

『尾張名所図会』の探索場所が枯渇し、穴埋めに会員から希望の多い奈良、京都、神戸に出張講座で出かけた。

アカデミア全体の現地交流はバス利用したが、自主講座の手の知は公共交通。奈良・京都・神戸の三都市は名古屋から新幹線日帰り修学観光できる限界。

出張講座　一　奈良町

新幹線京都経由近鉄奈良。学生時代のなじみの志津香で釜めし。もちいどのセンター街経由で奈良町へ。観光開発が進み、お茶所が増えた。観光化が進んでいる。

吉村順三先生プロポーションの原点十輪院から伊藤平左衛

門先生の手になる再建元興寺を巡り、蔵元春鹿酒造を経て奈良町を散策、古民家茶店で一服、締めは猿沢池近くの酒肆春鹿で、奈良の酒春鹿と旬の肴で一息。

出張講座　二　京都祇園祭　鉾組み立て中

祇園祭最中は人出が多く講座開催困難。仕方なく祭直前に実施し正解。組み立て中の鉾町巡り。初めて見たと受講生大喜び。音景色はコンチキチン一色。

八坂神社と四条御旅所でお札と粽をゲット。室町の元繊維商の町屋を改修した中華ランチ。受講生初体験に大満足。夕立の土砂降りの中、次女が案内を助っ人。観光になる開発企画。財政厳しい京都市に売り込むかな。

出張講座　三　異人館と南京町

三宮の西村珈琲で神戸コーヒー（京都イノダ、名古屋ポンタイン似）を賞味。北野小学校跡を食のインキュベータ「北野工房」とし、有名店がシェフ、パティシエを育成。校庭をバス駐車場とする観光拠点。

南京町は横浜と並ぶ中華街だが横浜より狭い。三宮駅近くの中華でランチ。食後センター街をウィンドウショッピング。私は一番館でお気に入りリンゴのチョコレート菓子。名古屋人は神戸の観光精神を見習うべし。

出張講座　四　彦根と城下町巡り

彦根では国宝天守と城郭、お城下の玄宮園（庭園講座で見学）。本丸御殿跡に再建（ほとんど新築）のＲＣ博物館。

城下武家屋敷跡の町並み、新観光振興をめざした区画整理で江戸風町並みに変えた街路や内井昭三先生デザインのレトロモダンな町並みを創出。古い町を再生する都市形成上、見どころが多い。食は老舗たねやの菓子とカフェ、その他近江牛など多彩。

出張講座　五　長浜黒壁のまち

地域の若手経営者が市の総合計画と連携、まちづくり会社で空き家を活用したまちづくりを進めた。旧銀行の幼稚園移転跡にガラスをテーマとした観光施設を再生。順次、空き店舗を改修、北国街道沿いの町並みの賑わいを再生。黒壁のまちづくりは国が進める中心市街地活性化のモデルとなり、全国から視察が集中、関西地域に及ばず全国から集客する観光地として成長した。ＮＰＯが視察や交流を受け入れている。

ケ　第七期　八幡詣で　未知の観光開発

自主講座手の知コンセプトを修正、歴史と文化の再生にかかわる「新しい観光の切り口」として「八幡さま」が浮かんだ。八幡さまは有名・無名、各地にある。

そこで、八幡巡りを試みた。企画はまち歩きアイデアとして大ヒット。旅行社企画にはまだない。

参考　八幡めぐり　訪問地

八幡社（宮）は全国の神社（七万九三五五社）の中で最も多く、七八一七社ある（平二一～七・一九九〇～九五年）と知った（神社庁調査）。

総本社宇佐八幡宮も候補地にあがったが、日帰りで行ける官幣大社（宇佐・筥崎・石清水・鹿児島）の一つ石清水八幡宮、次いで都市で知られる近江八幡市、盆踊りで有名な郡上市の旧郡上八幡を選んだ。

出張講座　石清水八幡、近江八幡、郡上八幡、

近郊八幡　三河八幡、大垣八幡宮、伊賀八幡

・出張講座　八幡巡り

石清水八幡　行政域は八幡市。名古屋から片道一時間半程度。新幹線京都・近鉄経由～京阪・石清水八幡宮でケーブルに乗り男山に。山上からは淀川を挟んで京都が望める。南都大安寺僧行教の創建（清和天皇・貞観元・八五九年）。官幣三大八幡宮の一社で、国宝に指定（平二七・二〇一五年）。朱塗の社殿は荘厳。

境内に結婚式場、料亭「吉兆」があり、ケーブル駅前に鯖の棒寿司で知られる大衆的な門前茶屋の「朝日屋」がある。公共交通利用が可能で、無理のない日帰り修学観光コースである。

近江八幡　豊臣秀次築城。元々琵琶湖交易の中心地として栄えた。八幡城の袂にある日牟禮神社が近江商人の信仰対象。祭礼は左義長と八幡祭。

琵琶湖と西の湖でつながる八幡堀修景、水と緑の環境再生の仕事を、京大西川先生の指導でアルパック尾関、山田、内村が担当した。八幡堀修景設計は琵琶湖を愛するヨットマン山田さんの仕事。市も観光に力を入れているから、食はランチ、ディナーとも豊富。

郡上八幡　「雨えも～お、降らあぬうにい～い、袖～え、絞ぼ～おる」（郡上音戸・河崎）、切ない歌詞だ。

少年の頃、夏休みは興正寺公園に毎晩盆踊りに出かけた。「河崎」の一節が遠くから聞こえると、意味を知らぬまま無性に切なさを感じる思春期があった。

郡上踊りには舞踊家の姉夫婦が毎年通っていた。私が行くようになったのは仕事、アカデミア現地交流、手の知のボランティア。郡上踊りは未だ見ていない。

郡上は岐阜からバスが便利。高速道路利用が好都合。吉田川を軸に、まちの道筋は小水路がおりなす水のまち、信仰の対象にもなる宗祇水。近くの「平甚」のそばが有名。郡上八

幡は好きなまちだ。

名古屋近郊　八幡巡り

八幡様ってなに？　素朴な感覚で身近な八幡社を検索し、巡った。まだ見ない八幡が無数にある。

三河八幡宮（豊川市）　大発見、感動。名鉄名古屋本線国府駅下車、地図を片手に姫街道を東へ。祭の幟が立つ三河八幡社に出会う。白鳳元（六七二）年、宇佐から勧進した三河で最も古い八幡社。本殿は国の重文。境内は厳かな風格がある。鄙びた里が息づいている。

八幡社は発掘中の国分寺跡公園西にある。今は田園風景の中だが、一三〇〇年前の当地は東三河の重要な行政・文化拠点だったに違いない。思い浮かべるとわくわくする。この地の観光開発を推奨したい。

大垣八幡宮　大垣駅通新大橋を右折、水門川沿い五〇〇ｍほど西に大垣八幡神社。天平期、東大寺の荘園だった大垣に、建武元（一三三四）年、南都梨原宮を勧誘。戦火の後は大垣藩初代藩主戸田氏鉄が再建。大垣市総鎮守。先の大戦で社殿を焼失したが再建。

大垣まつりにからくりが乗る軸《やま》一三両が出る。名古屋文化圏である。駅前飲食街に近く、味に不自由はしない。春には水門川の船下りが楽しめる。

伊賀八幡　松平四代親忠が文明二（一四七〇）年。伊賀から岡崎に勧進、地名を伊賀に改めた（岡崎市伊賀町）。

松平の氏神として祀られ、家康が出陣に際して祈願、本殿（慶一六・一六一一年）を造営、三代将軍家光が本殿を増設（寛一三・一六三六年）し、徳川家康を祀る。将軍家とゆかりの深い神社。

境内は本殿、幣殿、拝殿の権現造り（国重文）、楼閣の隋神門は県内ではここだけ（岡崎市文化財）、門前蓮池共に、見ごたえのある歴史的空間を伝えている。

岡崎は大樹寺、瀧山寺が著名だが、伊賀八幡も見落としてはならない徳川の歴史文化遺産である。ＮＨＫ大河ドラマ（令和五・二〇二三年）で参詣者が増えていると思われる。岡崎市は人口三五万人を超える大きな都市だけに食と味には困らない。

城山八幡　名古屋東部の市街地発展につれ、旧村の郷社を合祀した氏神様。近年、初詣に長者の列ができるほど成長。末盛城に木造本殿が建立された新しい八幡社。信長の父、織田信秀が築城した末盛城跡、土塁を遺す史跡。信長の弟信行が居城したが信長に謀反、清須城で暗殺。信秀が関与した城で唯一遺る城跡。

かつてすぐ東に住んだ氏子。多少の地域事情を知る。名古屋では希少な谷戸を形成する地帯、鞍状尾根の頂が神社、急な坂が多く、所により道の先が階段になる。

桜田八幡社　地下鉄鶴里駅下車、元桜田町旧集落、桜台高校南、春日野小学校近くに桜田八幡社があり、『尾張名所図会』に記載がある。桜田八幡社はあゆち潟を望む勝景地で境内に記念碑が立つ。万葉集に高市連黒人《たけちのむらじくろひと》が詠んだ「桜田へ　鶴《たづ》鳴きわたる　年魚市潟《あゆちがた》　潮干《しおひ》にけらし　鶴《たづ》鳴きわたる」（『万葉集』巻三・二七一）は、この辺りで読まれた。八幡社は大正期に市内一〇名所の一つだったが、神社の由来は各種資料があるものの定かではない。今後の研究に待つ。

安城南明治八幡　安城駅南、市役所や文化会館東の約一六・七haで南明治土地区画整理事業がおこなわれている。区域には商店街や集落を含み、西の花木町に南明治八幡社がある。区画整理と合わせて建て替えられた本殿が真新しい。国鉄安城駅設置（明二四・一八九一年）以後、南明治の発展が著しく、氏神守護の必要から八幡社を創建した。

境内に山車三両（御幸、栄、末広）が大正～昭和初期に収蔵されていた。地区人口減少で維持困難なため、栄車を豊田上郷大成に譲渡した（令二・二〇二〇年）。

区域内に珍しい豆菓子専門店があり、帰路、土産をゲット。ランチは御幸本町吉野家でうな丼を所望。

手の知の訪問は九つの八幡社、全国七八一七社のわずか〇・一%、さすが八幡様。とても回りきれない。

コ　第八期　尾張モノづくり　窯の里

名古屋近郊の産業観光には、日本古窯といわれる窯場がある。古東海湖の堆積土壌（伊勢湾原形・数百万年以上前）が焼き物に適していた。土壌が歴史的産業の素材。地域産業は地域の歴史そのものといってよい。

桑名・七里の渡し　桑名はアカデミアで何度も訪問し、手の知の打上げ会場にもなった。

ＮＰＯの交流で出会った桑名市の石川さん（名大土木・名物男、後副市長）にご案内いただいた。七里の渡し、旧東海道、米穀商から山林王になった諸戸家の東諸戸六華苑・西洋庭園、西諸戸屋敷書院・庭園など見どころは多数。

食は老舗の船津屋、柿安本店、歌行灯、俵寿司などハマグリ・グルメに事欠かない。石川さんと行った街道茶店のおばあちゃんのネギ焼は薄くて絶品。ＶＩＰご招待専用だそうだ。昭和レトロの駄菓子屋である。

半田赤レンガ　（前述）半田赤レンガ倶楽部（現在は一般社団法人赤煉瓦倶楽部半田に組織改組）の構想（市職員・市民と一緒にアルパックが提案作成）に沿い、保存・修復、市民ギャラリー、レストランとして活用される現地をアカデミア現地交流と手の知で訪問。建物内のカフェ&ビアホール リブリックで、パスタ。丼・ランチ、復元ビールが飲める。

常滑　焼き物の郷　常滑・瀬戸は日本六古窯と言われる中の二古窯。常滑焼は太平洋岸の各地の遺跡で出土する。大野湊から海運で全国に届けられた。窯場は陶磁器会館の一帯、狭い路地が煙突のある小さな窯場をつなぐ。INAX工場跡の焼き物ミュージアムや体験施設がある。食はINAXミュージアムでパスタ・ピザのランチ。エリア全体で食の充実が望まれる。

犬山　城下町と犬山焼　石田芳弘元犬山市長が都計道路を廃止、町並みを遺した本町通を歩く。国宝犬山城は三層四階の瀟洒な城、我が国最古の天守といわれている。どんでん館でからくり山車展示を見る。犬山城主成瀬氏が開窯した（一九世紀初頭）犬山藩お庭焼の犬山焼が名産品。元市長石田さん（中高同期）を訪問し犬山祭のお話を伺う。

瀬戸　焼き物の郷と深川神社　日本古窯の一つ瀬戸は、瀬戸川（庄内川上流）の谷筋傾斜地に形成された窯場の郷。登り窯が遺る。江戸期、伊万里からの技術移入、近代のタイル、洋食器、戦後のノベルティなど時代に対応した輸出陶磁器の産地として発展した。

深川神社は奈良時代（宝亀二・七七一年）創建、境内に陶祖加藤藤四郎を祀る陶神社がある。参道両側は門前仲見世で老舗うなぎ屋などが賑わう。商店街を経て、山際の道をたどり、窯場巡りができる。食事処、カフェが銀座商店街、瀬戸川沿いや駅前に多い。

（四）手の知　まち歩きは何だったか

「手の知」受講生の申し込みは概ね一期一五人、当日参加は約一〇人で、二一年で延べおよそ二千人参加。

知的好奇心の強い高齢者が共感した歴史と文化のまち歩きで、高齢化が進む現代にあったテーマだった。

「手の知」を始めたのが五三歳、七四歳で閉めた。

振り返れば二一年、よく歩いたが、高校教師伊東達夫先生、滋子夫人（文学者）が参加された鳴海では、下郷家と芭蕉とのかかわりの探索を期待されていたにもかかわらず、主催者に知見がなく、ただ鳴海の歴史まち歩きをしただけである。そういう付け焼刃の歴史まち歩きの反省～後悔は数えれば限りがない。

・歩き続けた動機は何だったか

自主講座「手の知」を続けた動機は何だったのか、指折り数えてみると、

○まちの町医者のまち観察
○町並みの歴史探求
○地域創生　シーズ発掘（シーズはマーケティング用語。ニーズ〔必要・需要〕とシーズ〔種・素材〕などのように使われる）
○着地型地域観光開発の実証的実験
○白壁アカデミアとSDGs
○仲間になった会員の要望に応えて
○古道講座池田さんとの対抗

この間、歩き続けた理由が未だによくわからない。

どれも間違いではないがそれだけでもない。

「六〇年代世直しお節介親父の執念」が案外本音かもしれない。白壁アカデミアと手の知に、形も人も何も残していない。ただ五〇代だった私が七〇代になっている。

この備忘録を書いていて、延藤先生が言われた「地域を一番歩いている」ことは、あながち間違いではないような気がしてきた。そのことがモチベーションだったわけではないと思うのだが。

第12章 藝が結ぶきずな

愛知県芸応援団と国際芸術祭

庄内川と矢田川の合流

一　県芸キャンパス再生ヒートアップ

（一）勝手　お節介親父

私は愛知県立芸術大学（県芸）の勝手お節介親父と思っていた。と言うのも県芸キャンパスが恩師吉村順三先生のもと、天野太郎、温品鳳治、山本学治、茂木計一郎、奥村昭雄、藤木忠善各先生の基本設計、実施設計は吉村事務所＋奥村研究室＋温品研究室＋大学院生・ＯＢの先輩たちだった。これがお節介親父と自称する第一の理由である。

県芸は大学設立（昭四一・一九六六年）以来、今年で五七年。四〇周年（平一八・二〇〇六年）には記念誌を発行、編集委員長森田義之先生（芸術学科教授、藝大二年後輩）の依頼で、短文を寄稿した。県芸教官には美術、音楽ともに藝大出身者が多く、上野の杜同窓の親しみがあった。これがお節介親父、第二の理由である。

名古屋で日本最初の都市景観マスタープランである名古屋市都市景観基本計画の調査を県芸学生とのコラボで実行した。これが第三の理由。今でも感謝している。

・アートライフ・ステージ　芸祭の魅力

キャンパスを象徴する講義棟は、吉村先生と設計者の大地への思いがこもった素晴らしい空間バランスの建物である。芸祭には、講義棟の下と学部各科棟を結ぶ東西回廊に、各科が工夫を凝らして出店する模擬店が並ぶ。芸祭期間中、ジャズバー、おかまバーはじめ手作りテント酒場街が出現する。

動線の交点北東角は視線が集中するステージで、様々な演奏、怪しげな踊りなどパフォーマンスが展開する。この様子は上野の杜の藝術祭（藝大祭）と酷似している。

金虎樽酒を置き、ライブ演奏が入る管打楽器科「神田川」、彫刻科「大黒屋」、いずれも本格的居酒屋、学生、教職員や父兄にも人気、知人の教官を探し私も梯子した。

芸祭でまつりコミュニティの場に様変わりするキャンパスは、藝大の生活体験を持つ建築家だからこそできた配置設計だ。

この体験が快適で様々な知人をお誘いした。佐藤久美（国際工科専門職大学教授・愛知国際女性映画祭ディレクター）さんはじめ来訪者は皆、この雰囲気に感動した。

しかし、警察からの警告で大学は飲酒運転防止のため芸祭のアルコール類提供を規制。監督する教員も大変だった。この頃、施設の老朽化や機能の不足から改修・建て替えが話題

配置模型（東京藝術大学美術館　吉村順三建築展）

になっていた。

（二）県芸学生とコラボ　名古屋の景観計画

私たちは名古屋の都市景観基本計画の調査・計画を契機に事務所を設立、最初のプロジェクト、都市景観基本計画は県芸スペースデザイン（ＳＤ）ＯＢ小島さんが先輩の野田利吉先生にお願いし、服部高好さんはじめ竹下・松岡君などＳＤ三年の学生を紹介された。

景観現況調査と市内全域撮影（写真はおよそ二万点・名古屋都市センターに寄付）と、景観データマッピングを学生が調査体制を組み、年度更新期には下級生に引き継いだ。

さすが知性と感性を共有する県芸学生、多くを説明せずともフィールドと地図情報化を理解、遅滞なく調査・解析・計画を完成させた。

（三）県芸キャンパス　ＪＩＡ二五年賞

日本建築家協会（ＪＩＡ）に「ＪＩＡ二五年賞」制度がある。会員の推奨を受け、見学会を開催。丘陵の地形・生態を配慮したキャンパス配置、奏楽堂、講義棟、図書館、学生会館、各科棟それぞれに特色あるデザインが高く評価された。

東海支部として二五年賞を申請（担当尾関）、本部理事会で承認、ＪＩＡ奈良大会（平六・一九九四年、四九歳）で第六回ＪＩＡ二五年賞の表彰を受けた。

表彰式には奥村先生、道家先輩、簗出さん（ＯＭグループ）、尾関が列席。設計者奥村先生、所有者県芸（職員）、施工会社の三者がＪＩＡ仙田会長（当時）から表彰を受けた。

表彰式後、奈良市内を散策、吉村プロポーションの原点と吉村先生から教示された奈良町・十輪院へご案内した。奥村先生は初耳で十輪院の吉村好み建物～建具プロポーションに感心された。吉村先生筆頭弟子の奥村先生を十輪院にご案内し、両先生の教え子として面目を果たすことができた。ホッとする瞬間だった。

（四）県芸施設整備　支援調査

東京、京都、金沢、沖縄の四芸大の施設状況、管理実態調査（平一九～二〇・二〇〇七～八年）が愛知県から依頼された。調県芸整備を巡り、施設管理の課題を把握する調査だった。調査に参加し、都合で行けなかった金沢美大以外、藝大、京都芸大、沖縄芸大に同行した。

・国立と公立の施設管理格差

調査で藝大にヒアリングした。さすが国立大学、管理専任技官（文部技官）五名同席で、説明を受けた。

ヒアリング後、音校管理棟を出たところで「尾関さん、今日はどうしたの」と声がかかった。自転車の「宮田学長」（同年、鋳金一年後輩、後・文化庁長官）である。

京都市立芸大（京都市に従い京都芸大）には専任技官はなく、沖縄芸大では管理担当事務官が「良い時にヒアリング」とばかり、具合の悪い箇所に案内され、対策の助言を求められた。沖縄芸大は四芸大中最も新しく、音楽棟はＲＣで扉はスチール製だったが、遮音・防音性に課題があると現場でお聞きした。

愛知にも金沢にも管理専任技官はいない。専任技官を置けるのは、小大学でありながら藝大が国立だからこそと納得した。国立の藝大と地方公立芸大との格差があからさまに目立つことになった調査だった。

エピソード　京都芸大　京都駅東に移転

三美祭（現五芸祭）で訪ねた智積院近くの京都芸大は、堤清二セゾングループ代表が日本一の宅地開発を目指した桂坂開発（五条通北）と同じ頃、桂坂五条通南に移転（梅原猛学長、昭五五・一九八〇年）。

国際日本文化研究センター（初代梅原猛所長、昭六二・一九八七年）桂坂誘致は、堤清二西武グループ会長の桂坂開発の戦略だった（アルパック協力）。

近々、開校をめざし京都駅東崇仁地区（京都在籍時、京都市小幡欣一氏依頼で、地区整備調査担当）に京都芸大を移転整備（令五・二〇二三年秋に開校）。

京都市立芸大移転整備に伴い、あらゆる政策の上位の都市理念に「世界文化自由都市宣言」のもと「文化藝術都市・京都」を看板とする京都市の強い意気込みが示されている。

大学移転は学内外の関係者との合意など、施設整備を巡る葛藤は一筋縄ではなかっただろう。この移転に関して様々な意見があるようだが、京都再生の画期的政策になることを期待する。

令和五年五月、桂坂校舎での最後の五芸祭ラグビー交流に見学参加。京都以外、他大学の参加は少なく、東京は私一人。部員の激減に五芸大とも困っている。これが最後になるかも知れない。しかし、続いてほしい。桂の空は青く美しかった。

（五）キャンパス整備の葛藤

県芸キャンパス整備（改修～建て替え）を巡ってヒートアップした状況は、音楽棟新築（平二五・二〇一三年）とデザイン棟新築（平三一・二〇一九年）、芸術学・陶芸専攻の旧デザイン棟への移転整備（令三・二〇二一年）で、施設の保存に至る新しいあり方が示された。

キャンパス整備における吉村・奥村デザイン＋環境の保存整備は、多くの皆さんの議論と努力の結果、新しい要素を加えて、概ね達成されたと評価したい。

吉村・奥村先生の教え子の一人として、県芸の整備検討委員の皆様、法人、県芸関係者、愛知県関係者、日本建築学会、DOCOMOMO　JAPAN、JIA、環境NPOの皆様に、心より感謝を申し上げる。

・学報六六　巻頭記事にキャンパス整備の心を読む

学報六六（平三一・二〇一九年三月）に掲載された巻頭の新デザイン棟完成特集に「昨今のデザイン表現の多様化、大型化にともなう制作環境の必要性はじめ、3Dプリンター・レーザー加工機などの最新機器の充実が急務となり、新デザイン棟を計画。旧デザイン棟は残すカタチで「キャンパスマスタープラン二〇一一」に基づき平成二九年度より新デザイン棟の施工が行われてきました」とデザイン教官のインタビュー記事が掲載されている。この文章に県芸整備に関する諸論を包含したデザイン棟新築必要性の見解が、言葉を選んで慎重に書かれていると読んだ。

ご意見番だった奥村先生、夫人まことさん、永田先輩の各位は鬼籍にある。ビジョン検討委員の奥村先生代理・大谷茂暢先生（県芸デザイン元教授・星ヶ丘のバーでお相伴）、緑豊かな愛知芸大のキャンパスを活かしていこう会、水辺研究会の各位には整備の結果に必ずしも満足ではないと思うが、「吉村・奥村デザインは遺された」。

参考　「まこん」　奥村まことさん

藝大建築二年の頃、ラグビー部の寄付願いがてら故大野寛先輩を赤坂の吉村事務所に訪ね、アルバイトをお願いし、以後、赤坂に通った。

所員は藝大先輩ばかりで、住宅模型製作を手伝い、吉村先生からレジャー施設の敷地配置模型を請け負い、寮後輩（彫刻・故福島）を誘って赤坂に通った。

ある日の昼食時、吉村先生から「ライスカレーを食べに行こう」と誘われた。軽井沢でも誘われたことがあったからライスカレーが先生のお好みだったらしい。「親父が誘うとは珍しい」と平尾先輩。

下駄で行けるところを先生にお願いしたが、行先はTBS地下のカーペット敷レストランだった。

事務所で「まこん」こと奥村まことさん（昭五～平二八・一九三〇～二〇一六年、昭二四・一九四九年藝大入学・昭二八・一九五三年、吉村事務所入社）と出会った。私の一五年先輩、奥村先生一年下、宮脇檀さんの五年上。ミヤワキと呼び捨てにする性差を感じさせない方だった。いわさきちひろの黒姫山荘はまこんの仕事。いつか見てみたい。

ゼネコン現場担当者との打ち合せを横で垣間見て感動した。現場担当者と協議、的確に指示をする。こういう女性建築家がいることをはじめて知った。

OMソーラーなど奥村先生の仕事はまこんのパートナーがあったからできたと聞く。すばらしい女性建築家だった。自由学園出身とお聞きし、頷けた。「飯食いに来いよ」と言われたが、躊躇してうかがわなかったことが悔やまれる。出不精だったのだ、あの頃は。

（六）キャンパス整備のヒートアップ

県芸整備のヒートアップの経緯を公共文化施設保存整備の

講義棟　北面

一例として、主観的だが論点を備忘録に留める。

論点一　現状認識　二つの共有

・音楽の声を聞いた

音楽棟の主なクレームは「レッスン室の防・遮音性能が低い、奏楽堂の楽器搬入に雨がかかる、学内を走るバイクの音が奏楽堂で聞こえる、ヴァイオリンを弾き終わって振り上げる弓がレッスン室の天井につかえる」など主に建物性能の課題が指摘されていた。

・奥村先生のつぶやき

開学（昭四一・一九六六年）と工事竣工以来四〇年以上、修理がなかった県芸の建物は、建設時、打設したコンクリートが即凍結する厳しい施工環境で、当初から施設の補修が設計者には懸念されていた。

論点二　キャンパス評価の共有

・風景＋意匠と構造一体の美しさ

県芸キャンパスは名古屋都市圏東部丘陵の将来を想定した吉村先生の都市計画的発想に立つランドスケープ・デザインである。ここが吉村デザインのすごさ。

県芸キャンパスは地域の地形・自然と機能を見事に融合している。名古屋東部丘陵一帯の赤い陶土の丘がうねる。戦時中、燃料として伐りつくされた雑木林の裸地に二次林の松の灌木が茂る三ケ峰。

そこに個性的響きを醸す建物が敷地と一体に構成され、空間の交響詩を奏でる。長大な橋梁のような講義棟の美しさは、連続するルーバーの表情だけでなく、太くなりがちな柱を細く仕立てるため、鉄板を入れた十字柱にした。図書館のワッフル構造、学生会館の天秤架構など温品鳳治先生ならではの創造的構造の知恵による。

・世界で最も美しいキャンパスと評価

油画小林英樹先生（藝大油・元県芸教授、『ゴッホの証明』の著者）が、外国人特任教員から「県芸は世界で最も美しいキャンパス」と評価されたと聞き、納得した。

論点三　キャンパス・デザインを学ぶ

・奥村先生　県芸で特別講義

長谷高史美術学部長（藝大院デザイン）の手配で奥村先生の県芸キャンパス設計特別講義と見学会が開催され、島田章三学長（藝大油・後愛知芸術文化センター総長）の招きで、学長と奥村先生との会食と懇談の場が設けられた。不肖、私も学長室に隣接する会議室の末席に同席させていただいた。

県芸整備に強い関心を持った藝大美術学部建築科同窓の匠美会は、長久手の県芸で見学会を開催、東京から多数同窓生が参加。見学会世話役は会長の故 河村純一さん（奥村研～丹下事務所、仲間とアーキテクトファイブ設立、三年後輩）。優秀な建築家だったが一昨年、病で鬼籍に。

・地域～建築家・学会～環境ＮＰＯの評価

著名建築家の作品が少ない愛知では県芸は希少な巨匠吉村順三の作品として地元で高く評価されている。

愛知県は吉村作品の評価を認識し、整備について慎重に対応していたと思う。ＪＩＡ愛知では県芸キャンパスを高く評価し、会員・住宅研究会で見学会を企画、ＪＩＡ二五年賞に推薦した。

・ＤＯＣＯＭＯＭＯ・Ｊａｐａｎ

松隈洋先生（工繊大院教授）、谷口元先生（名大院教授）、西澤泰彦先生（同）など建築学会員推薦でＤＯＣＯＭＯＭＯ・Ｊａｐａｎ（平一八・二〇〇六年、本部パリ・保存すべき近代ムーブメントを持つ建物）に選定され、県芸キャンパス建築保存の歴史的評価が確定した。

永田昌民先輩（愛知出身・藝大建築三年上・故人）など県芸デザイン保存派による「緑豊かな愛知芸大のキャンパスを活かしていこう会」が県芸の環境・生態セミナーをＮＰＯ水辺研究会と協力して開催（平二三・二〇一一年）、小栗さんとＪＩＡ愛知住宅研究会員は陶磁器会館で吉村順三建築展と檣木館でのセミナーを開催した。

論点四　ビジョン・マスタープラン

・愛知県が整備後、新法人へ譲渡

この時期に県立三大学（県立大学、県立芸大、看護大学）の公立大学法人化（新法人）が進められていた。法人化で愛知県から新法人管理（平一九・二〇〇七年四月）に移行、愛知県が改修整備をおこなった施設を新法人に引き継ぐことになっていた。

・ビジョン検討会議のすれ違い

愛知県の予算化のため事前検討が、後の県芸施設整備ビジョン検討会（平二二〜二四・二〇一〇〜一二年、以後ビジョン検討会）での疑念になったようだ。第五回検討会議議事録では外部委員の奥村先生が途中退出された。退出せざるを得ない事情があったと思われる。

水津先生の検討経過説明（議事録・省略）が詳しい。

参考　ビジョン・マスタープラン検討

県芸整備の検討に外部委員の参加は意思決定の情報開示だと思うが、大学自治の垣根を越える画期的な事態だと思った。

愛知県立芸術大学施設整備ビジョン検討会（平二二・七〜二三年・三月　二〇一〇年度）

県芸　　座長　磯見学長、長谷美術学部長、戸山音楽学部長はじめ事務局含む一〇名、公立大学法人　二名

有識者　奥村先生　谷口名大院教授、香山東大名誉教授、堀越建築学会東海支部長、西澤名大院教授、県芸同窓会二名、後援会一名、学生自治会一名

愛知県立芸術大学キャンパスマスタープラン二〇一一作成委員会（平二三・九〜二四・三　二〇一一年度）

県芸大　委員長　長谷高史施設整備委員長、両学部長、各学部施設整備正副委員長　事務局長　計八名

有識者　谷口名大院教授、香山東大名誉教授

兼松紘一郎、ＤＯＣＯＭＯＭＯ　Ｊａｐａｎ

参考人　林進岐阜大名誉教授

愛知県　オブザーバー　二名

補足　ヒートアップにありがちな誤解

東京の仲間からヒートアップしない私の客観的態度が「愛知県に忖度している」と、思いもよらぬ私への批判が風の便りに届いた。ヒートアップ状況にありがちな予想外の誤解の疑念である。

旧帝国ホテル保存でＶＡＮジャンパーの背にフランク・ロイド・ライトの□マークを刷り込み、都内を個人デモした学生時代の私を知る昔の仲間には、県芸整備に

関する私の冷静かつ客観的行動が愛知県への忖度と見えたのだろうか。

私なりに恩師と恩師が設計した県芸キャンパス保全のため最大の努力をした。だからこそ、公私の立場を越えて、できることをさせていただいた。

そして、この課題は理解が共有されれば解決しうることを予測し、対立的闘争とは思いもしていなかった。それが誤解の元かもしれない。あえて申し開きをするようなことではないが、備忘録の機会に書き留めることにした。

二　愛知県知事選ヒートアップ

大学の新法人化と並行して、愛知県知事選（平一九・二〇〇七年・六二歳）が始まった。現職神田真秋知事（東海六年後輩）と前犬山市長石田芳弘（中高同期）の東海同窓の争いで、同窓会が困ったらしい。他に革新系候補が一人、三者の争いとなった。

ＪＩＡ先輩有志の後押しがあり、犬山市長立候補以来応援している石田の選挙政策立案を引き受け、石田の県政への姿勢、目標、提案によるマニフェスト（選挙の基本姿勢）を掲げた。

その中に、石田ならではの文化芸術政策として「愛知から世界に発信する県立芸術大学づくり」を掲げた。

私たちは県芸の環境整備が県政の重要課題と理解していたからである。これを県芸教官に紹介したのが、県芸を巡るもう一つのヒートアップになった。県芸関係者は好意をもって受け止め、石田候補の政策宣伝につながった。

しかし、神田陣営も芸大環境整備や国際的芸術祭を取り上げ、開学以来、はじめて知事が県芸を訪問する事態に盛り上がった。

対立候補が二者とも、県芸環境整備と国際的な芸術・文化振興を公約に掲げた選挙は珍しいのではないだろうか。県芸としては嬉しい事態になった。なんとも妙な争点である。これが県芸環境整備を巡る一番ヒートアップした事件だったかもしれない。

・石田マニフェスト　県芸環境整備

愛知県知事選（平一九・二〇〇七年一月）候補者の石田は私の意見を参考に、石田芳弘選挙政策に県芸キャンパス整備を掲げた。

県芸学内では翌年の新法人化を控え、愛知県から新大学法人への施設移管と引き替えに県費によるキャンパス環境整備の議論が佳境の段階にあったから、対立する争点とは異なり、県芸整備が両候補にとり上げられ、ヒートアップすることになった（前述）。

家業政治家候補に国政進出の足元をすくわれた石田は、犬山市長選に立候補、市長時代の石田はユニークな政策を実施、全国に先駆けた小学校三〇人学級は東大教育研究所が石田の施策を研究、出版し、テレビでも放映された。

この実績で文科省から中央教育審議会委員に委嘱された。政治家として全国的ネームバリューがあった。

・ＪＩＡの先輩や仙田会長の推奨

ＪＩＡ愛知の古老から「君は石田さんと同級やろ、建築家の会をつくって応援しよやないか、あんた事務局せいや」と押され、「建築家あゆちの風の会」をＪＩＡ愛知の会員で設立。石田の風が吹きはじめた。

選挙は風だ。若い頃、父上の選挙マニフェスト作成経験から「建築家は選挙マニフェスト作成にかかわるべきだ」と仙田会長が強調、石田候補の勉強会に仙田会長自ら討論に参加、心強い支援になった。

・マニフェストと公約

選挙マニフェストを公式に掲げたのは三重県の北川正恭元知事が最初だった。マニフェストは公約のひとつではあるが、公約のように政策の詳細を掲げるのではなく、候補者の政治に対する理念〜哲学を選挙で訴えるものである。これが世間に理解されていない。

石田は北川さんに習い、マニフェスト選挙を目指した。だが、選挙戦の最中で公約型マニフェストは破綻する。応援依頼の挨拶と交換に、支持者の要望を公約として約束する。結果は膨大な公約集になってしまう。選挙とは、そういうものだとわかった。

・**選挙応援のため職を辞した公務員**

県知事選後の名古屋市長選（平二一・二〇〇九年・六四歳）で、河村候補の対抗馬として立った経産省元中部経産局長で中部大教授だった細川昌彦候補の選挙公約作成支援を栄ミナミの関係者に請われて参加した。

この時、細川候補の元部下で「元上司の選挙応援が公職選挙法に抵触しないよう、家族を説得、公務員を辞した」伊藤嘉浩さん（同志社～デンソー～中部経産局～退職）と初めて出会い、潔い姿勢に感動した。選挙にありがちな候補者と官僚の関係を絶つ潔白さである。

選挙後、失職した伊藤さんは自力でシンクタンクに転職した。生きる力の強さである。選挙の政策立案を通して元公務員の伊藤さんが私の政策起草力を評価、それ以来、共通の話題で選挙後も時々杯を交わす。年の離れた飲み友達である。

伊藤さんは同志社同窓として石田を買う。だが石田が選挙に出ることはもうないだろう。本人には確認していないが石田も私も後期高齢。伊藤さんのような若い世代の政策マンに未来を託したい。

・**選挙は祭コミュニティ**

私を名古屋市長選に引き込んだのは株式会社ゲイン会長藤井英明さんである。丁重な依頼のご挨拶を頂戴した。

公務員を辞職し、浪人になった伊藤さんを、しばらくゲインの藤井さんがフォローした。まさに旦那だ。

選挙中、藤井さんはじめ、女性経営者など応援団が候補者とスタッフの溜り場を用意し、そこで政策議論や情報交換、スタッフの食事・おやつのお世話をしてくださった。

この集団が、あたかも地域の祭コミュニティのように思えた。選挙中、候補者の秘書兼運転手をつとめた田中さんとは友人関係を続けている。石田の知事選の時は、出身地犬山の熱い応援団が、祭のように固くガードしていた。選挙とはそういうものだと実感した。

・**新人の政策と現職の差**

知事選では石田と県政を知る有志で相談し、半年ほどでマニフェストと公約をまとめた。

県政に密着した石田独自の政策の一つとして、県芸環境整備状況を見聞きしていた立場で、県芸を応援する「愛知から世界に発信する県立芸術大学づくり」を掲げた。

しかし、神田陣営も県芸環境整備や国際的芸術祭を選挙公約に取り上げたから、これでは政策の対立点が目立たず、困った。

神田候補の選挙政策は県政の現状に詳しい県職員企画職の関与が漂う行政らしい文章で、よくできている。

万一職員が関われば公選法抵触の懸念があるが、現職首長との選挙は行政との戦いでもあると気がついた。現職と対抗する選挙とはそんなものだ。

・風が選挙を盛り上げる

石田の知事選は同時に国政の政権交代を期待する強い風が吹き、現職対人気政治家の構図で、選挙は盛り上がり接戦、僅か二%の僅差の結果に終わった。

選挙事務所に地域や職場の「あゆちの風の会」（石田を応援する県民の自主グループ）から寄せ書きが届けられた。ボランティアが選挙事務所に詰めた。普段、私の友人とはあまり関係ない家内が、石田支援のために選挙事務所に通った。

その状況で日増しに、石田への風が強くなるのを感じたが、あと少し風が吹いてほしかった。

第三の革新候補の票と合わせれば勝っていた。革新とは何か、問いただしたかった。

三　愛知国際芸術祭　企画に挑戦

（一）世界はアート・イベント時代

国際アート・イベントが都市～地域再生に貢献する時代になっている。日本に限らず世界的な地域振興の定番のようだ。

名古屋ではメディア・アート世界三大イベントの一つとして「アルスエレクトロニカ」（オーストリア・リンツ）、「ZKM」（カールスルーエ・アート＆メディアセンター）と並ぶ「アーテック」（平一～九・一九八九～九七、名古屋市科学館、中日新聞社主催、スポンサー・メーテック関口社長）が好評だった（リンツで名古屋を知るアーテック出展ドイツ人作家と名刺交換して驚いた）。

名古屋市は茂登山先生の尽力で電子アート国際会議「ISEA」を誘致（平一四・二〇〇二年）し、アルパック名古屋もこのイベント実施に協力した。

名古屋港倉庫保存・活用のためのアートポート、食糧サイロ保存、愛知県美術館パブリックアートの調査（高橋綾子県美学芸員～名芸大教授）など多様なアートの展開が着目された時期である。

・堀留　鈴与倉庫　わや祭

市民の多くが堀川や中川運河の臭いは気にしても、水辺の文化に関心が薄かった頃、堀留鈴与倉庫に舞踏家田中泯を招き、現代アーティストたちがアート・パフォーマンス「わや祭」を開催した。参加した立体造形家磯部聡さんから聞いた。名古屋にはこんなアート・イベントを実行する人とエネルギーがあった。

補足「わや」とは

広範囲に使われる方言。地方により意味が異なることがある。道理に合わない、乱暴なことの意味で否定的に使用されることが多い。名古屋はこれと異なり、状況に合わせて肯定的にも否定的にも使用する。「わや こいた」というなど予想外に楽しかった～ひどかった、どちらにも使う。

・前衛アートと旭丘美術科

愛知には早くから前衛アートの潮流があった。前回トリエンナーレ愛知（令四・二〇二二年）で展示された河原温（八中〔刈谷高〕・NY、一九三二～二〇一四年）、荒川修作（旭丘・NY、一九三六～二〇一〇年）は海外で活躍した愛知出身の現代アート作家である。同時代の作家として久野真（東京高等高師～市工芸教諭・一九二一～一九九八）、石黒鏘二（旭丘～藝大～造形大学長・一九三五～二〇一三）、岩田信市（旭丘・一九三五～二〇一七）、赤瀬川原平（旭丘～武蔵美～路上考現学・一九三七～二〇一四）、庄司達（京美～名芸教授・一九三九～）が「桜画廊」をベースに活躍したと聞いている。

これらの方々に共通することは戦前に生まれ六〇年安保を体験したモノいうアーティスト。名古屋では県立旭丘高校（旧制愛知一中）美術科の存在が大きい。

・現代アート情報拠点　名古屋伏見

名古屋・伏見には、荒川修作をサポートしたアキラ・イケダギャラリー、桜画廊、名古屋画廊、日動画廊などがある名古屋のアート先端情報拠点である。

高校生だった頃（昭三五・一九六〇年代）、モダンジャズに出会い、歩く人のシルエット壁画に感動し、藝大入学後も帰名時に出かけた「グッドマン」（錦・短歌会館近く・ダンモ喫茶）のオーナーが岩田信市さんと後に知った。おそらく、知らないますれ違っていた。

錦通短歌会館か御幸ビルの近く、当時は城下町の名残で残った路地奥にあった。スーパーロック歌舞伎一座として大須演芸場で活躍した岩田さんを、なぜか足しげく通った足助の農村舞台の公演で拝見した。

伏見の画廊集積は、日銀支店を背景に金融・証券会社の集積とつながる都市経済立地の一形態であると、「まちの町医者」として診断する。

・国際アート・イベントを学ぶ

アートの潮流に刺激され、茂登山清文先生（京大建築～パリ大学、名芸大～名大教授）先導で「ベネツィア・ビエンナーレ、リンツ・アルスエレクトロニカ」を視察した。茂登山先生は昨年鬼籍に（令四・二〇二二年）。ご冥福を祈ります。

世界のアート・イベントは開催年が異なり、視察プログラム作成で日程設定が難しかった。開催年の差は観光企画の着目点である。

参考　アート・フェアの開催時期

ビエンナーレ　　二年ごと、欧米・アジアに多い
トリエンナーレ　　三年ごと　日本に多い
クアドリエンナーレ　四年ごと　ローマなど

国内では、早くから創造都市を掲げる横浜市「横浜トリエンナーレ」など、地域が主催する国際アート・イベントが増えている。そういう時代になってきた。

北川フラムさん（藝大・昭四六・一九七一年卒～アート・ディレクター）が、大地の芸術祭「越後妻有アートトリエンナーレ」を成功させた。ベネッセとコラボした「瀬戸内国際芸術祭」は離島観光開発と連動し、世界から評判が高い。北川さんは地域が発信するアート・イベント・ディレクターとして国際的第一人者である。

・ICA名古屋

名古屋に事務所を出して間もない頃、味岡さん（現代美術コレクター・中電）に勧められICA名古屋（昭六一～平二・一九八六～一九九〇年）の会員になった。

ギャラリーを持つオーナーの高木啓太郎さんが自社の繊維工場を海外から招聘したアーティストの滞在型制作場兼ギャラリーとし、ディレクター南條史生さんが世界から作家を招致する名古屋では画期的なアート・センターができて、期待を集めた。

ICAは世界の主要都市にあり、日本では名古屋が唯一と南條さんに聞いた。

南條さんは、ICA名古屋の後、N&Aを設立、後に森美術館長はじめ、華々しい活躍をしている。

（二）国際芸術祭企画公募へ挑戦

愛知万博から二年後、神田知事が最後の任期の仕事として選挙公約に掲げた国際芸術祭の企画が公募された（平二〇・二〇〇八年）。

国費で大学を卒業した藝大出の責務として国際芸術祭企画は必ず取る決意でプロポーザルに挑んだ。だが、知事選で負けた相手の発注とは皮肉だった。

・プロポーザル応募

あいち国際芸術祭プロポーザルに勝つため、藝大ネットワークを活用、世界劇場会議名古屋と日本室内楽アカデミーとの共同体を結成した。石黒鏘二先生を助言者に提案組織を構成、県内芸術系四大学学長の賛同を得て、関係者承諾のもと応募したアルパック案は、公開説明と審査で、審査員満票の評価を得て当選した。今思えば短期の奇跡的出来事だったが、めったにない命がけの勝負、珍しく緊張した。

提案作成共同体

　音楽　日本室内楽アカデミー（佐々木依利子代表）

　演劇　世界劇場会議名古屋（下斗米隆理事長）

共同体幹事・企画作成（アルパック・尾関利勝）

提案助言者　名古屋造形大学　石黒鏘二元学長

提案相談者　美術　県芸美術学部　小林英樹教授

　　　　　　音楽　県芸音楽学部　天野武子教授

提案賛同大学　愛知県立芸術大学　名古屋芸術大学

　名古屋造形大学　名古屋音楽大学

・提案したアート・プログラム

世界に発信する国際アート・プログラムは愛知の自然・歴史・文化・産業の全てをフィールドとして提案した。愛知には愛知にしかないシーズがある。このシーズを活かすことにした。提案書が手許に見あたらず、記憶から提案を掘り起こしてみる。

○愛知芸術文化センターを核とする（公募の前提）

美術館とオペラ劇場、コンサートホールを持つ

○アートがまちに出る〜地域連携

○県内既存美術館、劇場・ホールとの連携

○愛知の四芸大連携と活用

○愛知の産業をアート・フィールド化する

○愛知の歴史・文化と伝統を活かす

○愛知の大地のアースワーク・プログラム

・国際芸術祭の事業計画案

企画では当初の愛知県の募集条件を踏まえ、独自に企画した事業提案を以下のようにまとめた。

○開催年次とスケジュール

国際芸術祭は、芸術監督を決定、次いで芸術祭コンセプトを決め、参加アーティストを選定する方式だから毎年は困難。ビエンナーレでも準備が厳しい。

最短でも愛知県の条件であればトリエンナーレになる。そ

れでもシミュレーションではスケジュールが厳しかった。しかし、県の条件を前提に三年間の工程表を作成した。工程表は仕事で書き慣れている。

○実行～企画～支援組織

芸術祭企画～実施に対応する三～五段階の組織を提案（詳細割愛）。

○事業資金

プログラムの概算を積算。その結果、およそ一五億円前後と見込まれた。年額五億円の積み立てとなる。比較的財政事情の良い愛知だからできることである。

県の担当者にプロポーザルの試算はほぼ当たっていたと感想をお聞きした。

・プロポーザルの審査

暑い名古屋の盛夏、七月のある日（だったと想う）。プロポーザルのプレゼンがあった。説明会場（確か東大手庁舎）は大勢の審査員と関係者で満席だった。プレゼンは制限時間二〇分ピッタリ。説明を終え一安心、佐々木依利子先生に、見事ねといいたく感心された。

取り組みの勢いで当選を半ば確信しつつも、仕事で再三プロポーザルには慣れているにもかかわらず、なぜか落ち着かない。競合の相手は誰かわからない。後日、当選を聞いて胸をなでおろした。

県担当者から、私たち共同体の提案が審査員全員の満票を得たとお聞きして、そこまでとは想像していなかったが、うれしかった。

振り返れば、多数の関係者の助言をいただき、独自提案を検討していた県芸には共同参加の意向を得た。

様々な方々と議論したが、提案書はほぼ全て一人でまとめた。過去の経験から、短期の提案作成で、主張を強く打ち出した提案は、大勢ではまとまりにくい。

手がけてから二週間ほどだろうか、他のことが目に～耳に入らないほど提案作成に集中した。

（三）国際芸術祭構想検討調査

調査の実際は愛知県の仕様が確定しており、

一、愛知県民及び芸術関係者の意見を聞くこと

二、国内外の事例調査

三、有識者・関係者のヒアリング・アンケート調査

四、シンポジウムを二回開催すること、以上だった。

・調査での苦心

フォーラム、ワークショップ・分科会、シンポジウム二回

のコーディネータ、パネリスト、ファシリテータ、話題提供者、多数の方々へのヒアリング依頼、調整は短期間かつ広域で並大抵ではなかった。

愛知県担当者からアーティストの招集は全国からとの指示で苦労したが、藝大系（美術・音楽）・音楽系・劇場・演劇系のＪＶネットワークが効果を発揮した。

・ご縁ができた方　お礼申し上げます

前掲のフォーラム・ＷＳ・シンポジウム・ヒアリングには北海道から九州まで芸術関係者九八五名の協力で、愛知の国際芸術祭について議論した。九八五名の方々へ、主催者に代わって感謝と敬意を表すため、備忘録にお名前を書き留める（詳細は報告書を参照）。

○キックオフ・フォーラム　参加者一〇四名

テーマ　愛知における芸術祭への期待　五名

コーディネータ　中田直宏　作曲家愛教大名誉教授

パネリスト　井上さつき　愛知芸大音楽教授

桑谷哲男　杉並芸術会館準備室

高橋伸行　名古屋芸大美術准教授

丸山　優　日本福祉大経済教授　故人

○ワークショップ　参加者一六七名

ＷＳ１　愛知芸術文化センターへの期待

〜複合機能を活かした展開〜

コーディネータ　大月　淳　名古屋大院助教

・分科会１　国際芸術祭への期待　三名

ファシリテータ　川本直義　世界劇場会議

話題提供者　大脇　明　プロデューサー

つつみあつき　音楽家

・分科会２　国際芸術祭への期待　二名

ファシリテータ　伊井　伸　建築家・故人

話題提供者　池田　修　ＢａｎｋＡｒｔ一九二九・故人

・分科会３　国際芸術祭への期待　三名

ファシリテータ他　大月　淳

話題提供者　掛谷勇三　愛知芸大音楽常勤講師

水野みか子　名市大芸術工学准教授

ＷＳ２　愛知芸術文化センター等の機能を活かす

〜美術分野（陶芸含む）の想像・発信〜

コーディネータ　高橋綾子　名古屋芸大准教授

・分科会１　現代美術　六名

ファシリテータ　高橋綾子　前掲

話題提供者　内田真由美　アート・コーディネータ

加藤義夫　アート・マネージャー

設楽知昭　愛知芸大美術教授

平林　薫　名古屋造形大教授
宮村周子　アートライター
・分科会2　陶芸　六名
ファシリテータ　長井千春　愛知芸大美術准教授
話題提供者　小塩　薫　名古屋芸大非常勤講師
服部高好　瀬戸窯業学校教諭
原山健一　多治見陶磁器意匠研究所
平田哲生　名古屋芸大教授
藤原郁三　益子・藤原郁三陶房
WS3　〜舞台芸術分野の創造・発信〜
コーディネータ　清水裕之　名古屋大院教授
・分科会　芸文の活動・三面舞台を活かす　九名
ファシリテータ　清水裕之　前掲
話題提供者　勝又英明　武蔵工大教授
酒井康夫　愛知県立大講師
佐藤まいみ　さいたま芸術劇場
中田直宏　再掲
林　剛一　愛教大准教授オペラ
松井エリ　ファッションデザイナー
水野みか子　再掲
ミッシェル・ワッセルマン　京都オペラ協会

WS4　国際芸術祭を活かした芸術の普及
コーディネータ　竹本義明　名古屋芸大教授
・分科会1　共通テーマ　四名
ファシリテータ　竹本義明　再掲
話題提供者　神田毎実　愛知芸大美術准教授
四宮敏行　名市立中学美術教師
山田　純　名古屋芸大音楽教授
・分科会2　共通テーマ　四名
ファシリテータ　松本喜臣　シアターウイークエンド
話題提供者　景山誠治　東京音大准教授
川端孝則　門司港アート村
栗原幸江　名古屋音大教授
WS5　文化芸術団体等の自主事業と連携・共同のあり方
コーディネータ　片山正夫　(財) セゾン文化財団
・分科会1　共通テーマ　三名
ファシリテータ　二村利之　七ツ寺共同スタジオ
話題提供者　桜場敬信　武豊文化創造協会
神宮司啓　タセックＡＣＴ
・分科会2　共通テーマ　二名
ファシリテータ　籾山勝人　長久手文化の家
話題提供者　永井聡子　ちりゅう芸術創造協会

・分科会3　共通テーマ　二名
ファシリテータ　片山正夫　前掲
話題提供者　若林朋子（社）企業メセナ協議会
WS6　祝祭的なアートフェスティバルのあり方
コーディネータ　小暮宣雄　京都橘大教授
・分科会1　多彩な祝祭フェア　三名
ファシリテータ　小暮宣雄　前掲
話題提供者　寺田　弘　神楽坂粋なまちづくり倶楽部
藤井一彦　栄ミナミ音楽祭実行委員会
・分科会2　まちなかアートフェスティバル　四名
ファシリテータ　畔柳千尋（特）まほろば事務局
話題提供者　相羽寿郎　クリエーターズマーケット
斎藤ちず（特）コンカリーニョ
水野誠子　劇団気まぐれ
WS7　暮らしを豊にするアートとまちづくり
コーディネータ　若山　滋　名工大院教授建築家
・分科会1　まちのアートシーン化　三名
ファシリテータ　若山　滋　前掲
話題提供者　辻孝二郎　㈱INAXミュージアム
水草基巳　㈱日東工業常務取締役
・分科会2　まちのアートシーン化　四名
ファシリテータ　後藤元一　前札幌市立高専　教授
話題提供者　石本幸良（特）都心界隈まちづくりネット
水津　功　愛知芸大美術　准教授
西尾貞臣　バンブーインスタレーション

○シンポジウム1
新しい国際芸術祭をめざして　四二七名
～キックオフ・フォーラムとワークショップを踏まえて
国際芸術祭への期待を語り合う～
パネルディスカッション　五名
コーディネータ　石黒鏘二　彫刻家パネリスト
川上　實　長久手文化の家館長
諏訪哲史　作家（第一三七回芥川賞）
野田邦弘　鳥取大　教授
ユミ・ハラ・コークウェル　作曲家

○シンポジウム2
国際芸術祭を考えるシンポジウム　二八〇名
めざせ、あいち発「国際芸術祭」
基調講演「生きる力としての芸術」　林　望（作家）
パネルディスカッション　五名十一名
コーディネータ　南條史生　森美術館
パネリスト　飯田みち代　オペラ歌手

戸谷成雄　彫刻家武蔵野美大教授
林　望　前掲
藤井知明　愛知芸文協会
特別演奏　ピアノ　田村　響
ロンティボー国際音楽コンクール二〇〇七年ピアノ優勝
○ヒアリング　七名
川俣　正　横浜トリエンナーレ総合ディレクター
北川フラム　越後妻有アートトリエンナーレ
秋山　陽　京都市立芸大美術教授　現代陶芸
江戸京子　東京の夏音楽祭芸術監督
市村作知雄　東京国際芸術祭芸術監督
佐藤まいみ　埼玉芸術劇場プロデューサー
高谷静治　ダンストリエンナーレTOKYO

・すばらしい方々とのご縁

各地で活躍されている芸術関係者の方々の協力を得て、ご意見をうかがうことができた。画期的な出来事であり遅滞なくできたことは我ながら幸運だった。

討論参加者は、日本中（一名、英国）からお越しいただき、愛知が取り組もうとする国際アート行事に対する好意的反応を示された。

やはり「言われた」と思いながら忘れられない一言は、代官山の事務所でのヒアリングで「尾関さん、破滅覚悟でなきゃこんなことできないよ」と北川フラムさん（藝大時代の旧知）の忠告だった。

自ら主宰するアート・イベントの開催リスクを負う事業者である北川さんと、事業者の愛知県から調査を受託し、事業リスクのない立場の私とは根底から大きな違いがある。リスクは圧倒的に差があるが、北川さんの忠告~助言は、彼の経験からの骨身にしみる叫びだったと受け止めている。

こんな生々しい会話が、同行して横で聞いていた若い愛知県の職員に通じただろうか、そこは不明だが、ぜひ理解してほしかった。

(四)　あいちトリエンナーレを俯瞰して

・興味あるプログラムに出会う

これまで五回の芸術祭が開催され、芸文センター、長者町、納屋橋倉庫、円頓寺界隈、一宮、常滑、有松などの会場で興味深い現代アートを鑑賞してきた。映像や動画作品が増えている。時代の流れだ。舞台系はほとんど見ていない。

プログラムを当初のプロポ企画提案と対比すると、

○愛知の自然・大地を活かすアース・ワーク

○産業の場をアート化すること
○四芸大を芸術祭と連携・活かすこと
の三点がほとんど見あたらない。愛知はローカルすぎて、世界的ではないと評価されているのだろうか。

これがあれば愛知らしい国際アート・プログラムが生まれることは間違いない。地道な実例を挙げると、離島「佐久島アート」、小牧大草・稲刈り後の田で竹の間伐材を活用した「バンブーインスタレーション」がある。

ヒアリングでこのことをご紹介し、北川フラムさんが強い関心を示された。ローカルなアート展開こそ国際的になる。プロフェッショナルには伝わっても、ローカルに伝わらない、もどかしさを感じる。

・アーティストへの尊敬を込めて

構想調査での、すばらしい方々への意見聴取の記録を報告書に収めた。その結果が実際の芸術祭に反映されたかは、わからない。今後も観察を継続したい。

調査で「アーティストを動員」と指示した担当者には、トリエンナーレがスタートしたことを九八五名の協力アーティストに返礼することはなかっただろう。言葉の綾とはいえ、担当者の言葉に強い抵抗感を持った。

調査中、故石黒先生から「なぜ、これだけの芸術関係者が各地から集まり、北川フラムさん、江戸京子さんはじめヒアリングをすることができたのか」、その人的ネットワークの意味を、貴方（尾関）が県職員にわからせるべきだと、強いお叱りをいただいた。未だにできていない。

県担当者も堅苦しい調査JVとはやりにくかっただろう。この状況での私の不完全燃焼は二つの自主調査（後述）に変化した（一五年前）。憤懣やるかたない思いを親しい芸術関係者、県職員に訴え、ご迷惑をお掛けしたことを反省している。

参考　自主調査二件

①明治以後、日本の美術館・劇場ホール・芸術系大学の設立年表を作成。その結果、日本の近代以後の芸術施設と芸術教育、社会経済との関係が見えてきた。

②世界の国際～地域アート・イベント開催（取材源はホームページ）を調査した。歴史を見ると、過剰になった施設が使われなくなった時に市民活用イベントが起きるのが世界の共通状況のようだ。

頭を真っ白にして取り組んだ国際芸術祭プロポーザル企画提案。当初、県担当幹部から「貴方とやりたかった」と言われ、プロポーザル当選時は私たちの提案が評価されたと思っていた。

私たちグループの提案企画書は審査で満票の評価を得たとお聞きした。堅実に構想調査を実施し、北海道から九州まで九八五名のアーティストの参加と愛知の国際芸術祭に賛同を得た。しかし、国際芸術祭の実施にあたり、私たちには何の音沙汰もなく、調査受託の限界を感じた。

国際芸術祭構想調査の前年、ヒートアップした知事選での石田候補への私の応援が県担当者に伝わって、警戒されたのかもしれない。

・国際芸術祭の検証

国際芸術祭は第四回でジャーナリスティックな波紋を芸術監督の企画が起こした。「表現の不自由展・その後」という論点は作品に対する芸術的問題意識というよりは、作品選定に対する社会的問題意識ではないだろうか。

一時展示閉鎖後の展示復活抽選に六回並び六回落選した。話題になったからこそ、その作品展示を確認したかった。

第五回芸術監督の片岡真実さんは森美術館長であり、出身地愛知のフィールドとアート事情をよく知った企画だった。河原温、荒川修作、その関連作家の作品展示は愛知出身片岡監督ならでは、愛知の前衛アート時代を掘り起こす企画と感じた。

一宮、有松、常滑で拝見したプログラムは、古くなった行政施設、街道筋の屋敷と絞の商家、使われなくなった（と思われる）窯場で、それらの伝統空間が現代アートとコラボして、新たな文化空間によみがえった。

アートが持つ意味を考える企画だったと思う。

第四回の事態の教訓は芸術監督の選定によって将来的にもスキャンダラスな事態が予想しうるリスクがあることを示した。ベネチアのように国際芸術祭の長い歴史の中ではそれもありうることかもしれない。

・これからの国際芸術祭へ

当初プロポーザル提案では、選定される芸術監督に依拠する芸術祭を提案した手前、反省を込めてあえて書き留める。そろそろ藝術監督の選定方法の見直し、改善が必要ではないだろうか。

当初のプロポーザルで愛知らしさのある国際芸術祭として、①愛知の山・里山・田畑・川・海岸・島を活かすアース・ワーク、②ものづくり愛知を示す工場など産業の場のアート化、③県内四つの芸術系大学との連携を挙げている。どの芸術監督が着目するかわからないが、いつの日か、実現することを期待している。

・アートの継承

　トリエンナーレ愛知の常滑での展示フィールドはＪＩＡ建築家大会２０２３に受け継がれた。

　この建築家大会２０２３は、あいち国際芸術祭が発する創造的アートの持続的展開の流れだと思う。

　常滑に限らず、有松、一宮など昔の産業の場が、アート〜プレゼンテーション・フィールドとして地域再生するきっかけをトリエンナーレ愛知が遺したと言えるのではないだろうか。そこに国際芸術祭愛知の効果を期待したい。

おわりに

備忘録に取りつかれて足掛け三年、正味は二〇二一年九月から二〇二三年八月、備忘録に没頭した。

アルパック在籍五四年のうち、名古屋の四〇年を骨格に、前後で想い出す印象の強いことをしたためた。

備忘録を書いて、なぜまちの町医者として仕事をしてきたか、なぜ名古屋を中心に各地のまちを歩き続けたのか、その因果は八歳から加入したボーイスカウトで、国土地理院の地図を片手に、仲間とまち・村・野・海辺・山を歩き、野営に培われた精神に他ならない。

道筋でさまざまな教えを乞うた。三つ子の魂百までも。

出版を思い立ったきっかけは池田誠一さんの古道の出版である。後期高齢者に至る人生経験を社会貢献として活かす、場合によっては傍迷惑だが、すれ違いがあっても記憶の共有で、ともに生きた時代認識を確認する意味があると勝手に思い込んだ。

出版は京都の学芸出版社か、名古屋の風媒社か迷ったが、やっとかめ文化祭「亀山巖」のテーマで知り合った風媒社の林桂吾さんに編集のお世話をお願いした。お陰でこの備忘録が完成した。感謝に堪えない。

振り返ると一五歳で藝大進学を相談した亀山巖さんの助言が、ほぼその通りの生き方となったのは不思議な因縁だ。

備忘録を相談した時、「坂の上の雲」と比べる恐ろしい激励をうけた伊藤嘉浩さん、博物館調査米国編を掘り起こした景観藝大組・斎藤侑男さん、アルパック社内後方支援の馬場正哲さん、校正を引き受けて下さった倉見裕子さん、京都で備忘録を見守っていただいたアルパック創業・三輪泰司さん、先輩・糸乗貞喜さん、霜田稔さん、道家駿太郎さん、偏屈野郎で迷惑をお掛けしたかつての同僚諸氏、日々お世話になっている名古屋のスタッフ、とりわけ伏見以後の総務マネージメントを担った節田さとみさんに心から感謝したい。

写真はコロナ禍、横井太郎さんに誘われて二〇二一年一一月と一二月にヘリコプターから名古屋の一部を撮影した風景から選択した。備忘録に最適の風景ではないが三〇〇m上空、時速二〇〇㎞で見た名古屋をご紹介した。まちづくり屋は空からまちを見るとよい。

この間、家庭らしさのない生活を強いた妻の淳子、子どもの夢子、彩子にささやかだが謝罪の記として捧げたい。失われた時は取り返しできない。

［著者紹介］
尾関利勝（おぜき・としかつ）
1945年名古屋生。
1951～57年名古屋市立八事小学校、1957～63年東海中高校（体操部）。1953年ボーイスカウト名古屋1隊カブ～15団ローバーで卒。
1970年東京藝術大学建築科卒（ラグビー部）、京都の株式会社地域計画建築研究所アルパック入社、1982年都市景観計画を契機にアルパック名古屋開設。JIA、URCA、CLAの職能団体に参加、2016年名古屋大学大学院環境学研究科博士課程後期満了（清水・村山研究室）
大学非常勤講師　名古屋大学・椙山女学園大学・名古屋芸術大学・中京大学
資格　技術士（都市・地方計画）、一級建築士、登録建築家、再開発コーディネータ　など
活動　ナゴヤ金しゃち連、白壁アカデミアに参加、日本建築学会・都市計画学会、名古屋都市再開発促進協議会　他

まちの町医者　備忘録

2024年4月30日　第1刷発行　（定価はカバーに表示してあります）

著　者　　尾関 利勝
発行者　　山口 章

発行所　名古屋市中区大須1丁目16番29号
電話 052-218-7808　FAX052-218-7709
http://www.fubaisha.com/
風媒社

乱丁・落丁本はお取り替えいたします。　＊印刷・製本／シナノパブリッシングプレス
ISBN978-4-8331-1156-0